高等职业教育新目录新专标电子与信息大类教材

大数据预处理技术

蔡　茜　陈　舰　主　编

郭嗣鑫　周士凯　唐春玲　李　永　副主编

秦磊华　主　审

電子工業出版社

Publishing House of Electronics Industry

北京 · BEIJING

内 容 简 介

本书围绕大数据预处理业务背景及相关技术，以学习情境的方式，首先介绍了使用 Python、Pandas 对各种数据源的读写，然后介绍了数据的清洗、集成、规约、变换四个处理数据方式，最后介绍了使用 Kettle 工具和 MapReduce 编程对数据进行处理的技术，通过理论结合实际、循序渐进的学习方式，让读者学习并掌握大数据预处理技术及应用。

本书理论分析相对较少，侧重动手实践，适合应用型本科、高职高专大数据技术专业学生和希望快速进入大数据领域的读者参考使用。

图书在版编目（CIP）数据

大数据预处理技术 / 蔡茜，陈觎主编. —北京：电子工业出版社，2023.11

ISBN 978-7-121-45419-6

Ⅰ. ①大… Ⅱ. ①蔡… ②陈… Ⅲ. ①数据处理—高等学校—教材 Ⅳ. ①TP274

中国国家版本馆 CIP 数据核字（2023）第 065705 号

责任编辑：魏建波

印　　刷：保定市中画美凯印刷有限公司
装　　订：保定市中画美凯印刷有限公司
出版发行：电子工业出版社
　　　　　北京市海淀区万寿路 173 信箱　邮编：100036
开　　本：787×1092　1/16　印张：13.25　字数：339.2 千字
版　　次：2023 年 11 月第 1 版
印　　次：2024 年 12 月第 3 次印刷
定　　价：42.00 元

凡所购买电子工业出版社图书有缺损问题，请向购买书店调换。若书店售缺，请与本社发行部联系，联系及邮购电话：（010）88254888，88258888。

质量投诉请发邮件至 zlts@phei.com.cn，盗版侵权举报请发邮件至 dbqq@phei.com.cn。

本书咨询联系方式：（010）88254609 或 hzh@phei.com.cn。

前　言

本书系重庆工商职业学院——首批国家级职业教育教师教学创新团队联合四川华迪信息技术有限公司、四川川大智胜股份有限公司编写的基于工作过程系统化的大数据技术专业“活页式”“工作手册式”教材之一。

依托数字工场和省级“双师型”教师培养培训基地，由创新团队成员和企业工程师组成教材编写团队，目的是打造高素质“双师型”教师队伍，深化职业院校教师、教材、教法“三教”改革，探索产教融合、校企“双元”的有效育人模式。本书编写的初衷是使大数据技术专业的学生掌握大数据核心技术，提高学生们的大数据实际操作能力，为进入大数据领域工作或继续深造奠定基础。

● 教材体系与特色

本书是一门基于工作过程开发出来的大数据技术相关专业的职业核心课程。本书注重培养学生的职业能力和创新精神，培养学生利用各种技术及工具对大数据进行预处理设计与开发的实践能力。本课程是理论和实践一体化，教、学、做一体化的专业课程，是工学结合课程，具有如下特色如下。

（1）实践性强：每个单元是一个基于工作工程的完整应用实践项目，通过实践操作完成项目，达到掌握大数据处理相关技术目标。

（2）逻辑性强：本书围绕数据采集标准工作流程设计，以解决实际问题为主。

（3）资源丰富：本书除了教材本身，还提供课件、应用操作视频、配套习题等辅助资料，使教和学更加容易。

● 受众定位

本书可作为应用型本科、高职高专大数据技术及相关专业教材，也可作为大数据技术开发人员自学和阅读教材。

● 教材基本概况

本书围绕大数据预处理业务背景及相关技术，分为导言和 7 个单元。

导言：介绍了本课程性质与背景、工作任务、学习目标、课程核心内容、重点技术、学习方法等。单元 1：数据读写，设计了使用 Python 读写职业能力大数据分析平台【岗位】数据和使用 Pandas 读写职业能力大数据分析平台【技能】数据两个学习情境，帮助读者学习使用不同方式读写数据。单元 2：数据清洗，设计了使用正则表达式从网页中提取招聘联系人的邮箱地址和使用 Pandas 对职业能力大数据分析平台【工资】表进行清洗两个学习情境，帮助读者学习数据清洗的处理方式。单元 3：数据集成，设计了使用 Pandas 实现对职业能力大数据分析平台多个学生信息数据源进行集成学习情境，帮助读者学习数据集成的处理方式。单元 4：数据规约，设计了使用 NumPy+Pandas 实现对工资数据进行数量规约学习情境，帮助读者学习数据规约的处理方法。单元 5：数据变换，设计了使用 Pandas+Sklearn 对学生成绩实现数据规范化学习情境，帮助读者学习掌握数据变换的处理方法。单元 6：Kettle 工具使用，设计了使用 ETL 工具 Kettle 对职业能力大数据分析平台学生信息数据进行清洗学习情境，帮助读者学习如何使用 Kettle 工具转换数据。单元 7：MapReduce 数据处理，设计了使用 MapReduce 合并职业能力大数据分析平台【技能】数据学习情境，帮助读者学习使用 MapReduce 处理数据方法。

● 编写团队

本书由蔡茜（重庆工商职业学院教授，全国信息化教学设计大赛网络课程一等奖获得者，首批国家级职业教育教师教学创新团队骨干成员，重庆市职业教育在线精品课程主持人，重庆市职业教育一流核心课程负责人，重庆市教学成果奖二等奖获得者，重庆工商职业学院软件技术专业带头人、教学名师）、陈觎（武汉职业技术学院副教授，全国职业院校技能大赛优秀指导老师，省级品牌专业核心建设人，武汉职业技术学院大数据技术专业带头人）担任主编，蔡茜负责导言和单元 1 的编写工作，陈觎负责单元 2～3 的编写工作。

本书的副主编均具有丰富的大数据教学实践经验、6 年以上大数据开发企业工作经验和指导学生竞赛经验。具体编写分工如下：单元 4 由重庆工商职业学院郭嗣鑫编写，单元 5 由重庆工商职业学院周士凯编写，单元 6 由重庆工商职业学院唐春玲编写，单元 7 由重庆工商职业学院李永编写。

本书由秦磊华（华中科技大学教授）担任主审。

由于编者水平有限，书中难免存在不妥之处，敬请读者批评指正。

编　者

2023 年 8 月

目　　录

导　　言

导言

课程性质描述

《大数据预处理技术》是一门面向大数据专业的、关于数据预处理的教材，它包含了目前数据预处理常用的四大处理方法（数据清理、数据集成、数据变换、数据归约）的内容。大数据预处理技术课程是大数据方向的职业核心课程。本课程针对学生的编程能力、创新能力、实践能力进行综合考量与培养，教程内既包含丰富透彻的理论知识，又详细地描述了在实际项目开发中如何对不完整、不一致、无法直接进行挖掘等的数据进行处理，其融合了理论与实践的专业数据预处理课程。本课程使用简单、通俗易懂的案例讲解各种数据预处理的方法，适用于不同方向、不同基础的学生。

适用专业：大数据相关专业。

开设课时：72 课时。

建议课时：72 课时。

典型工作任务描述

在现实世界中，我们获取的数据总是包含了不完整、不一致、杂乱无章的脏数据，无法直接进行数据挖掘，或挖掘结果不尽如人意。必须通过一系列的分析、数据处理，才能得到我们想要的数据。下面展示实际数据预处理的工作任务流程，如图 0-1 所示。

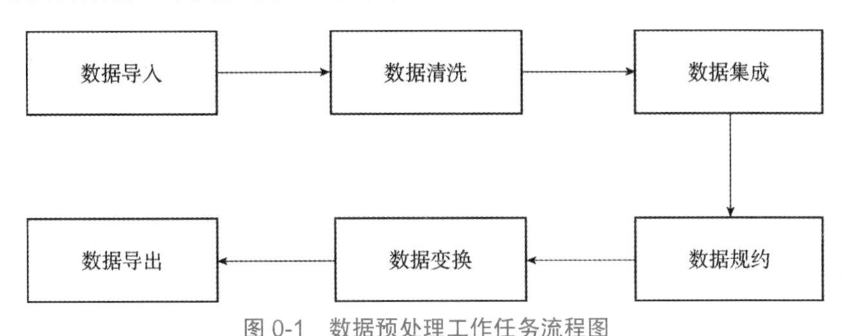

图 0-1　数据预处理工作任务流程图

课程学习目标

本课程内容涵盖了对学生在“基本理论”“基本技能”和“职业素养”三个层次的培养，通过本课程的学习，你应该能够：

1. 基本理论方面

（1）掌握数据预处理的设计理念及过程。

（2）掌握数据读写思想。

（3）掌握数据清洗思想。

（4）掌握数据集成思想。

（5）掌握数据归约思想。

（6）掌握数据变换思想。

2. 基本技能方面

（1）熟练掌握 Python 安装与环境变量设置。

（2）熟练掌握 PyCharm 开发工具的安装与使用。

（3）熟练掌握 pip 命令管理库工具。

（4）熟练掌握 NumPy 库的矩阵数学计算方法。

（5）熟练掌握 Pandas 库数据处理应用。

（6）熟练掌握 Sklearn 库的机器学习应用。

（7）掌握数据 ETL 工具 Kettle 的安装与使用。

（8）熟练掌握 MapReduce 编程的应用。

3. 职业素养方面

（1）能够完成真实业务逻辑向代码的转化。

（2）能够独立分析解决问题。

（3）能够快速准确地查找参考资料。

（4）能够与小组其他成员通力合作。

学习组织形式与方法

亲爱的同学们，欢迎你学习大数据预处理技术课程！

与你过去使用的传统教材相比，这是一种全新的学习材料，它帮助你更好地了解未来的工作及其要求，通过这本活页式教材学习如何通过大数据预处理的重要的、典型的工作，促进你的综合职业能力发展，使你有可能在短时间内成为一名合格的数据预处理工程师。

在正式开始学习之前请你仔细阅读以下内容，了解即将开始的全新教学模式，做好相应的学习准备。

1. 主动学习

在学习过程中，你将获得与你以往完全不同的学习体验，你会发现与传统课堂讲授为主的教学有着本质的区别——你是学习的主体，自主学习将成为本课程的主旋律。工作能力只有你自己亲自实践才能获得，而不能依靠教师的知识传授与技能指导。在工作过程中获得的知识最为牢固，而教师在你的学习和工作过程中只能对你进行方法的指导，为你的学习和工作提供帮助。比如说，教师可以给你传授大数据预处理的设计思想，给你解释数据预处理的处理方式，教你对不同数据源、不同数据挖掘需求处理的方法等。但在学习过程中，这些都是外因，你的主动学习与工作才是内因。你必须主动、积极、亲自去完成数据预处理分析、设计、实现的整个过程，通过完成工作任务熟练掌握数据预处理技术。主动学习将伴随你的职业生涯成长，它可以使你快速适应新方法、新技术。

2. 用好工作活页

首先，你要深刻理解学习情境的每一个学习目标，利用这些目标指导自己的学习并评价自己的学习效果；其次，你要明确学习内容的结构，在引导问题的帮助下，尽量独自地去学习并完成包括填写工作活页内容等整个学习任务；同时你可以在教师和同学的帮助下，通过互联网查阅相关资料，学习重要的工作过程知识；再次，你应当积极参与小组讨论，去尝试解决复杂和综合性的问题，进行工作质量的自检和小组互检，并注意程序的规范化，在多种技术实践活动中形成自己的技术思维方式；最后，在完成一个工作任务后，要反思是否有更好的方法或可以花更少的时间来完成工作目标。

3. 团队协作

课程的每个学习情境都是一个完整的工作过程，大部分的工作需要团队协作才能完成，教师会帮助大家划分学习小组，但要求各小组成员在组长的带领下，制订可行的学习和工作计划，并能合理安排学习与工作时间，分工协作，互相帮助，互相学习，广泛开展交流，大胆发表你的观点和见解，按时、保质保量地完成任务。你是小组的一员，你的参与与努力是团队完成任务的重要保证。

4. 把握好学习过程和学习资源

学习过程是由学习准备、计划与实施和评价反馈所组成的完整过程。你要养成理论与实践紧密结合的习惯，教师引导、同学交流、学习中的观察与独立思考、动手操作和评价反思都是专业技术学习的重要环节。

学习资源可以参阅每个学习情境的相关知识和相关案例。此外，你也可以通过互联网等途径获得更多的专业技术信息，这将为你的学习和工作提供更多的帮助和技术支持，拓展你的学习视野。

预祝你学习取得成功，早日成为大数据预处理工程师！

学习情境设计

为了学习掌握大数据预处理的方法，我们安排了如表 0-1 所示的学习情境。

表 0-1　学习情境设计

序号	学习情境	任务简介	学时
1	使用 Python 读写职业能力大数据分析平台【岗位】数据	1）完成 Python 下载、安装及配置 2）完成 PyCharm 下载、安装、配置及创建项目 3）完成通过 pip 命令安装 PyMySQL 和 PyMongo 等库 4）完成使用 Python 读写职业能力大数据分析平台【岗位】数据	8
2	使用 Pandas 读写职业能力大数据分析平台【技能】数据	1）完成构建符合要求的数据源 2）完成通过 pip 命令安装 Pandas 和 SQLAlchemy 库 3）完成通过 pip 命令安装 PyMySQL 和 PyMongo 库 4）完成使用 Pandas 读写职业能力大数据分析平台【技能】数据	16
3	使用正则表达式从网页中提取招聘联系人的邮箱地址	1）完成对提取数据源的分析并制订方案 2）完成设计提取数据的匹配规则 3）完成从网页中提取招聘联系人的邮箱地址的分析设计 4）完成使用正则表达式从网页中提取招聘联系人的邮箱地址	16
4	使用 Pandas 对职业能力大数据分析平台【工资】表进行清洗	1）完成通过 pip 命令安装及管理 Pandas 库 2）完成缺失值、重复数据的检测与处理 3）完成噪声、离群点数据的分析与处理 4）完成职业能力大数据分析平台【工资】表的分析设计 5）完成使用 Pandas 对职业能力大数据分析平台【工资】表进行清洗	16
5	使用 Pandas 实现对职业能力大数据分析平台多个学生信息数据源进行集成	1）完成通过 pip 命令安装及管理 Pandas 库 2）完成对职业能力大数据分析平台多个学生信息数据源进行集成的分析设计 3）完成使用 Pandas 对职业能力大数据分析平台多个学生信息数据源进行集成	

（续表）

序号	学习情境	任务简介	学时
6	使用 NumPy+Pandas 实现对工资数据进行数量规约	1）完成通过 pip 命令安装及管理 NumPy、Pandas、PyEcharts 库 2）完成对工资数据进行数量规约的分析设计 3）完成使用 NumPy+Pandas 现实对工资数据进行数量规约 4）完成对工资数据数量规约后的结果进行可视化展示	
7	使用 Pandas+Sklearn 对学生成绩实现数据规范化	1）完成通过 pip 命令安装及管理 NumPy、Pandas、Sklearn 库 2）完成对学生成绩数据进行数据规范化的分析 3）完成使用 Pandas+Sklearn 对学生成绩实现数据规范化处理	
8	使用 ETL 工具 Kettle 对职业能力大数据分析平台学生信息数据进行清洗	1）完成 Kettle 下载、安装及配置 2）熟练掌握 Kettle 工具的使用 3）熟练掌握 Kettle 工具中控件的使用 4）完成对职业能力大数据分析平台学生信息数据的分析设计 5）完成使用 Kettle 对职业能力大数据分析平台学生信息数据进行清洗	
9	使用 MapReduce 合并职业能力大数据分析平台【技能】数据	1）完成 Windows 下 Hadoop 开发环境的安装与配置 2）完成 MapReduce 任务项目的创建 3）完成使用 Maven 正确添加依赖包 4）完成对职业能力大数据分析平台【技能】数据的分析设计 5）完成使用 MapReduce 合并职业能力大数据分析平台【技能】数据	16

学业评价

针对每一个学习情境，教师对学生的学习情况和任务完成情况进行评价。如表 0-2 所示为各学习情境的评价权重，如表 0-3 所示给出了对每个学生进行学业评价的参考表格。

表 0-2 学习情境评价权重

序号	学习情境	权重
1	使用 Python 读写职业能力大数据分析平台【岗位】数据	10%
2	使用 Pandas 读写职业能力大数据分析平台【技能】数据	10%
3	使用正则表达式从网页中提取招聘联系人的邮箱地址	10%
4	使用 Pandas 对职业能力大数据分析平台【工资】表进行清洗	15%
5	使用 Pandas 实现对职业能力大数据分析平台多个学生信息数据源进行集成	10%
6	使用 NumPy+Pandas 实现对工资数据进行数量规约	10%
7	使用 Pandas+Sklearn 对学生成绩实现数据规范化	10%
8	使用 ETL 工具 Kettle 对职业能力大数据分析平台学生信息数据进行清洗	15%
9	使用 MapReduce 合并职业能力大数据分析平台【技能】数据	10%
合计		100%

表 0-3 学业评价表

学号	姓名	学习情境 1	学习情境 2	……	学习情境 5	总评

单元 1　数据读写

教学导航

在处理数据前，我们需要先把数据读入，然后才能对数据进行各种处理，处理完数据后，又需要把处理好的数据进行保存。所以，读写数据就显得格外重要，而且数据会以各种各样的形式存在，比如 TXT、CSV、Excel、Word 等常见的文件，又会存储在 MySQL、Oracle、SQL Server 等关系型数据库中，也会存储在 Mongo、Redis、HBase 等非关系型数据库中。那么我们就需要学习并掌握从各种数据源中读入和写出数据。

在本单元中，我们将学习如何使用 Python 和 Pandas 相关技术读写各种数据源数据，这也是数据预处理的基础课程。本单元教学导航如表 1-1 所示。

表 1-1　教学导航

知识重点	1. 调用 Python 函数读写文本文档 2. 使用 Python 提供的组件读写数据库中的数据 3. 调用 Pandas 库里面的函数读写文本文档 4. 调用 Pandas 库里面的函数读写数据到数据库中
知识难点	1. 读写文本文档时处理中文乱码问题 2. 保存数据到 MySQL 数据库时创建对应的表 3. Pandas 读写文本数据时数据格式要求 4. 构建 DataFrame 对象
推荐教学方式	从学习情境任务书入手，通过对任务的解读，引导思维获取信息，引导学生制订工作计划；根据标准工作流程，调整工作计划并提出决策方案；通过对相关案例的实施演练让学生掌握任务的实现流程及技能
建议学时	16 学时
推荐学习方法	改变思路，学习方式由“先学习全部理论知识实践项目”变成“直接实践项目，遇到不懂的再查阅相关知识”。实操动手编写代码，运行代码，得到结果，可以迅速使学生熟悉并掌握 Python 读写数据源的各种流程及方法
必须掌握的理论知识	1. Python 读写数据源的常用函数 2. 使用 Python 构建读写数据源模型过程 3. Pandas 基础概念 4. Series 数据结构及概念 5. DataFrame 数据结构及概念
必须掌握的技能	1. Python 安装与环境配置 2. PyCharm 的安装与使用 3. 使用 pip 命令安装与管理库 4. Pandas 库及第三方 SQLAlchemy 库的安装与导入 5. 使用 Pandas 读写各种数据源

学习情境 1　使用 Python 读写职业能力大数据分析平台【岗位】数据

学习情境描述

本学习情境的重点主要是熟悉使用 Python 读写数据的方法。

- 教学情境描述：通过教师讲授 Python 读写数据的方法和应用实例，学习使用 Python 从 TXT 和 CSV 文件中读入职业能力大数据分析平台【岗位】数据，并把读入的【岗位】数据分别存入 MySQL 数据库【岗位】表和 Mongo 数据库【岗位】集合中；学习如何在实际项目中导入模块和调用函数。
- 关键知识点：读写数据相关函数的应用。
- 关键技能点：Python、PyCharm 安装，pip 管理工具、环境配置、模块导入。

学习目标

- 掌握 Python、PyCharm 安装及环境搭建流程。
- 掌握 Python 读写文件函数的使用方法。
- 掌握 Python 读写数据库模块的导入及相关函数的使用方法。
- 掌握使用 pip 命令安装和管理 matplotlib 库。

任 务 书

- 完成 Python 下载、安装及配置。
- 完成安装 PyCharm 下载、安装、配置及创建项目。
- 完成通过 pip 命令安装 PyMySQL 和 PyMongo 等库。
- 完成使用 Python 读写职业能力大数据分析平台【岗位】数据。

获取信息

引导问题 1：了解数据源。

（1）常见保存数据的数据源有哪些？

____

____

（2）各种数据源有何特点？

____

____

引导问题 2：了解读写数据的方法。

（1）有哪些方法可以读取文本文件？

____

____

（2）使用什么方法将数据写入文本文件中？

____

____

（3）如何读写数据到 MySQL 和 Mongo 数据库中？

____

____

工作计划

（1）制订工作方案（见表 1-2）。

表 1-2　工作方案

步骤	工作内容
1	
2	
3	
4	
5	

（2）列出工具清单（见表 1-3）。

表 1-3　工具清单

序号	名称	版本	备注
1			
2			
3			
4			
5			

（3）列出技术清单（见表 1-4）。

表 1-4　技术清单

序号	名称	版本	备注
1			
2			
3			
4			
5			

进行决策

（1）根据引导、构思、计划等，各自阐述自己的设计方案。
（2）对其他人的设计方案提出自己不同的看法。
（3）教师结合大家完成的情况进行点评，选出最佳方案，并写出最佳方案。

____

____

____

____

知识准备

Python 环境搭建及 PyCharm 安装使用

这一节的知识点内容主要是 Python 下载、安装和环境变量配置，Python 中对数据读写函数的调用，以及在数据读写过程中需要注意的事项。需要学习的知识与技能图谱如图 1-1 所示。

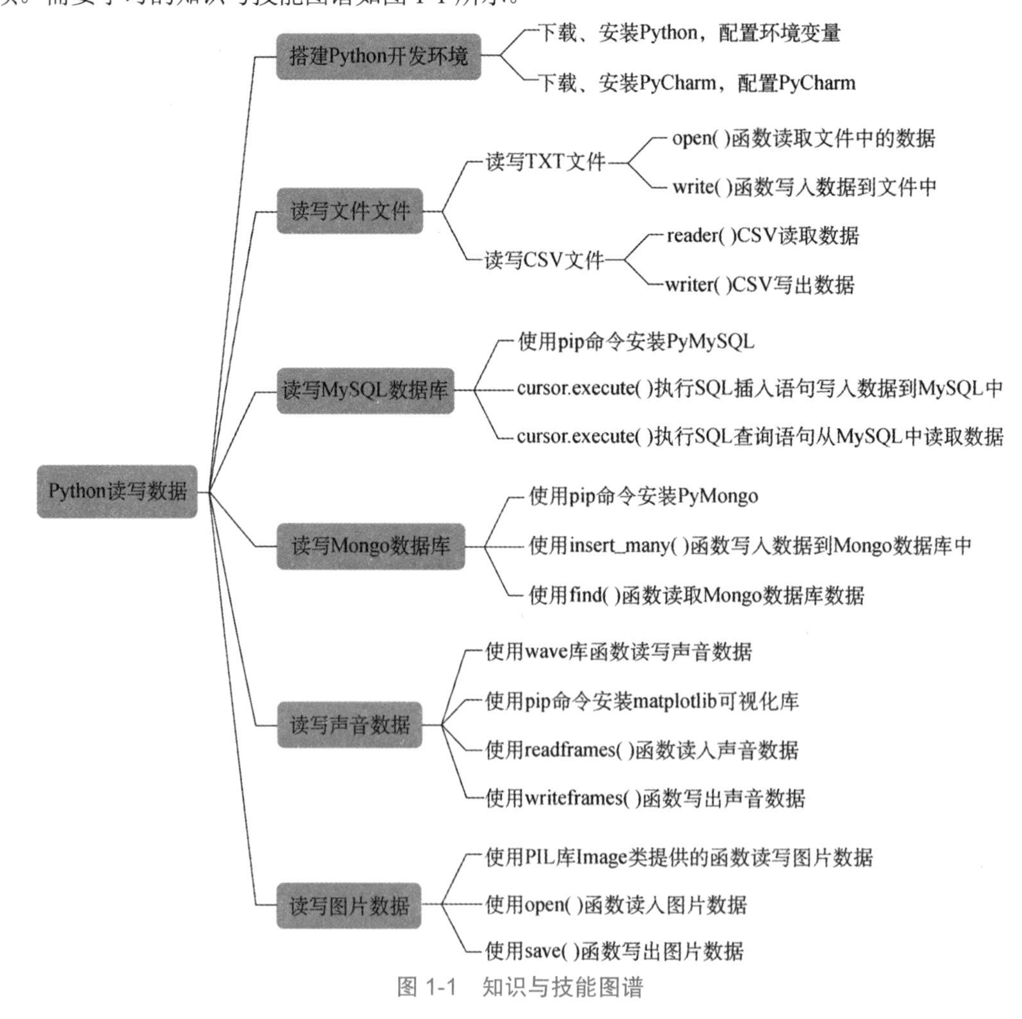

图 1-1　知识与技能图谱

1. 搭建 Python 开发环境

（1）下载 Python。

本课程是在 Windows 系统下开发的，使用 Python 3.7.3 作为教学版本。

到 Python 官网下载 Python 3.7.3 文件。

下载后的文件为 python-3.7.3-amd64.exe，下载的版本如图 1-2 所示。

Files

Version	Operating System	Description	MD5 Sum	File Size	GPG
Gzipped source tarball	Source release		2ee10f25e3d1b14215d56c3882486fcf	22973527	SIG
XZ compressed source tarball	Source release		93df27aec0cd18d6d42173e601ffbbfd	17108364	SIG
macOS 64-bit/32-bit installer	macOS	for Mac OS X 10.6 and later	5a95572715e0d600de28d6232c656954	34479513	SIG
macOS 64-bit installer	macOS	for OS X 10.9 and later	4ca0e30f48be690bfe80111daee9509a	27839889	SIG
Windows help file			7740b11d249bca16364f4a45b40c5676	8090273	SIG
Windows x86-64 embeddable zip file	Windows	for AMD64/EM64T/x64	854ac011983b4c799379a3baa3a040ec	7018568	SIG
Windows x86-64 executable installer	Windows	for AMD64/EM64T/x64	a2b79563476e9aa47f11899a53349383	26190920	SIG
Windows x86-64 web-based installer	Windows	for AMD64/EM64T/x64	047d19d2569c963b8253a9b2e52395ef	1362888	SIG
Windows x86 embeddable zip file	Windows		70df01e7b0c1b7042aabb5a3c1e2fbd5	6526486	SIG
Windows x86 executable installer	Windows		ebf1644cdc1eeeebacc92afa949cfc01	25424128	SIG
Windows x86 web-based installer	Windows		d3944e218a45d982f0abcd93b151273a	1324632	SIG

Windows下的安装包

图 1-2　下载 python-3.7.3 安装包

（2）安装 Python。

①双击下载后的安装包，勾选“Install launcher for all users(recommended)”选项为所有用户安装启动器（推荐）和“Add Python 3.7 to PATH”选项添加 Python 3.7 到 PATH 系统环境变量中，然后单击“Customize installation”选项进行自定义安装，如图 1-3 所示。

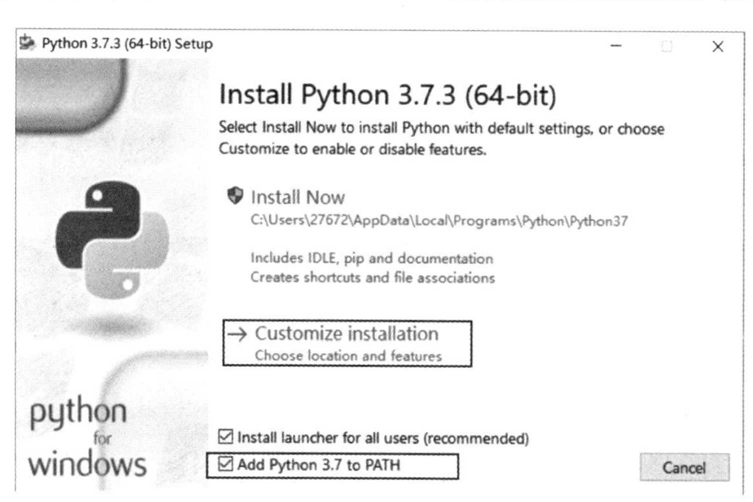

图 1-3　安装 Python 步骤 1

②在打开的界面中勾选所有的选项，然后单击“Next”按钮，如图 1-4 所示。

③在打开的界面中勾选 1、2、3、5 选项后，选择安装的路径（注意：避免安装路径包含中文），然后单击“Install”按钮进行安装，如图 1-5 所示。

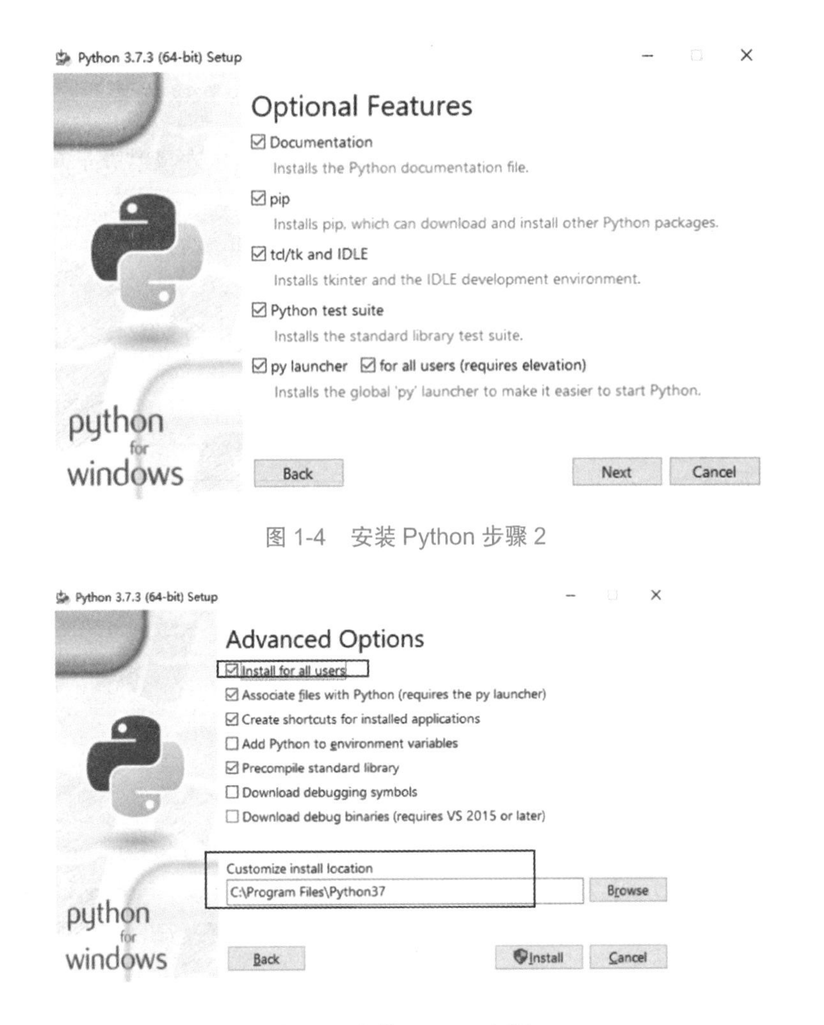

图 1-4　安装 Python 步骤 2

图 1-5　安装 Python 步骤 3

④打开命令提示符，输入“python --version”，如果打印出 Python 的版本号，说明安装成功，否则失败！如图 1-6 所示。

图 1-6　安装成功

（3）pip 工具使用。

pip 是 Python 包管理工具，该工具提供了对 Python 包的查找、下载、安装、卸载的功能。Python 3.7.3 版本自带了该工具，可以通过“pip --version”命令来判断是否已安装。如果已经安装，就会显示 pip 安装的版本，如图 1-7 所示。

```
C:\Users\27672>pip --version
pip 21.3.1 from d:\installed\python37\lib\site-packages\pip (python 3.7)
```

图 1-7　判断 pip 是否安装

pip 常用命令如表 1-5 所示。

表 1-5　pip 常用命令

命令	描述
pip --version	显示版本和路径
pip --help	获取帮助
python -m pip install --upgrade pip	升级 pip
pip list	列出已安装的模块
pip install 模块名称	安装指定的模块
pip uninstall 模块名称	移除指定的模块

接着设置 pip 镜像源。pip 默认是从国外的服务器下载的，这样在国内使用安装模块时会很慢，甚至安装不成功，为了解决这个问题，我们将国外的服务器替换成国内的镜像服务器，来更好地安装 Python 的各种模块，设置步骤如下。

首先在 C:\Users\用户名目录下新建一个 pip 目录，如图 1-8 所示。

图 1-8　新建 pip 目录

然后进入新建的 pip 目录，在里面创建一个 pip.ini 文件，如图 1-9 所示。

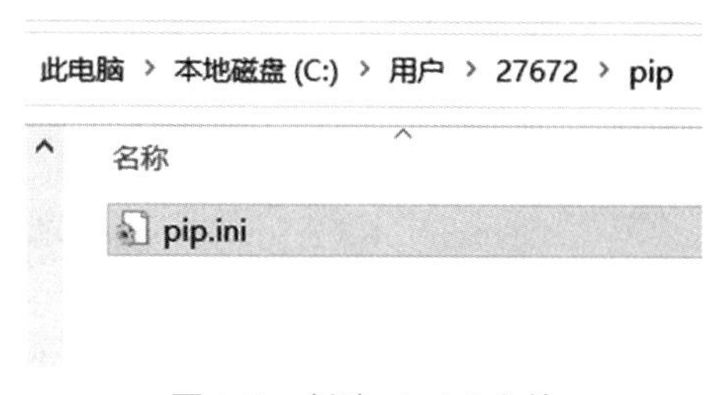

图 1-9　创建 pip.ini 文件

最后编辑该文件，使用清华大学开源软件镜像站，添加如下内容后保存，如图 1-10 所示。

```
[global]
timeout = 6000
index-url = https://pypi.tuna.tsinghua.edu.cn/simple
trusted-host = pypi.tuna.tsinghua.edu.cn
```

pip.ini - 记事本

文件(F) 编辑(E) 格式(O) 查看(V) 帮助(H)

```
[global]
timeout = 6000
index-url = https://pypi.tuna.tsinghua.edu.cn/simple
trusted-host = pypi.tuna.tsinghua.edu.cn
```

图 1-10 添加内容

使用命令 pip install pillow 添加一个图像处理库进行测试。添加时，注意查看下载模块的地址会变为上面设置的“https://pypi.tuna.tsinghua.edu.cn/simple”，如图 1-11 所示。

```
C:\Users\27672>pip install pillow
Looking in indexes: https://pypi.tuna.tsinghua.edu.cn/simple
Collecting pillow
  Using cached https://pypi.tuna.tsinghua.edu.cn/packages/3e/59/4d519b49a5dfae6be2f445ac59802db54b4356cb20a4c3d1599c03d8
2f59/Pillow-8.4.0-cp37-cp37m-win_amd64.whl (3.2 MB)
Installing collected packages: pillow
Successfully installed pillow-8.4.0
```

图 1-11 添加图像处理库

2. PyCharm 安装和环境配置

PyCharm 是由 JetBrains 打造的一款 Python IDE，其具备的调试、语法高亮、项目管理、代码跳转、智能提示、自动完成、单元测试、版本控制等功能，深受 Python 开发人员的喜爱。PyCharm 有专业版和社区版 2 个版本，其中社区版可以免费使用，专业版是收费的（可以免费试用 30 天）。

（1）下载 PyCharm。

本课程是在 Windows 系统下开发的，使用 PyCharm 2021.2.3 社区免费版作为教学版本，如图 1-12 所示。

到官网下载 PyCharm 2021.2.3 文件。

下载后的文件为：pycharm-community-2021.2.3.exe。

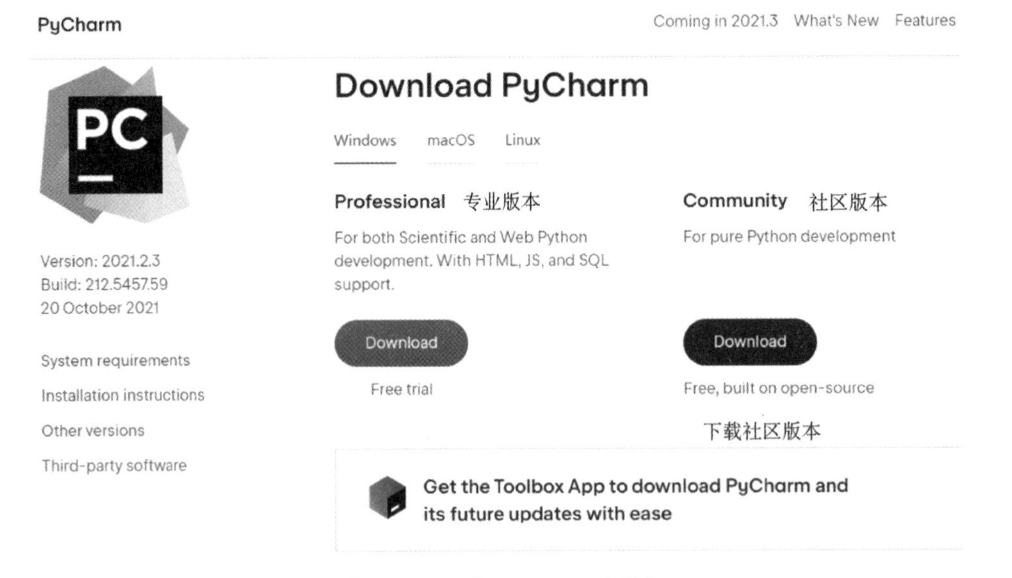

图 1-12 下载 PyCharm 安装包

（2）安装 PyCharm。

双击下载好的安装文件，单击“Next”按钮，如图 1-13 所示。

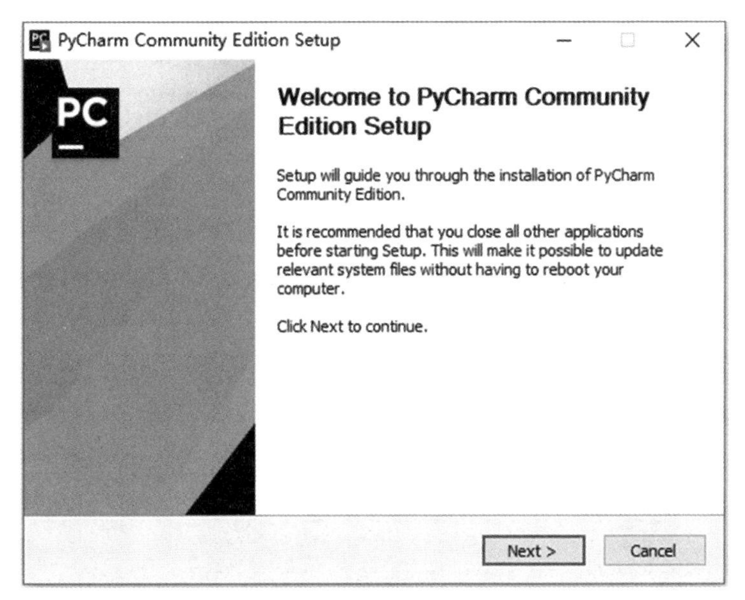

图 1-13　打开安装文件

在打开的界面中选择安装路径后，单击“Next”按钮，如图 1-14 所示。

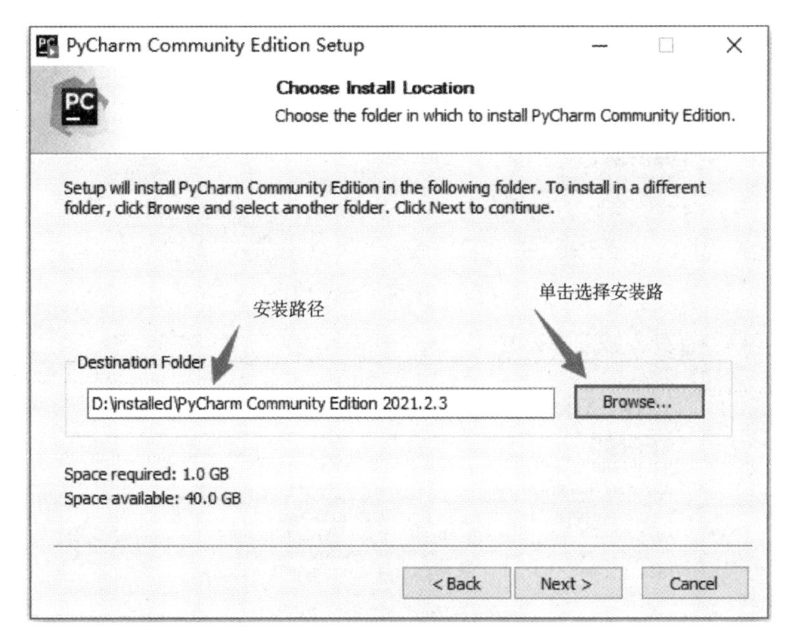

图 1-14　选择安装路径

在打开的界面中勾选全部选项后，单击“Next”按钮，如图 1-15 所示。

在打开的界面中单击“Install”按钮进行安装，并等待安装完成，如图 1-16 所示。

安装成功后打开 PyCharm，勾选同意用户协议条款，然后单击“Continue”按钮进入下一步，如图 1-17 所示。

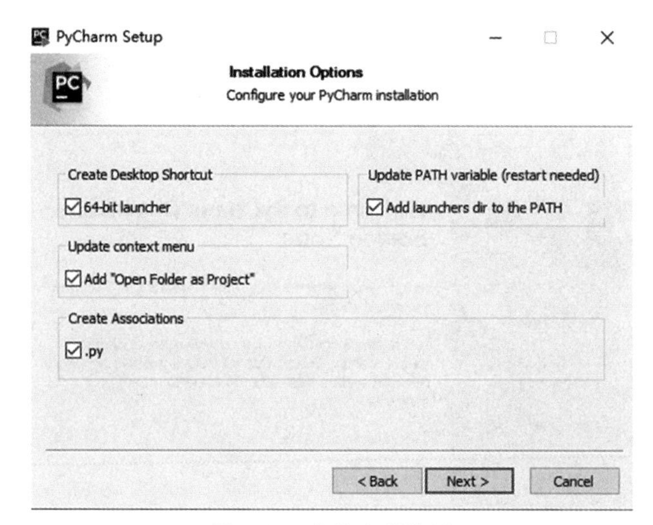

图 1-15　勾选全部选项

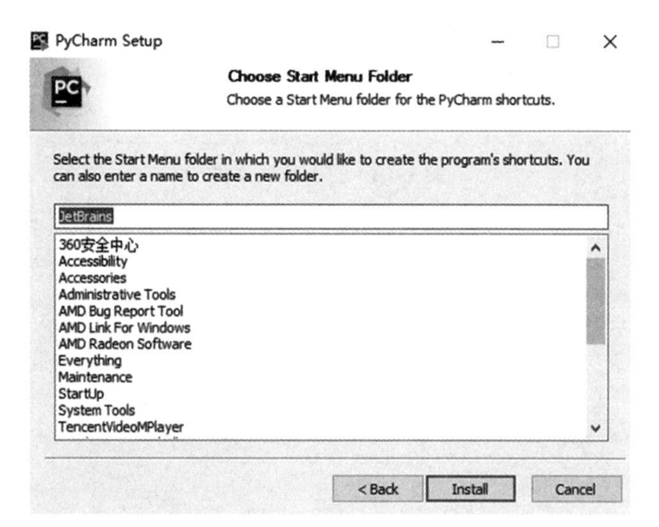

图 1-16　单击安装按钮

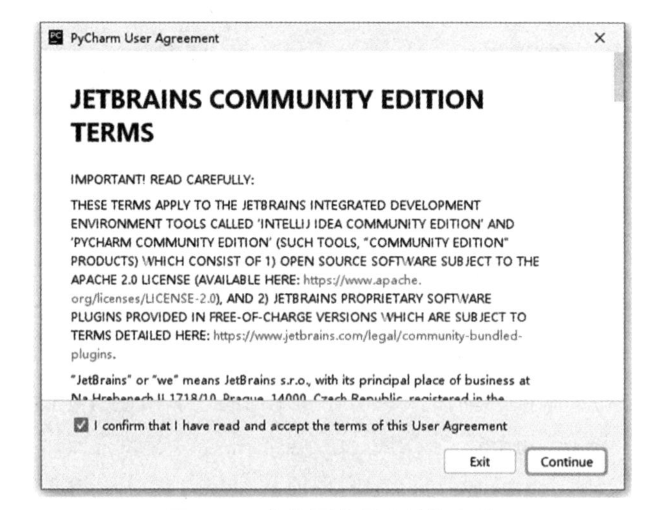

图 1-17　勾选同意用户协议条款

（3）使用 PyCharm 创建项目。

第一次进入界面时，需要创建一个新的项目或者打开一个已经存在的项目，单击“New Project”按钮创建一个新的项目，如图 1-18 所示。

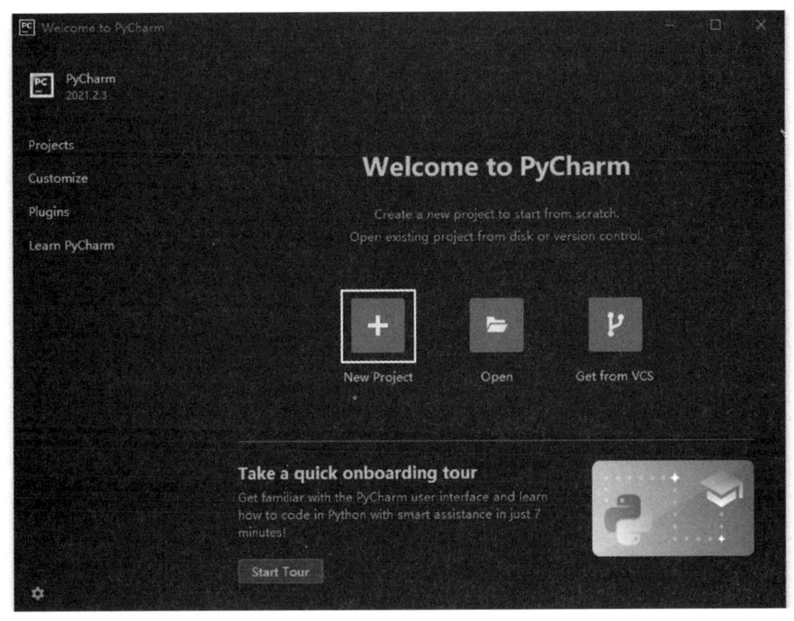

图 1-18　PyCharm 界面

在创建新项目界面中，先指定项目存放的路径和项目名称，这里创建一个项目名称为“lesson1”的项目，并存放在 D:\work\pycharm-space\python-project 文件夹下，然后选择 Python 安装目录下的 Python 解释器，最后单击“Create”按钮创建项目，如图 1-19 所示。

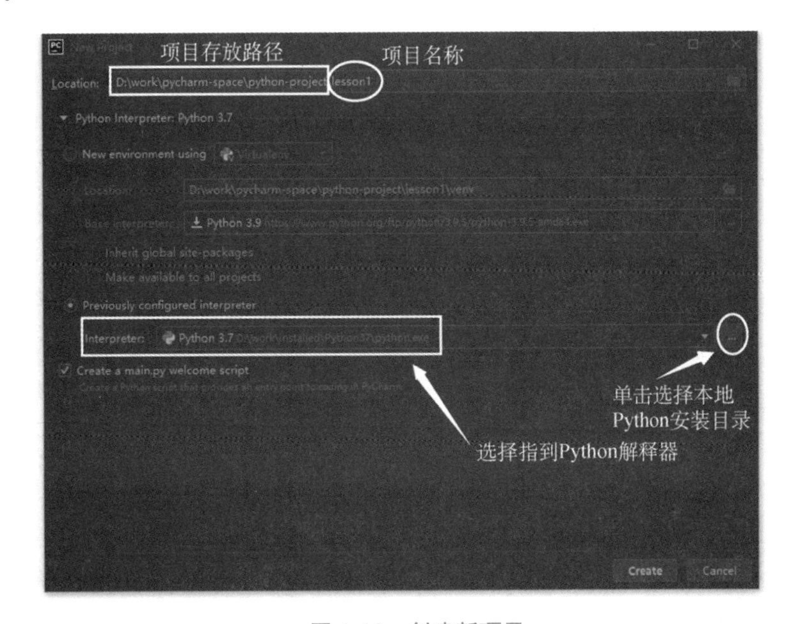

图 1-19　创建新项目

项目创建好后，选择“File”→“Settings”→“Appearance & Behavior”→“Appearance”→“Theme”选项设置界面显示的主题，如图 1-20 所示。

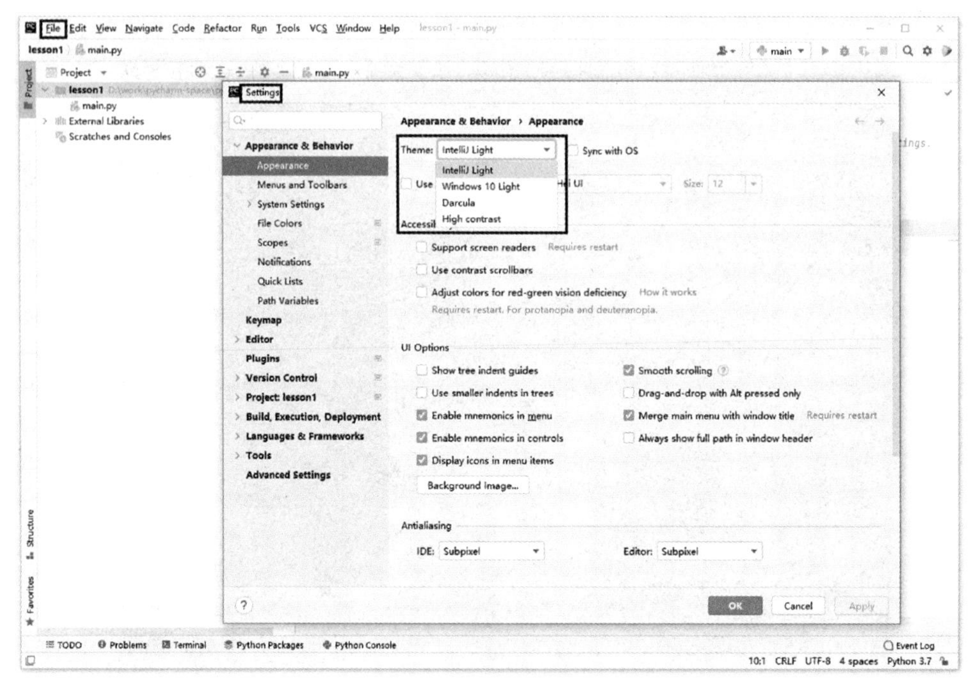

图 1-20　设置界面显示的主题

将鼠标指针移至项目名“lesson1”，单击鼠标右键，选择“New”→“Python file”选项创建一个 Python 文件，如图 1-21 所示。

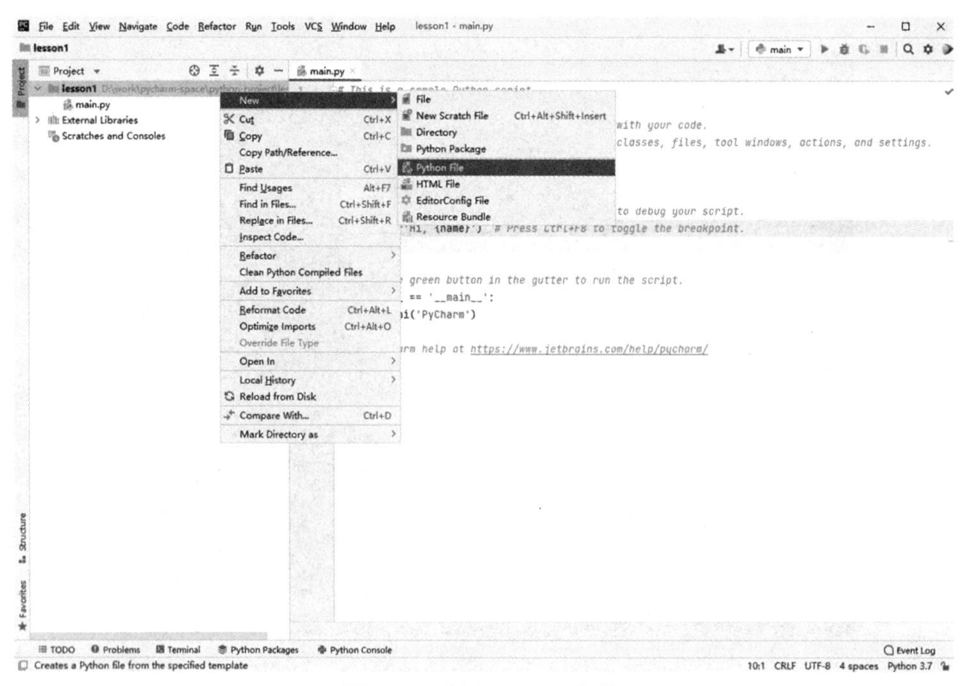

图 1-21　创建 Python 文件

在弹出的创建新文件层里面输入文件名称，如图 1-22 所示。

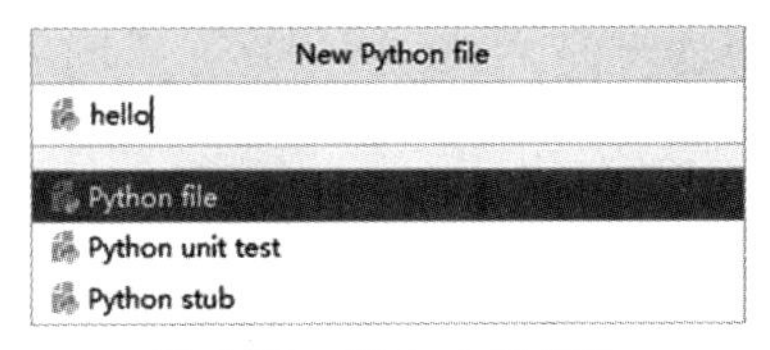

图 1-22　输入文件名称

在创建好的 Python 文件里面输入“print('hello python')”代码测试，如图 1-23 所示。

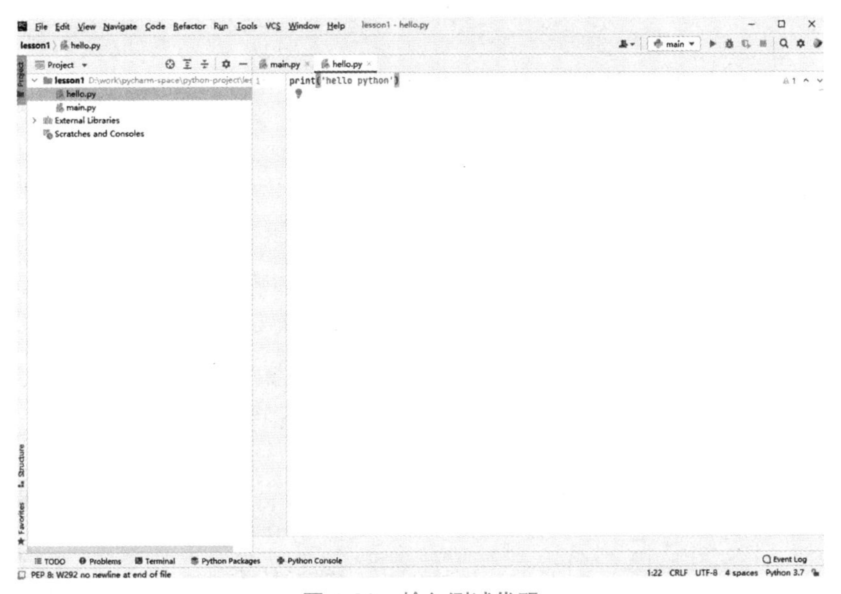

图 1-23　输入测试代码

在文本工作区单击鼠标右键，选择“Run ‘hello’”选项运行代码，如图 1-24 所示。

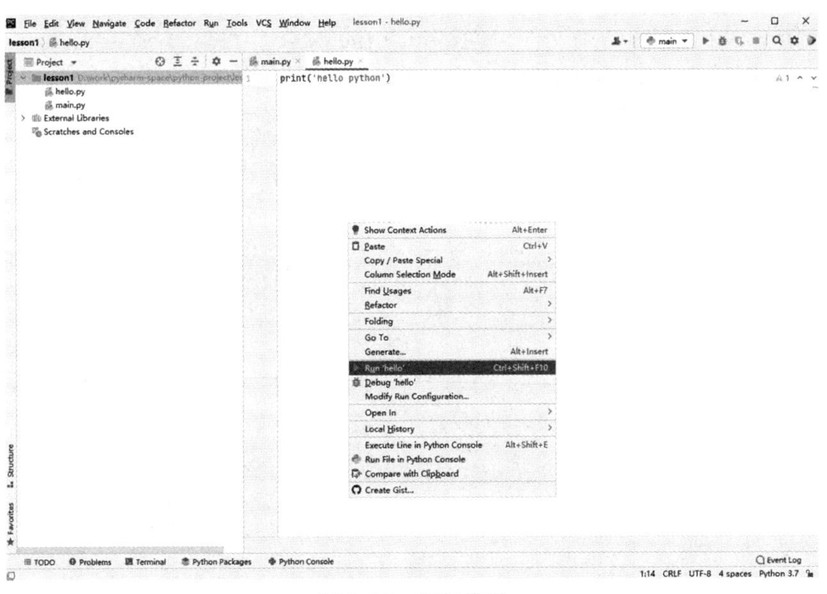

图 1-24　运行代码

在下面的“Run”窗口中可以看到运行状态和运行结果，如图 1-25 所示。

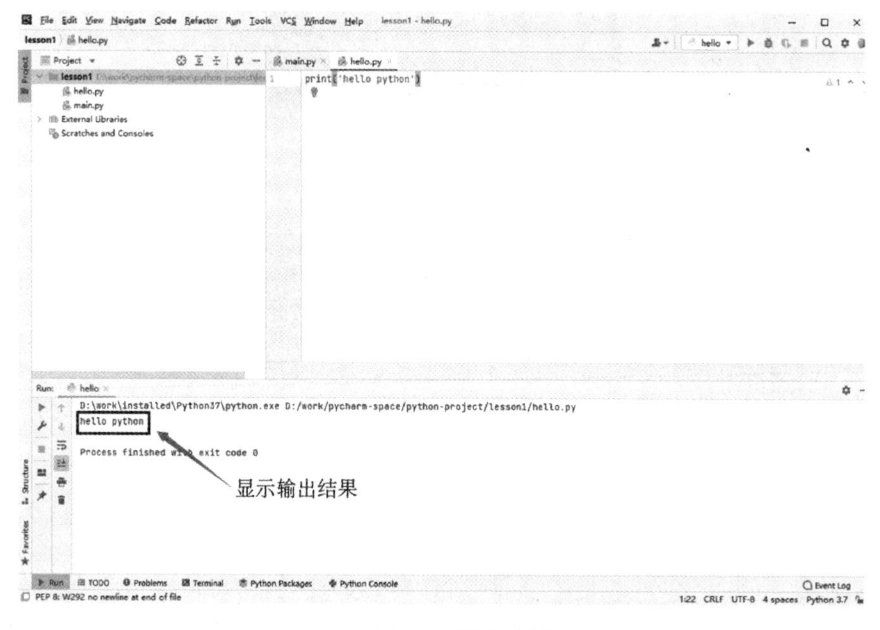

图 1-25 运行结果

3. Python 读写文本文档数据

（1）读写 TXT 文件。

读写 TXT 和 CSV 文件

在磁盘上读写文件的功能都是由操作系统提供的，现代操作系统不允许普通的程序直接操作磁盘，所以，读写文件就是请求操作系统打开一个文件对象，然后，通过操作系统提供的接口从这个文件对象中读取数据（读文件），或者把数据写入这个文件对象（写文件）。

Python 提供了 open()、read()、close()函数分别用于打开、读取和关闭文件。

- open()函数用于打开一个文件，创建一个 file 对象。
- read()函数用于读数据内容至文件尾时返回。
- close()函数用于关闭文件。文件使用完毕后必须关闭，因为文件对象会占用操作系统的资源，并且操作系统同一时间能打开的文件数量也是有限的。

示例代码：

```
file = open("testfile.txt")
    print(file.read())
file.close()
```

但是如果 testfile.txt 文件不存在，函数 open()就会抛出一个 FileNotFoundError 的错误，并且给出错误码和详细的信息告诉用户该文件不存在。

```
file = open("testfile.txt")
print(file.read())
file.close()
```

由于文件读写时有可能产生 FileNotFoundError 的错误，一旦出错，后面的 close()函数就不会调用，所以，为了保证无论是否出错都能正确地关闭文件，可以使用 try…finally 来实现代码的完整性。

示例代码：

```
try:
    file = open("testfile.txt")
    print(file.read())
finally:
    if file:
        file.close()
```

为了优化上面烦琐的代码，Python 引入了 with 语句来自动调用 close()方法。

示例代码：

```
with open("testfile.txt") as file:
    print(file.read())
```

由于 read()函数可以一次性读取文件的全部内容，但是在现实开发中，我们要读取的文件内容是非常庞大的，所以，一般我们会反复调用 read(size)方法，每次最多读取 size 个字节的内容，或者调用 readline()函数可以每次读取一行内容，调用 readlines()函数一次可以读取所有内容并按行返回 list，等等。因此，要根据具体需要决定调用什么函数。

如果文件内容包含中文，那么读取后打印显示的数据内容就有可能会出现中文乱码的情况。

示例代码：

```
with open("testfile.txt") as file:
    print(file.read())
```

打印的结果：

```
this is a test file
杩欐槸娴嬭瘯鏂囦欢
```

为了解决中文乱码问题，需要传入一个参数来指定使用的编码格式。

示例代码：

```
with open("testfile.txt",encoding='utf-8') as file:
    print(file.read())
```

打印的结果：

```
this is a test file
这是测试文件
```

下面学习如何把数据写入文件中。

- write()函数用于向文件中写入指定字符串。

示例代码：

```
with open("testfile.txt",mode='a',encoding='utf-8') as f:
```

```
f.write("\n 学习写入数据到文本文件中")
```

大家注意到这里的open()函数又多传了一个参数'a'，这里它的作用是什么呢？在回答之前需要先了解open()函数读取文件的模式。

mode 参数如表 1-6 所示。

表 1-6　mode 参数

模式	描述
r	以只读方式打开文件。文件的指针将会放在文件的开头。这是默认模式
w	打开一个文件只用于写入。如果该文件已存在则打开文件，并从开头开始编辑，即原有内容会被删除。如果该文件不存在，则创建新文件
x	写模式，新建一个文件，如果该文件已存在则会报错
a	打开一个文件用于追加。如果该文件已存在，文件指针将会放在文件的结尾。如果该文件不存在，则创建新文件进行写入
b	二进制模式
t	文本模式（默认）
+	打开一个文件进行更新（可读可写）

（2）读写 CSV 文件。

测试文件“testfile.csv”内容如图 1-26 所示。

```
1   姓名,Java基础,高数,英语,C语言
2   张俊,90,75,82,87
3   吴霞,92,99,83,90
4   卢池,86,96,82,93
5   刘松,91,77,79,85
6   谢昊,80,98,79,85
7   泽浩,88,82,79,90
8   俊希,68,71,81,81
9   邱鸿,95,73,80,77
10  吕俊,97,72,79,89
11  张加,79,93,79,90
12  林海,87,99,82,93
```

图 1-26　测试文件内容

Python 读取 CSV 文件时需要引入 csv 包。

使用“import csv”导入 csv 包，如下：

```
import csv
```

①读 CSV 文件数据的代码如下：

```
# -*- coding:utf-8 -*-
import csv
# 创建 csv 读取器
reader = csv.reader(open('testfile.csv','r'))
# 读取第一行数据，这行数据是表头
```

```
header = next(reader)
print('表头信息：\n', header)
print('表数据如下：')
for line in reader:
    print(line)   #每行数据为 list 数据类型
代码执行结果：
表头信息：
 ['姓名', 'Java 基础', '高数', '英语', 'C 语言']
表数据如下：
['张俊', '90', '75', '82', '87']
['吴霞', '92', '99', '83', '90']
['卢池', '86', '96', '82', '93']
['刘松', '91', '77', '79', '85']
['谢昊', '80', '98', '79', '85']
['泽浩', '88', '82', '79', '90']
['俊希', '68', '71', '81', '81']
['邱鸿', '95', '73', '80', '77']
['吕俊', '97', '72', '79', '89']
['张加', '79', '93', '79', '90']
['林海', '87', '99', '82', '93']
```

②写入数据到 CSV 文件中的代码如下：

```
# -*- coding:utf-8 -*-
import csv
data = [
    ['佘树', '88', '95', '75', '86'],
    ['莫永', '86', '66', '79', '82'],
    ['欧胜', '64', '76', '78', '74'],
    ['晓冰', '95', '84', '74', '77'],
    ['袁俊', '68', '90', '76', '74'],
]
#mode='a':以追加模式打开文件
with open('testfile.csv',mode='a',newline='') as f:
    #创建 csv 写入器
    writer = csv.writer(f)
    for line in data:
        writer.writerow(line)
```

执行完代码后，查看“testfile.csv”文件，数据已经在文件末尾添加，如图 1-27 所示。

读写 MySQL 和 Mongo 数据库

4. Python 操作 MySQL 数据库数据

（1）使用 pip 命令安装 PyMySQL 模块。

打开命令提示符，输入 pip install pymysql 安装模块，如图 1-28 所示。

```
1   姓名,Java基础,高数,英语,C语言
2   张俊,90,75,82,87
3   吴霞,92,99,83,90
4   卢池,86,96,82,93
5   刘松,91,77,79,85
6   谢昊,80,98,79,85
7   泽浩,88,82,79,90
8   俊希,68,71,81,81
9   邱鸿,95,73,80,77
10  吕俊,97,72,79,89
11  张加,79,93,79,90
12  林海,87,99,82,93
13  佘树,88,95,75,86
14  莫永,86,66,79,82
15  欧胜,64,76,78,74
16  晓冰,95,84,74,77
17  袁俊,68,90,76,74
```

图 1-27　执行代码后的文件内容

```
C:\Users\27672>pip install pymysql
Looking in indexes: https://pypi.tuna.tsinghua.edu.cn/simple
Collecting pymysql
  Using cached https://pypi.tuna.tsinghua.edu.cn/packages/4f/52/a115fe175028b058df353c5a3d5290b71514a83f67078a6482cff24d
6137/PyMySQL-1.0.2-py3-none-any.whl (43 kB)
Installing collected packages: pymysql
Successfully installed pymysql-1.0.2
```

图 1-28　安装 PyMySQL 模块

（2）创建 MySQL 数据库及表。

创建一个数据库，数据库名称为 mydb，新建一个 student 表，添加 name（姓名）、number（学号）、score（成绩）、grade（班级）四个字段，如图 1-29、图 1-30 所示。

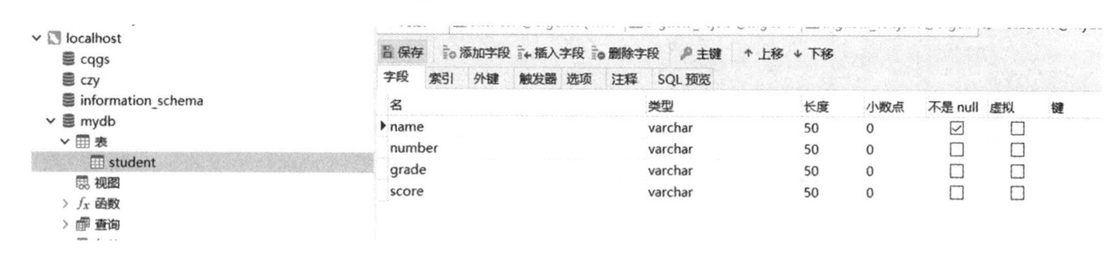

图 1-29　新建 student 表

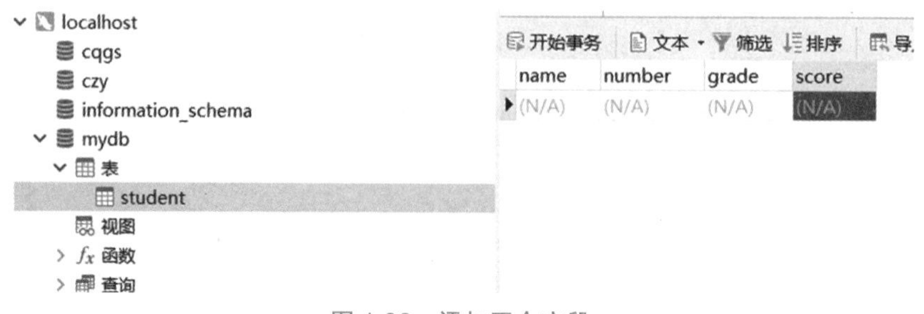

图 1-30　添加四个字段

（3）添加数据到 MySQL 数据库表。

导入 PyMySQL 模块，使用“import pymysql”语句导入 PyMySQL 包。

```
import pymysql
```

首先添加测试数据，再创建对 MySQL 数据库的连接，最后创建操作游标去调用 execute 执行插入 SQL 语句操作。

示例代码：

```
# -*- coding:utf-8 -*-
import pymysql
student_list=[
    ('赵浩','2001038','大二',92),
    ('饶震','2001048','大二',77),
    ('徐升','2001058','大二',66),
    ('魏永','2001058','大二',66),
    ('李东','2001058','大二',66),
]
# 调用 connect 函数创建数据库连接
# "localhost": 主机 IP;
# port=3306: MySQL 端口号
# user='root': MySQL 用户名称
# password = '123456' :MySQL 用户密码
# db='mydb' : 连接的数据库名称
# charset='utf8' : 设置编码格式
conn = pymysql.connect(host='127.0.0.1', port=3306, user='root',
                       password='123456', db='mydb', charset='utf8')
# 调用 cursor()函数获取操作游标
cursor = conn.cursor()
sql = "insert into `student`(name,number,grade,score) values(%s,%s,%s,%s)";
for student in student_list:
    cursor.execute(sql, student)
conn.commit() #对数据库进行更新操作时需要提交
# 关闭操作游标
cursor.close()
# 关闭数据库连接
conn.close()
```

执行完成后，刷新数据库中的 student 表查看结果，发现测试数据已经添加到数据库表中，如图 1-31 所示。

（4）读取 MySQL 数据库表数据。

导入 PyMySQL 模块，创建对 MySQL 数据库的连接，创建操作游标去调用 execute 执行查询 SQL 语句，把得到的结果集遍历打印显示，执行结果显示出表里面的学生信息。

图 1-31　刷新 student 表

示例代码：

```
# -*- coding:utf-8 -*-
import pymysql

# 调用 connect 函数创建数据库连接
# "localhost": 主机 IP;
# port=3306: MySQL 端口号
# user='root': MySQL 用户名称
# password = '123456' :MySQL 用户密码
# db='mydb' : 连接的数据库名称
# charset='utf8' : 设置编码格式
conn = pymysql.connect(host='127.0.0.1', port=3306, user='root',
                       password='123456', db='mydb', charset='utf8')
# 调用 cursor()函数获取操作游标
cursor = conn.cursor()
# 调用 execute 函数执行 SQL 语句
cursor.execute("SELECT * from `student`")
# 获取所有记录列表
results = cursor.fetchall()
for row in results:
    name = row[0]
    number = row[1]
    grade= row[2]
    score = row[3]
    print('学生姓名:',name,',学号:',number,',班级: ',grade,',成绩: ',score)
# 关闭操作游标
cursor.close()
执行结果:
学生姓名: 赵浩 ,学号: 2001038 ,班级:  大二 ,成绩:  92
学生姓名: 饶震 ,学号: 2001048 ,班级:  大二 ,成绩:  77
学生姓名: 徐升 ,学号: 2001058 ,班级:  大二 ,成绩:  66
学生姓名: 魏永 ,学号: 2001058 ,班级:  大二 ,成绩:  66
学生姓名: 李东 ,学号: 2001058 ,班级:  大二 ,成绩:  66
```

5. Python 操作 Mongo 数据库数据

（1）使用 pip 命令安装 PyMongo 模块。

打开命令提示符，输入 pip install pymongo 安装模块，如图 1-32 所示。

```
C:\Users\Admin>pip install pymongo
Looking in indexes: https://pypi.tuna.tsinghua.edu.cn/simple
Collecting pymongo
  Downloading https://pypi.tuna.tsinghua.edu.cn/packages/d7/3e/22347ad4df285e8c72c0b1c1d0629b9fdbe2fb311b538fc15a6c5e026
9d9/pymongo-3.12.1-cp37-cp37m-win_amd64.whl (397 kB)
     |████████████████████████████████| 397 kB 6.4 MB/s
Installing collected packages: pymongo
Successfully installed pymongo-3.12.1
```

图 1-32　安装 PyMongo 模块

（2）创建 Mongo 数据库。

创建一个 Mongo 数据库，数据库名称为 my_mongo_db，再新建一个集合，取名为 student_info，如图 1-33 所示。

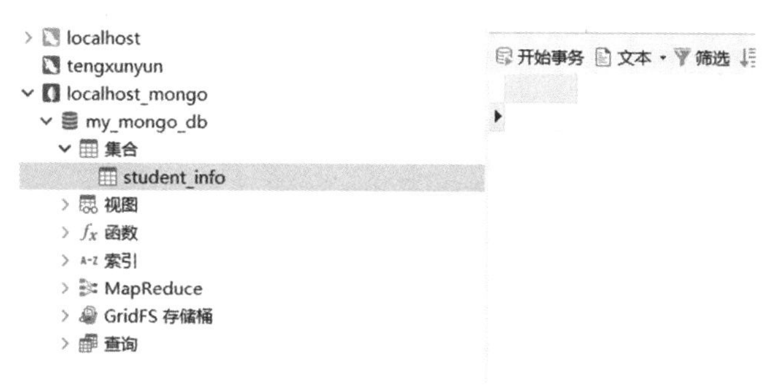

图 1-33　创建 Mongo 数据库

（3）添加数据到 Mongo 数据库集合。

导入 PyMongo 模块，使用“import pymongo”导入 PyMongo 包。

```
import pymongo
```

首先调用 MongoClient()函数创建对 Mongo 数据库的连接，再获得集合中的数据库对象，最后使用数据库对象调用 insert_many()函数一次性插入多条数据，也可以调用 insert_one()函数一条一条地插入数据。

示例代码：

```
# -*- coding:utf-8 -*-
import pymongo
student_list = [
    {'name': '李东', 'number': '2020001', 'grade': '大三', 'score': 86.6},
    {'name': '杜成', 'number': '2020002', 'grade': '大三', 'score': 88},
    {'name': '程龙', 'number': '2020003', 'grade': '大三', 'score': 77.5},
    {'name': '杨进', 'number': '2020004', 'grade': '大三', 'score': 95.5},
    {'name': '周东', 'number': '2020005', 'grade': '大三', 'score': 90},
]
# 创建 Monog 数据库连接对象
client = pymongo.MongoClient('localhost')
```

```
# 设置数据库名获得数据库对象,my_mongo_db 数据库名称
db = client['my_mongo_db']
# 设置集合名获得集合操作对象,student_info 集合名称
index = db['student_info']
# 插入数据
index.insert_many(student_list)
```

代码执行完成后，再去数据库刷新并查看集合，发现学生信息已经被添加到集合中，注意，这里的 id 字段是 Mongo 数据库为每条数据自动生成的（可以忽略），如图 1-34 所示。

图 1-34　刷新 Mongo 数据库

（4）读取 Mongo 数据库集合数据。

导入 PyMongo 模块，调用 MongoClient()函数创建对 Mongo 数据库的连接，获得集合操作对象后调用 find()函数一次性读取整个集合的数据，也可以调用 find_one()函数一条一条地读取数据。

示例代码：

```
# -*- coding:utf-8 -*-
import pymongo

# 创建 Monog 数据库连接对象
client = pymongo.MongoClient('localhost')
# 设置数据库名获得数据库对象,my_mongo_db 数据库名称
db = client['my_mongo_db']
# 设置集合名获得集合操作对象,student_info 集合名称
index = db['student_info']
# 读取一条数据
one_data = index.find_one()
print('读取一条数据：\n',one_data)
# 读取整个集合数据
all_data = index.find()
# 通过遍历游标，打印显示每条数据信息
print('读取整个集合数据：')
for cursor in all_data:
    print(cursor)
```

执行代码结果：

```
读取一条数据：
```

```
{'_id': ObjectId('61a97501ee86f2aed5ee3263'), 'name': '李东', 'number': '2020001', 'grade': '大三', 'score': 86.6}
读取整个集合数据：
{'_id': ObjectId('61a97501ee86f2aed5ee3263'), 'name': '李东', 'number': '2020001', 'grade': '大三', 'score': 86.6}
{'_id': ObjectId('61a97501ee86f2aed5ee3264'), 'name': '杜成', 'number': '2020002', 'grade': '大三', 'score': 88}
{'_id': ObjectId('61a97501ee86f2aed5ee3265'), 'name': '程龙', 'number': '2020003', 'grade': '大三', 'score': 77.5}
{'_id': ObjectId('61a97501ee86f2aed5ee3266'), 'name': '杨进', 'number': '2020004', 'grade': '大三', 'score': 95.5}
{'_id': ObjectId('61a97501ee86f2aed5ee3267'), 'name': '周东', 'number': '2020005', 'grade': '大三', 'score': 90}
```

6. Python 读写图片

读写图片和声音数据

Python 图像库 PIL（Python Image Library）是 Python 的第三方图像处理库，但是由于其强大的功能而拥有众多的使用人数。

（1）读取图片。

使用 PIL 库里面的 Image.open()函数读入图片信息，代码如下：

```
from PIL import Image  # 调用库
# 文件路径，如果没有路径就是当前目录下的文件
im = Image.open("读入图片.jpg")
print(im)
```

执行结果：

```
<PIL.JpegImagePlugin.JpegImageFile image mode=RGB size=686×492 at 0x23DACFAE400>
```

运行结果显示图片的基本信息，mode 为 RGB，size 为 686 像素×492 像素。

（2）写出图片。

使用 PIL 库里面的 Image.save()函数写出图片信息，代码如下：

```
from PIL import Image  # 调用库
# 文件路径，如果没有路径就是当前目录下的文件
im = Image.open("读入图片.jpg")
print(im)
im.save("写出图片.png")
```

运行代码后，会自动创建“写出图片.png”文件，并把读入的图片信息写出到文件中。

7. Python 读写声音数据

（1）读取声音数据。

Python 提供了 wave 库 readframes()函数用于读取声音数据。

下面使用 wave+matplotlib 读取一份声音数据并可视化显示。

使用 pip 添加 matplotlib 库，命令如下：

```
pip install matplotlib
```

项目代码如下：

```
import numpy as np
import wave
import matplotlib.pyplot as pl
# 根据声音文件路径，得到录音特征值
def getWavInfo(path):
    f = wave.open(path, 'rb')  # 'rb'读取二进制文件
    params = f.getparams()
    # nchannels:通道数,sampwidth:采样字节长度,framerate:采样频率,nframes:总帧数
    nchannels, sampwidth, framerate, nframes = params[:4]
    strData = f.readframes(nframes)  # 读取音频，字符串格式
    waveData = np.fromstring(strData, dtype=np.int16)  # 将字符串转化为 int
    f.close()
    return waveData,nframes
waveData,nframes = getWavInfo("语音数据.wav")
time = np.arange(0, nframes)
pl.plot(time,waveData)
pl.xlabel("show all time")
pl.show()
```

执行代码，图形显示如图 1-35 所示。

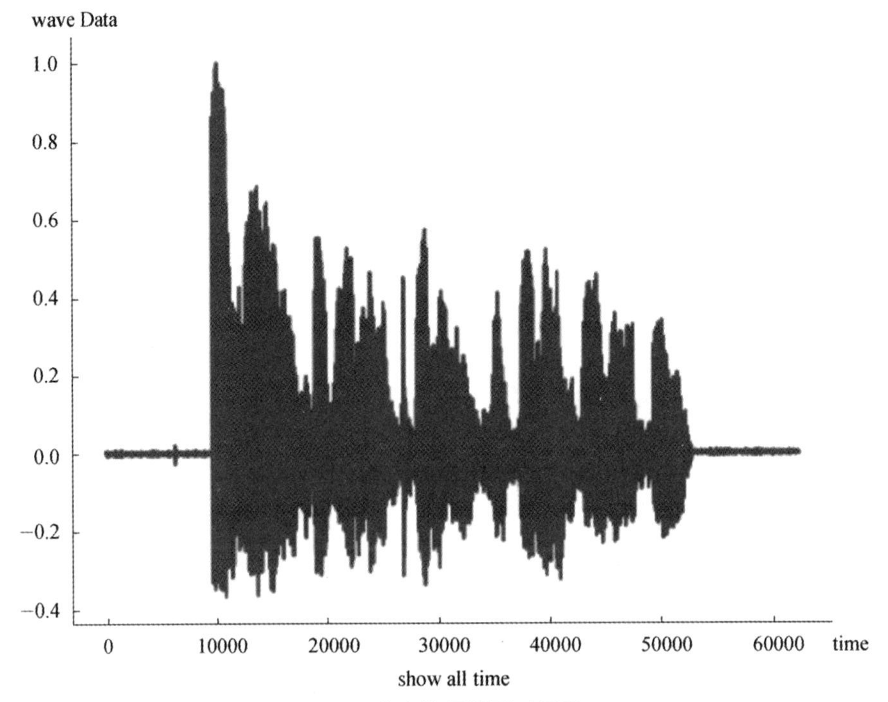

图 1-35　声音数据的图形显示

（2）写出声音数据。

Python 提供了 wave 库 writeframes()函数用于写出声音数据，代码如下：

```
import numpy as np
import wave
# 根据声音路径，得到录音特征值
def getWavInfo(path):
    f = wave.open(path, 'rb')  # 'rb'读取二进制文件
    params = f.getparams()
    # nchannels:通道数,sampwidth:采样字节长度,framerate:采样频率,nframes:总帧数
    nchannels, sampwidth, framerate, nframes = params[:4]
    strData = f.readframes(nframes)  # 读取音频，字符串格式
    waveData = np.fromstring(strData, dtype=np.int16)  # 将字符串转化为 int
    f.close()  #关闭文件
    return waveData,params
# 获得声音数据及其参数
waveData,params = getWavInfo("语音数据.wav")

#定义存储路径以及文件名，'wb'：以写二进制模式打开文件
outwave = wave.open("语音数据输出.wav", 'wb')
# 设置参数
outwave.setparams(params)
# 写出声音数据
outwave.writeframes(waveData)
outwave.close()  #关闭文件
```

相关案例

下面按照本学习情境所涉及的知识面及知识点，作为下一步工作实施的参考案例，展示项目案例“使用 Python 读写职业能力大数据分析平台【岗位】数据”的实施过程。

按照该项目的实际开发过程，以下展示的是具体流程。

1. 确定数据源

分别准备一份 TXT 和 CSV 格式的职业能力大数据分析平台【岗位】数据文件，如图 1-36 所示。

名称
bigdata_job.csv
bigdata_job.txt

图 1-36　数据文件

（1）bigdata_job.csv 文件。部分内容如图 1-37 所示。

	A	B	C	D	E	F	G	H	I	J	K	L	M	N	O	P	Q	R
1	jobId	title	salary_mir	salary_ma	province	city	area	catalog	category	experience	education	job_desc	job_url	from_site	job_compar	source_moc	status	expiratior	hire_r
2	25508278	实习生	3500	5500	江苏省	苏州	高新区	全职	电子技术，	应届毕业生	大专	1.　配合技	https://jc	www.51job.	苏州英诺威	2	2	
3	25508279	自动化方向	6000	8000	江苏省	苏州	吴江区	全职	电子技术，	应届毕业生	本科	1、***本科	https://jc	www.51job.	苏州祥龙嘉	2	2	
4	25508280	2021届毕业	6000	11000	江苏省	苏州	吴江区	全职	电子技术，	应届毕业生	本科	岗位要求：	https://jc	www.51job.	苏州祥龙嘉	2	2	
5	25508281	C#/C++软件	8000	15000	北京	北京	海淀区	全职	电子技术，	应届毕业生	本科	负责上位机	https://jc	www.51job.	赤松城（北	2	2	
6	25508282	嵌入式工程	5000	8000	广东省	广州	天河区	全职	电子技术，	应届毕业生	大专	工作职责：	https://jc	www.51job.	广州市艾杰	2	2	
7	25508283	嵌入式工程	6000	8000	广东省	广州	天河区	全职	电子技术，	应届毕业生	大专	职位职责：	https://jc	www.51job.	广州市艾杰	2	2	
8	25508284	实习生（偏	5000	7000	广东省	广州	天河区	全职	电子技术，	应届毕业生	本科	招聘要求：	https://jc	www.51job.	广州市艾杰	2	2	
9	25508285	web实习生	4500	6000	广东省	广州	天河区	全职	电子技术，	应届毕业生	大专	岗位职责：	https://jc	www.51job.	广州市艾杰	2	2	
10	25508286	管培生	4000	6000	山东省	济南	天桥区	全职	电子技术，	应届毕业生	大专	岗位职责：	https://jc	www.51job.	济南兴达信	2	2	
11	25508287	算法实习生	6000	8000	深圳	深圳	南山区	全职	电子技术，	应届毕业生	本科	1.负责基于	https://jc	www.51job.	深圳影目科	2	2	
12	25508288	C++开发工	6000	8000	湖北省	武汉	江夏区	全职	电子技术，	应届毕业生	本科	【岗位职责	https://jc	www.51job.	武汉金华视	2	2	
13	25508289	单片机软件	4000	6000	广东省	惠州	全区域	全职	电子技术，	应届毕业生	大专	1.负责单片	https://jc	www.51job.	惠州市元盛	2	2	
14	25508290	嵌入式软件	4000	7000	广东省	惠州	全区域	全职	电子技术，	应届毕业生	大专	1.负责单片	https://jc	www.51job.	惠州市元盛	2	2	
15	25508291	机械工程师	6000	10000	上海	上海	浦东新区	全职	仪器仪表，	应届毕业生	大专	岗位职责1、	https://jc	www.51job.	上海旗策电	2	2	
16	25508292	财务助理	4500	6000	浙江省	宁波	海曙区	全职	电子技术，	应届毕业生	大专	1、及时装订	https://jc	www.51job.	寰采星科技	2	2	
17	25508293	总经理助理	4500	6000	广东省	江门	全区域	全职	电子技术，	应届毕业生	大专	1、负责总经	https://jc	www.51job.	深圳市博为	2	2	
18	25508294	实习生（助	3000	4500	江苏省	无锡	无锡新区	全职	电子技术，	应届毕业生	大专	1、　电子信	https://jc	www.51job.	无锡驰翔创	2	2	
19	25508295	结构工程师	9000	12000	上海	上海	全区域	全职	电子技术，	应届毕业生	本科	职位描述：	https://jc	www.51job.	上海仙视电	2	2	
20	25508296	电商运营(2	8000	11000	上海	上海	全区域	全职	电子技术，	应届毕业生	本科	职位描述：	https://jc	www.51job.	上海仙视电	2	2	
21	25508297	软件测试工	8000	11000	上海	上海	全区域	全职	电子技术，	应届毕业生	本科	职位描述：	https://jc	www.51job.	上海仙视电	2	2	
22	25508298	结构工程师	9000	12000	上海	上海	全区域	全职	电子技术，	应届毕业生	本科	职位描述：	https://jc	www.51job.	上海仙视电	2	2	
23	25508299	行政实习生	2400	2800	深圳	深圳	南山区	全职	电子技术，	应届毕业生	大专	工作内容：	https://jc	www.51job.	TCL电子中	2	2	
24	25508300	剪辑助理	3000	5000	上海	上海	嘉定区	全职	影视，媒体，	应届毕业生	大专	职位描述：	https://jc	www.51job.	上海日欣文	2	2	
25	25508301	单簧管老师	8000	10000	广东省	广州	天河区	全职	教育，培训，	应届毕业生	大专	要求：音乐	https://jc	www.51job.	长沙柏蓉文	2	2	
26	25508302	教务管理4.	5000	6000	广东省	广州	天河区	全职	教育，培训，	应届毕业生	大专	本岗位为“	https://jc	www.51job.	长沙柏蓉文	2	2	
27	25508303	销售代表	8333	12500	重庆	重庆	江北区	全职	影视，媒体，	应届毕业生	中专	1、负责各银	https://jc	www.51job.	重庆华誉天	2	2	
28	25508304	基金产品营	8000	10000	北京	北京	朝阳区	全职	金融，投资，	应届毕业生	本科	产品类1、	https://jc	www.51job.	正夫君泽（	2	2	
29	25508305	课程顾问	4000	12000	广东省	佛山	南海区	全职	教育，培训，	应届毕业生	大专	一、公司介	https://jc	www.51job.	广州乐慈坊	2	2	
30	25508306	销售管培生	5000	7000	江苏省	南京	全区域	全职	影视，媒体，	应届毕业生	本科	岗位职责：	https://jc	www.51job.	南京鹰眼传	2	2	

图 1-37　bigdata_job.csv 文件

（2）bigdata_job.txt 文件。部分内容如图 1-38 所示。

```
bigdata_job.txt - 记事本
文件(F) 编辑(E) 格式(O) 查看(V) 帮助(H)
jobId+!+title+!+salary_min+!+salary_max+!+province+!+city+!+area+!+catalog+!+category+!+experience+!+education+!+job_desc+!+job_url+!+from_site+!+job_company+!+source_mode+!+sta
25508277+!+外贸客服（应届）+!+4500+!+6000+!+深圳+!+深圳+!+龙华区+!+全职+!+电子技术,半导体,集成电路+!+应届毕业生+!+大专+!+岗位职责：1、有跨境电商客服、外贸跟单实习经验优先考虑；2、
25508278+!+实习生+!+3500+!+5500+!+江苏省+!+苏州+!+高新区+!+全职+!+电子技术,半导体,集成电路+!+应届毕业生+!+大专+!+1. 配合技术支持工程师设备现场的安装调试工作；2. 对公司售出的产品进行
25508279+!+自动化方向-应届毕业生+!+6000+!+8000+!+江苏省+!+苏州+!+吴江区+!+全职+!+电子技术,半导体,集成电路+!+应届毕业生+!+本科+!+1、***本科及以上学历2、熟练使用2D/3D软件3、能配合加
25508280+!+2021届毕业生/储备干部+!+6000+!+11000+!+江苏省+!+苏州+!+吴江区+!+全职+!+电子技术,半导体,集成电路+!+应届毕业生+!+本科+!+岗位要求：1、2021年本科、硕士应届毕业生；2、专业
25508281+!+C#/C++软件工程师+!+8000+!+15000+!+北京+!+北京+!+海淀区+!+全职+!+电子技术,半导体,集成电路+!+应届毕业生+!+本科+!+负责上位机软件开发，配合硬件工程师完成驱动开发和调试。C
25508282+!+嵌入式工程实习生（可转正）+!+5000+!+8000+!+广东省+!+广州+!+天河区+!+全职+!+电子技术,半导体,集成电路+!+应届毕业生+!+大专+!+工作职责：1.参与制定嵌入式产品的总体设计方案，负
25508283+!+嵌入式工程助理+!+6000+!+8000+!+广东省+!+广州+!+天河区+!+全职+!+电子技术,半导体,集成电路+!+应届毕业生+!+大专+!+职位职责：1、参与编码器、控制器类产品的软件设计和调试；2、
25508284+!+实习生（偏嵌入式）+!+5000+!+7000+!+广东省+!+广州+!+天河区+!+全职+!+电子技术,半导体,集成电路+!+应届毕业生+!+本科+!+招聘要求：1、参与公司自主产品设计研发，根据能力独立完成
25508285+!+web实习生（包吃）+!+4500+!+6000+!+广东省+!+广州+!+天河区+!+全职+!+电子技术,半导体,集成电路+!+应届毕业生+!+大专+!+岗位职责：1.负责公司相关系统的web前端设计、开发;2.不断优
25508286+!+管培生+!+4000+!+6000+!+山东省+!+济南+!+天桥区+!+全职+!+电子技术,半导体,集成电路+!+应届毕业生+!+大专+!+岗位职责：1.前期在市场营销+人事+行政三个岗位统一轮岗实习，3个月以
25508287+!+算法实习生+!+6000+!+8000+!+深圳+!+深圳+!+南山区+!+全职+!+电子技术,半导体,集成电路+!+应届毕业生+!+本科+!+1.负责基于神经网络的2D、3D机器视觉算法预研，包括但不限于图像分类
25508288+!+C++开发工程师/包住宿+!+6000+!+8000+!+湖北省+!+武汉+!+江夏区+!+全职+!+电子技术,半导体,集成电路+!+应届毕业生+!+本科+!+【岗位职责】1.参与需求分析，并进行设计和编码；2.会Lin
25508289+!+单片机软件助理工程师+!+4000+!+6000+!+广东省+!+惠州+!+全区域+!+全职+!+电子技术,半导体,集成电路+!+应届毕业生+!+大专+!+1.负责单片机（MCU）软件代码的编程和调试；2.对产品进行
25508290+!+嵌入式软件助理工程师+!+4000+!+7000+!+广东省+!+惠州+!+全区域+!+全职+!+电子技术,半导体,集成电路+!+应届毕业生+!+大专+!+1.负责单片机（MCU）软件代码的编程和调试；2.对产品进行
25508291+!+机械工程师+!+6000+!+10000+!+上海+!+上海+!+浦东新区+!+全职+!+仪器仪表,工业自动化+!+应届毕业生+!+大专+!+岗位职责1、非标自动化行业机械设计2、按客户要求进行设备开发、设计、
25508292+!+财务助理+!+4500+!+6000+!+浙江省+!+宁波+!+海曙区+!+全职+!+电子技术,半导体,集成电路+!+应届毕业生+!+大专+!+1、及时装订和保管会计凭证、账簿、报表、合同等会计资料；2、原始凭
25508293+!+总经理助理+!+4500+!+6000+!+广东省+!+江门+!+全区域+!+全职+!+电子技术,半导体,集成电路+!+应届毕业生+!+大专+!+1、负责总经理日常接送及客户接待工作；2、负责与各部门对接，并反
25508294+!+实习生（助理工程师）+!+3000+!+4500+!+江苏省+!+无锡+!+无锡新区+!+全职+!+电子技术,半导体,集成电路+!+应届毕业生+!+大专+!+1、电子信息工程、微电子、自动化、物联网等相关专业。
25508295+!+结构工程师（2022届毕业生）+!+9000+!+12000+!+上海+!+上海+!+全区域+!+全职+!+电子技术,半导体,集成电路+!+应届毕业生+!+本科+!+职位描述：1.参与项目立项及技术可行性评估，根据需
25508296+!+电商运营(2022届毕业生）+!+8000+!+11000+!+上海+!+上海+!+全区域+!+全职+!+电子技术,半导体,集成电路+!+应届毕业生+!+本科+!+职位描述：1、负责商用显示产品在京东/天猫电商平台的
25508297+!+软件测试工程师(2022届毕业生）+!+8000+!+11000+!+上海+!+上海+!+全区域+!+全职+!+电子技术,半导体,集成电路+!+应届毕业生+!+本科+!+职位描述：1、对应用软件产品的质量进行把关，
25508298+!+结构工程师+!+9000+!+12000+!+上海+!+上海+!+全区域+!+全职+!+电子技术,半导体,集成电路+!+应届毕业生+!+本科+!+职位描述：1.参与项目立项及技术可行性评估，根据需求拟制产品结构设
25508299+!+行政实习生+!+2400+!+2800+!+深圳+!+深圳+!+南山区+!+全职+!+电子技术,半导体,集成电路+!+应届毕业生+!+大专+!+工作内容：1、负责部门日常行政服务工作，如办公用品采购等；2、协助
25508300+!+剪辑助理+!+3000+!+5000+!+上海+!+上海+!+嘉定区+!+全职+!+影视,媒体,艺术,文化传播+!+应届毕业生+!+大专+!+职位描述：协助剪辑师进行节目剪辑工作，和编导达成良好的沟通，使工作有
25508301+!+单簧管老师+!+8000+!+10000+!+广东省+!+广州+!+天河区+!+全职+!+教育,培训,院校+!+应届毕业生+!+大专+!+要求：音乐表演管乐专业，或音乐教育主修西洋管乐。（长笛 单簧管 萨克斯 小号
25508302+!+教务管理4.5k-6k(带薪休寒暑假)+!+5000+!+6000+!+广东省+!+广州+!+天河区+!+全职+!+教育,培训,院校+!+应届毕业生+!+大专+!+本岗位为“长沙柏蓉文化咨询有限公司广州分公司”招聘任职
25508303+!+销售代表+!+8333+!+12500+!+重庆+!+重庆+!+江北区+!+全职+!+影视,媒体,艺术,文化传播+!+应届毕业生+!+中专+!+1、负责各银行渠道开发、维护及相关问题跟踪解决；2、制定、执行销售计
25508304+!+基金产品营运管理培训生+!+8000+!+10000+!+北京+!+北京+!+朝阳区+!+全职+!+金融,投资,证券+!+应届毕业生+!+本科+!+产品类1、负责私募基金产品的结构搭建、协议拟定、推进制作制度、
25508305+!+课程顾问+!+4000+!+12000+!+广东省+!+佛山+!+南海区+!+全职+!+教育,培训,院校+!+应届毕业生+!+大专+!+一、公司介绍佛山罗兰数字音乐教育校区专注3-12岁青少年现代音乐教育，是广东
长路径：初级顾问→高级顾问→销售主管→销售总监→副校长/校长。七、工作时间周一：全天休息周二：15:00-21:00周三~周五：13:00-21:00或9:30-18:00周六-周日：通常周六：9:00-21:00，周日：9:00-18:00
25508306+!+销售管培生（2022届）+!+5000+!+7000+!+江苏省+!+南京+!+全区域+!+全职+!+影视,媒体,艺术,文化传播+!+应届毕业生+!+本科+!+岗位职责：1、在部门经理的指导下，开发并维护客户关系，
25508307+!+客户执行管培生（2022届）+!+4000+!+6000+!+江苏省+!+南京+!+全区域+!+全职+!+影视,媒体,艺术,文化传播+!+应届毕业生+!+本科+!+岗位职责：1、协助上级跟进广告的上刊，广告的监测及
25508308+!+文案管培生（2022届）+!+4000+!+6000+!+江苏省+!+南京+!+全区域+!+全职+!+影视,媒体,艺术,文化传播+!+应届毕业生+!+本科+!+岗位职责：1、负责品牌新媒体运营工作，如微信、微博、小
第 1 行，第 1 列　100%　Windows (CRLF)　UTF-8
```

图 1-38　bigdata_job.txt 文件

2. 确定数据库及表

确定新建的数据库 mydb 及 bigdata_job 表，bigdata_job 表的结构如下：

```
DROP TABLE IF EXISTS `bigdata_job`;
CREATE TABLE `bigdata_job`  (
  `jobId` int(0) NOT NULL AUTO_INCREMENT,
  `title` varchar(255) CHARACTER SET utf8 COLLATE utf8_general_ci NULL
DEFAULT NULL,
```

```
    `salary_min` varchar(255) CHARACTER SET utf8 COLLATE utf8_general_ci NULL
DEFAULT NULL,
    `salary_max` varchar(255) CHARACTER SET utf8 COLLATE utf8_general_ci NULL
DEFAULT NULL,
    `province` varchar(255) CHARACTER SET utf8 COLLATE utf8_general_ci NULL
DEFAULT NULL,
    `city` varchar(255) CHARACTER SET utf8 COLLATE utf8_general_ci NULL DEFAULT
NULL,
    `area` varchar(255) CHARACTER SET utf8 COLLATE utf8_general_ci NULL DEFAULT
NULL,
    `catalog` varchar(255) CHARACTER SET utf8 COLLATE utf8_general_ci NULL
DEFAULT NULL,
    `category` varchar(255) CHARACTER SET utf8 COLLATE utf8_general_ci NULL
DEFAULT NULL,
    `experience` varchar(255) CHARACTER SET utf8 COLLATE utf8_general_ci NULL
DEFAULT NULL,
    `education` varchar(255) CHARACTER SET utf8 COLLATE utf8_general_ci NULL
DEFAULT NULL,
    `job_desc` varchar(255) CHARACTER SET utf8 COLLATE utf8_general_ci NULL
DEFAULT NULL,
    `job_url` longtext CHARACTER SET utf8 COLLATE utf8_general_ci NULL,
    `from_site` varchar(255) CHARACTER SET utf8 COLLATE utf8_general_ci NULL
DEFAULT NULL,
    `job_company` varchar(255) CHARACTER SET utf8 COLLATE utf8_general_ci NULL
DEFAULT NULL,
    `source_mode` varchar(255) CHARACTER SET utf8 COLLATE utf8_general_ci NULL
DEFAULT NULL,
    `status` varchar(255) CHARACTER SET utf8 COLLATE utf8_general_ci NULL
DEFAULT NULL,
    `expiration_time` varchar(255) CHARACTER SET utf8 COLLATE utf8_general_ci
NULL DEFAULT NULL,
    `hire_number` varchar(255) CHARACTER SET utf8 COLLATE utf8_general_ci NULL
DEFAULT NULL,
    `add_userId` varchar(255) CHARACTER SET utf8 COLLATE utf8_general_ci NULL
DEFAULT NULL,
    `add_userName` varchar(255) CHARACTER SET utf8 COLLATE utf8_general_ci NULL
DEFAULT NULL,
    `create_date` varchar(255) CHARACTER SET utf8 COLLATE utf8_general_ci NULL
DEFAULT NULL,
    `modify_userId` varchar(255) CHARACTER SET utf8 COLLATE utf8_general_ci
NULL DEFAULT NULL,
```

```
    `modify_userName` varchar(255) CHARACTER SET utf8 COLLATE utf8_general_ci
NULL DEFAULT NULL,
    `modified_date` varchar(255) CHARACTER SET utf8 COLLATE utf8_general_ci
NULL DEFAULT NULL,
    `partitionsid` varchar(255) CHARACTER SET utf8 COLLATE utf8_general_ci NULL
DEFAULT NULL,
    `settop` varchar(255) CHARACTER SET utf8 COLLATE utf8_general_ci NULL
DEFAULT NULL,
    `company_scale` varchar(255) CHARACTER SET utf8 COLLATE utf8_general_ci
NULL DEFAULT NULL,
    PRIMARY KEY (`jobId`) USING BTREE
  ) ENGINE = InnoDB CHARACTER SET = utf8 COLLATE = utf8_general_ci ROW_FORMAT
= Dynamic;

  SET FOREIGN_KEY_CHECKS = 1;
```

3. 需求与分析设计

需求：从 TXT 和 CSV 文件中读取职业能力大数据分析平台【岗位】数据，分别存储到 MySQL 数据库【岗位】表和 Mongo 数据库【岗位】集合中。

分析设计：首先使用 open()函数读取数据，然后分别使用 PyMySQL 和 Mongo 库中的函数将其存储到 MySQL 和 Mongo 数据库中。

4. 开发环境

本次项目开发环境介绍如下。

- 操作系统：Windows 10。
- 本地语言环境：Python 3.7.3。
- 编译工具：PyCharm 2021 社区版。
- MySQL 数据库：MySQL 8.0.20。
- Mongo 数据库：MongoDB 4.4.4。
- 数据库图像管理工具：Navicat 15。
- PIP 包管理工具版本：21.3.1。
- PyMySQL 版本：1.0.2。
- PyMongo 版本：3.12.1。

为确保下面项目正常开发，请确保相关环境已经正确准备完成。

5. 创建项目

准备工作都完成之后，即可通过开发工具 PyCharm 创建项目，创建过程如下。

打开 PyCharm→单击菜单上的“File”选项→单击“New Project”选项，创建 UnitOne 项目，如图 1-39、图 1-40 所示。

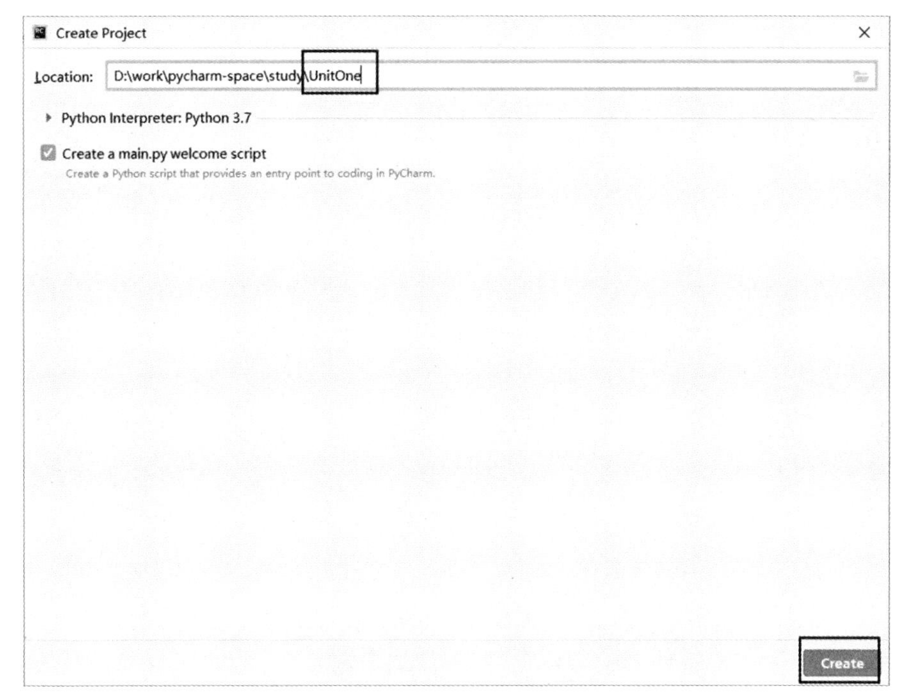

图 1-39　创建项目

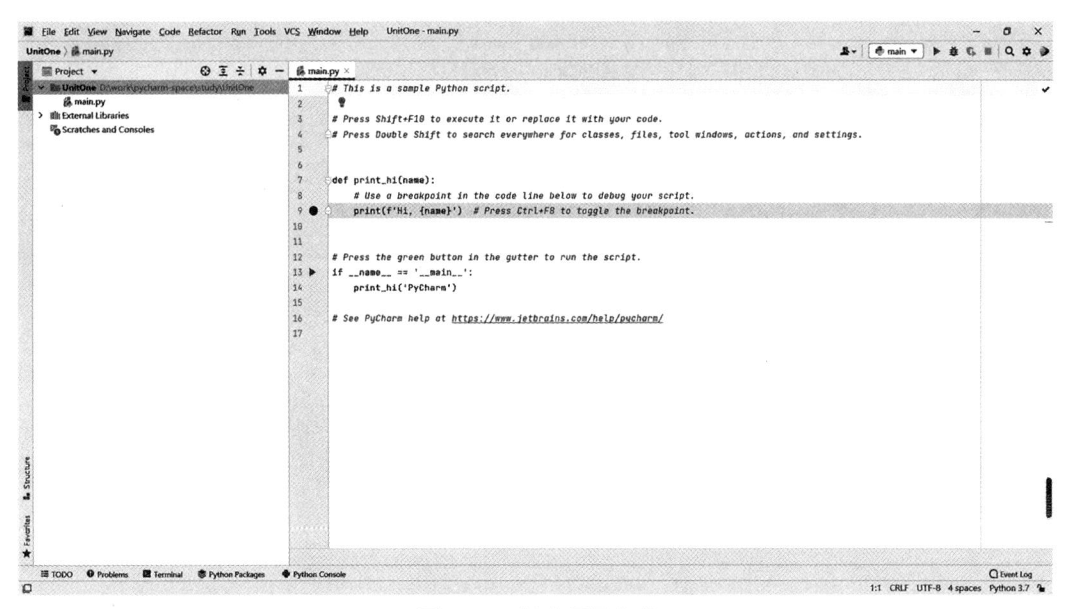

图 1-40　创建项目完成

6. 创建可执行文件

新建一个 Situation_1.py 可执行文件，如图 1-41 所示。

7. 添加数据源文件

把 bigdata_job.csv 和 bigdata_job.txt 文件添加到项目中，如图 1-42 所示。

图 1-41　新建 Situation_1.py 文件

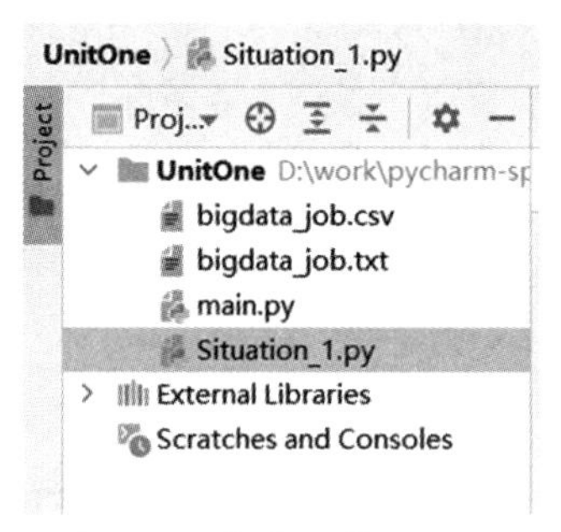

图 1-42　添加文件至项目

8. 编写相关代码

示例代码：

```
# -*- coding:utf-8 -*-
import pymongo
import pymysql
import csv

def readTXTAndSaveToMysql():
    # 获得 MySQL 的连接，游标和插入 SQL 语句
    conn, cursor, sql = getMysqlConnect()
    with open("bigdata_job.txt", encoding='utf-8') as f:
        # 读取第一行数据：表头数据
        head = f.readline()
        for line in f:  # 从第二行数据开始，按行循环读取数据
            # 分割数据得到每个字段的数组对象，+!+为自定义分隔符
```

```
            fields = line.split("+!+")
            # 因为jobId在bigdata_job表是自动增加的，所以去掉第一个jobId元素
            fields.pop(0)
            # 数据的字段必须达到27个才允许插入
            if len(fields) == 27:
                cursor.execute(sql, fields)
    conn.commit()  # 提交
    cursor.close()  # 关闭游标
    conn.close()  # 关闭连接
    print('读取TXT文件数据并添加到MySQL数据完成....')

def readCSVAndSaveToMysql():
    # 获得MySQL的连接,游标和插入SQL语句
    conn, cursor, sql = getMysqlConnect()

    with open("bigdata_job.csv", encoding='utf-8') as f:
        reader = csv.reader(f)
        # 读取第一行数据，这行数据是表头
        head = next(reader)
        for line in reader:
            # 因为jobId在bigdata_job表中是自动增加的，所以去掉第一个jobId元素
            line.pop(0)
            if len(line) == 27:
                cursor.execute(sql, line)
    conn.commit()  # 提交
    cursor.close()  # 关闭游标
    conn.close()  # 关闭连接
    print('读取CSV文件数据并添加到MySQL数据完成....')

def readTXTAndSaveToMongo():
    # 获得Mongo数据库集合对象
    index = getMongoConnect()
    with open("bigdata_job.txt", encoding='utf-8') as f:
        # 读取第一行数据：表头数据
        head = f.readline().split("+!+")
        head.pop(0)  # 去掉表头"bigdata_job"元素
        for line in f:  # 从第二行数据开始，按行循环读取数据
            # 分割数据得到每个字段的数组对象,+!+为自定义分隔符
            fields = line.split("+!+")
            # 因为jobId在bigdata_job表是自动增加的，所以去掉第一个jobId元素
            fields.pop(0)
            # 数据的字段必须达到27个才允许插入
```

```
                if len(fields) == 27:
                    dict_data = dict(zip(head, fields))  # 转换为字典数据结构
                    index.insert_one(dict_data)
        print('读取 TXT 文件数据并添加到 Mongo 数据完成....')

    def readCSVAndSaveToMongo():
        # 获得 Mongo 数据库集合对象
        index = getMongoConnect()
        with open("bigdata_job.csv", encoding='utf-8') as f:
            reader = csv.reader(f)
            # 读取第一行数据，这行数据是表头
            head = next(reader)
            head.pop(0)  # 去掉表头"bigdata_job"元素
            for line in reader:
                # 因为 jobId 在 bigdata_job 表中是自动增加的，所以去掉第一个 jobId 元素
                line.pop(0)
                if len(line) == 27:
                    dict_data = dict(zip(head, line))  # 转换为字典数据结构
                    index.insert_one(dict_data)

        print('读取 CSV 文件数据并添加到 Mongo 数据完成....')

    def getMysqlConnect():
        # "localhost": 主机 IP;
        # port=3306: MySQL 端口号
        # user='root': MySQL 用户名称
        # password = '123456' :MySQL 用户密码
        # db='mydb' : 连接的数据库名称
        # charset='utf8' : 设置编码格式
        conn = pymysql.connect(host='127.0.0.1', port=3306, user='root',
                               password='123456', db='mydb', charset='utf8')
        # 调用 cursor()函数获取操作游标
        cursor = conn.cursor()
        # bigdata_job 表插入 SQL 语句
        sql = "insert into `bigdata_job`(`title` ,`salary_min` ,`salary_max` ,
`province` ,`city` " \
              ",`area`,`catalog`,`category`,`experience`,`education`,`job_desc`,
`job_url` ,`from_site` " \
              ",`job_company` ,`source_mode` ,`status` ,`expiration_time` ,
`hire_number` ,`add_userId` ,`add_userName` " \
              ",`create_date` ,`modify_userId` ,`modify_userName` ,`modified_
date` ,`partitionsid` ,`settop` ,`company_scale` ) " \
              "values(%s,%s,%s,%s,%s,%s,%s,%s,%s,%s,%s,%s,%s,%s,%s,%s,%s,%s,
%s,%s,%s,%s,%s,%s,%s,%s,%s)"
```

```
        return conn, cursor, sql

def getMongoConnect():
        # 创建 Monog 数据库连接对象
        client = pymongo.MongoClient('localhost')
        # 设置数据库名获得数据库对象,my_mongo_db 数据库名称
        db = client['my_mongo_db']
        # 设置集合名获得集合操作对象,bigdata_job 集合名称
        index = db['bigdata_job']
        return index

if __name__ == '__main__':
        readTXTAndSaveToMysql()
        readCSVAndSaveToMysql()
        readTXTAndSaveToMongo()
        readCSVAndSaveToMongo()
```

9. 运行项目并查看结果

刷新 MySQL 数据库表和 Mongo 数据库集合查看结果，数据已经保存成功，如图 1-43 和图 1-44 所示。

mysql
performance_schema
sys
testbigdata
zabbix
localhost
cqgs
czy
information_schema
mydb
表
bigdata_job
student
视图
函数
查询
备份
mysql
mytest

开始事务 文本 筛选 排序 导入 导出

jobId	title	salary_min	salary_max	province	city	area	catalog
475	实习生	3500	5500	江苏省	苏州	高新区	全职
476	自动化方向-应届毕业	6000	8000	江苏省	苏州	吴江区	全职
477	2021届毕业生/储备	6000	11000	江苏省	苏州	吴江区	全职
478	C#/C++软件工程师	8000	15000	北京	北京	海淀区	全职
479	嵌入式工程实习生（	5000	8000	广东省	广州	天河区	全职
480	嵌入式工程助理	6000	8000	广东省	广州	天河区	全职
481	实习生（偏嵌入式）	5000	7000	广东省	广州	天河区	全职
482	web实习生（包吃）	4500	6000	广东省	广州	天河区	全职
483	管培生	4000	6000	山东省	济南	天桥区	全职
484	算法实习生	6000	8000	深圳	深圳	南山区	全职
485	C++开发工程师/包	6000	8000	湖北省	武汉	江夏区	全职
486	单片机软件助理工程	4000	6000	广东省	惠州	全区域	全职
487	嵌入式软件助理工程	4000	7000	广东省	惠州	全区域	全职
488	机械工程师	6000	10000	上海	上海	浦东新区	全职
489	财务助理	4500	6000	浙江省	宁波	海曙区	全职

图 1-43　MySQL 数据库表

localhost
tengxunyun
localhost_mongo
my_mongo_db
集合
bigdata_job
student_info
视图
函数
索引
MapReduce
GridFS 存储桶
查询

开始事务 文本 筛选 排序 全部折叠 类型颜色 导入 导出 分析

_id	title	salary_min	salary_max	province	city	area
61a9d4d655d724dc	实习生	3500	5500	江苏省	苏州	高新区
61a9d4d655d724dc	自动化方向-应届毕业生	6000	8000	江苏省	苏州	吴江区
61a9d4d655d724dc	2021届毕业生/储备干	6000	11000	江苏省	苏州	吴江区
61a9d4d655d724dc	C#/C++软件工程师	8000	15000	北京	北京	海淀区
61a9d4d655d724dc	嵌入式工程实习生（可	5000	8000	广东省	广州	天河区
61a9d4d655d724dc	嵌入式工程助理	6000	8000	广东省	广州	天河区
61a9d4d655d724dc	实习生（偏嵌入式）	5000	7000	广东省	广州	天河区
61a9d4d655d724dc	web实习生（包吃）	4500	6000	广东省	广州	天河区
61a9d4d655d724dc	管培生	4000	6000	山东省	济南	天桥区
61a9d4d655d724dc	算法实习生	6000	8000	深圳	深圳	南山区

图 1-44　Mongo 数据库集合

工作实施

按照制订的最佳方案实施计划进行项目开发，填写相应的工作流程内容。

评价反馈

各自完成学习情境的开发并展示作品，介绍任务的完成过程，作品展示前应准备阐述材料，并完成评价表 1-7、表 1-8、表 1-9。

（1）学生进行自我评价。

表 1-7　学生自评表

班级：	姓名：	学号：	
学习情境 1	使用 Python 读写职业能力大数据分析平台【岗位】数据		
评价项目	评价标准	分值	得分
Python 安装与环境配置	能正确、熟练地下载、安装和配置 Python 开发环境	10	
PyCharm 安装与环境配置	能正确、熟练地下载、安装和配置 PyCharm 开发工具	10	
pip 命令管理资源库	能正确、熟练地使用 pip 命令查看、添加、删除、更新资源库	20	
代码编写能力	根据需求独立编写读写数据相关代码的能力	40	
工作质量	根据开发过程及成果评定工作质量	20	
合计		100	

（2）在学生展示过程中，以个人为单位，对以上学习情境过程与结果进行互评。

表 1-8　学生互评表

学习情境 1		使用 Python 读写职业能力大数据分析平台【岗位】数据											
评价项目	分值	等级								评价对象			
										1	2	3	4
计划合理	10	优	10	良	9	中	8	差	6				
方案准确	10	优	10	良	9	中	8	差	6				
工作质量	20	优	20	良	18	中	15	差	12				
工作效率	15	优	15	良	13	中	11	差	9				

（续表）

评价项目	分值	等级								评价对象			
										1	2	3	4
工作完整	10	优	10	良	9	中	8	差	6				
工作规范	10	优	10	良	9	中	8	差	6				
识读报告	10	优	10	良	9	中	8	差	6				
成果展示	15	优	15	良	13	中	11	差	9				
合计	100												

（3）教师对学生工作过程和工作结果进行评价。

表 1-9　教师综合评价表

班级：		姓名：	学号：	
学习情境 1		使用 Python 读写职业能力大数据分析平台【岗位】数据		
评价项目		评价标准	分值	得分
考勤（20%）		无无故迟到、早退、旷课现象	20	
工作过程（50%）	环境搭建	能正确、熟练搭建 Python 开发环境	5	
	环境管理	能正确、熟练使用 pip 工具管理开发环境	5	
	需求分析	能根据需求正确、熟练地设计读写数据方案	10	
	编写代码	能根据方案正确、熟练地编写读取各种数据源数据的代码	15	
	工作态度	态度端正，工作认真、主动	10	
	职业素质	能做到安全、文明、合法，爱护环境	5	
项目成果（30%）	工作完整	能按时完成任务	5	
	工作质量	能按计划完成工作任务	15	
	识读报告	能正确识读并准备成果展示的各项报告材料	5	
	成果展示	能准确表达、汇报工作成果	5	
合计			100	

拓展思考

（1）Python 读取文本文档时可能会遇到哪些问题？

（2）从文本文档中读取数据后再存储到 MySQL 数据库中有哪些注意事项？

学习情境 2　使用 Pandas 读写职业能力大数据分析平台【技能】数据

学习情境描述

本学习情境的重点主要是熟悉 Pandas 库中读写数据函数的应用。

- 教学情境描述：通过教师讲授 Pandas 库中读写数据的函数和应用实例，学习使用 Pandas

库从 TXT 和 CSV 文件中读入职业能力大数据分析平台【技能】数据，并把读入的数据存入 MySQL 数据库【技能】表中；学习如何在实际项目中导入 Pandas 模块和调用相关函数。

- 关键知识点：读写数据相关函数的应用。
- 关键技能点：Pandas，函数调用，模块导入。

学习目标

- 正确掌握 Pandas 库、SQLAlchemy 库的安装及导入。
- 正确掌握构建 DataFrame 结构的数据。
- 正确掌握 Pandas 读写数据相关函数的应用。

任 务 书

- 完成构建符合要求的数据源。
- 通过 pip 命令安装 Pandas 和 SQLAlchemy 库。
- 通过 pip 命令安装 PyMySQL 和 PyMongo 库。
- 完成使用 Pandas 读写职业能力大数据分析平台【技能】数据。

获取信息

引导问题：了解 Pandas。

（1）Pandas 是什么？

____

____

（2）Pandas 可以应用在哪些领域？

____

____

工作计划

（1）制订工作方案（见表 1-10）。

表 1-10 工作方案

步骤	工作内容
1	
2	
3	
4	
…	

（2）列出工具清单（见表 1-11）。

表 1-11　工具清单

序号	名称	版本	备注
1			
2			
3			
4			
…			

（3）列出技术清单（见表 1-12）。

表 1-12　技术清单

序号	名称	版本	备注
1			
2			
3			
4			
…			

进行决策

（1）根据引导、构思、计划等，各自阐述自己的设计方案。
（2）对其他人的设计方案提出自己不同的看法。
（3）教师结合大家完成的情况进行点评，选出最佳方案，并写出最佳方案。

____

____

____

知识准备

Pandas 安装及 Series 介绍

本学习情境需要学习的知识与技能图谱，如图 1-45 所示。

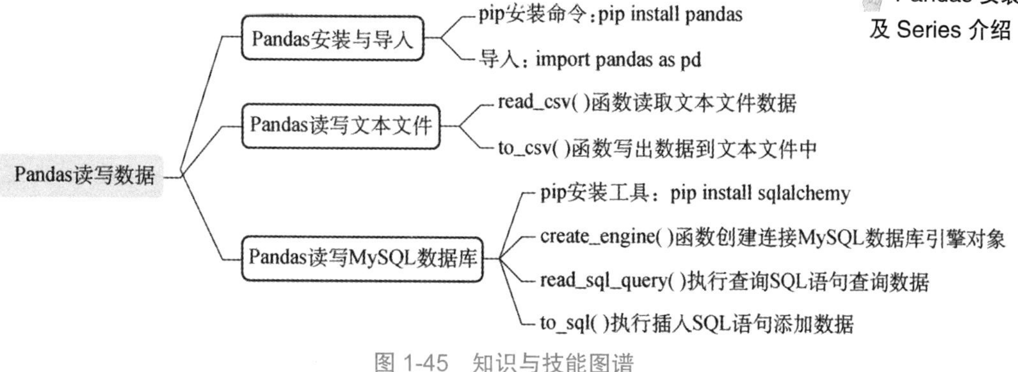

图 1-45　知识与技能图谱

1. Pandas 概述

Pandas 是一个使用 BSD 开源协议的开源库，提供了用于 Python 编程语言的高性能的、易于使用的数据结构和数据分析工具，可以处理金融、统计、社会科学、工程等领域里的大多数典型用例。

2. 安装 Pandas 环境

使用 pip 命令安装 Pandas 模块：pip install pandas，如图 1-46 所示。

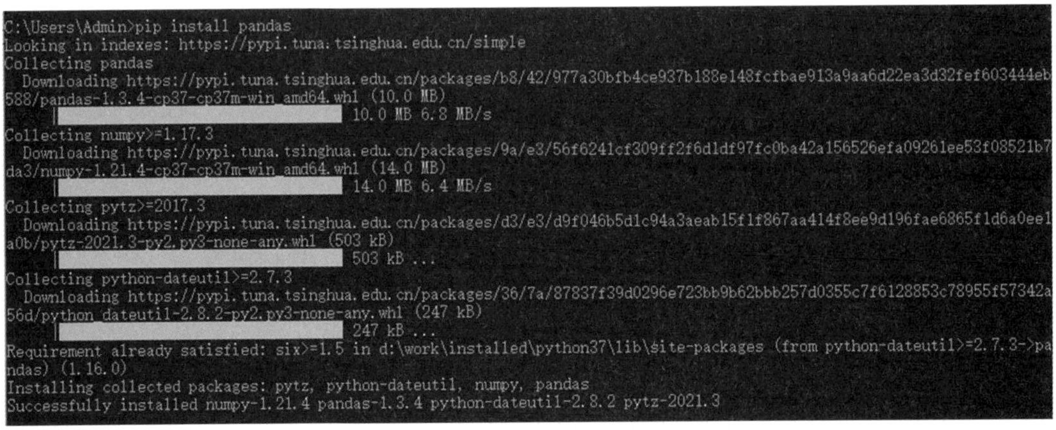

```
C:\Users\Admin>pip install pandas
Looking in indexes: https://pypi.tuna.tsinghua.edu.cn/simple
Collecting pandas
  Downloading https://pypi.tuna.tsinghua.edu.cn/packages/b8/42/977a30bfb4ce937b188e148fcfbae913a9aa6d22ea3d32fef603444eb
588/pandas-1.3.4-cp37-cp37m-win_amd64.whl (10.0 MB)
     |████████████████████████████████| 10.0 MB 6.8 MB/s
Collecting numpy>=1.17.3
  Downloading https://pypi.tuna.tsinghua.edu.cn/packages/9a/e3/56f6241cf309ff2f6d1df97fc0ba42a156526efa09261ee53f08521b7
da3/numpy-1.21.4-cp37-cp37m-win_amd64.whl (14.0 MB)
     |████████████████████████████████| 14.0 MB 6.4 MB/s
Collecting pytz>=2017.3
  Downloading https://pypi.tuna.tsinghua.edu.cn/packages/d3/e3/d9f046b5d1c94a3aeab15f1f867aa414f8ee9d196fae6865f1d6a0ee1
a0b/pytz-2021.3-py2.py3-none-any.whl (503 kB)
     |████████████████████████████████| 503 kB ...
Collecting python-dateutil>=2.7.3
  Downloading https://pypi.tuna.tsinghua.edu.cn/packages/36/7a/87837f39d0296e723bb9b62bbb257d0355c7f6128853c78955f57342a
56d/python_dateutil-2.8.2-py2.py3-none-any.whl (247 kB)
     |████████████████████████████████| 247 kB ...
Requirement already satisfied: six>=1.5 in d:\work\installed\python37\lib\site-packages (from python-dateutil>=2.7.3->pa
ndas) (1.16.0)
Installing collected packages: pytz, python-dateutil, numpy, pandas
Successfully installed numpy-1.21.4 pandas-1.3.4 python-dateutil-2.8.2 pytz-2021.3
```

图 1-46　安装 Pandas 环境

3. 导入 Pandas 包

使用“import pandas”语句导入 Pandas 包。

```
import pandas as pd
```

4. Pandas 数据结构 Series

Pandas Series 类似于一维数组，可以保存任何数据类型。

Series 由索引（index）和列组成。

创建 Series 实例如下：

```
pandas.Series( data, index, dtype, name, copy)
```

参数说明：

- data：一组数据（ndarray 类型）。
- index：数据索引标签，如果不指定，则默认从 0 开始。
- dtype：数据类型，默认时系统会自己判断。
- name：设置名称。
- copy：复制数据，默认为 False。

创建一个 Series 对象如下：

```
import pandas as pd
a = ['a', 1, True]
s = pd.Series(a)
```

```
print(s)
```

执行结果：

```
0       a
1       1
2    True
dtype: object
```

其中第一列[0 1 2]是索引，第二列[a 1 True]是存储的数据，“dtype: object”是数据类型。

5. Pandas 数据结构 DataFrame

DataFrame 是一个表格型的数据结构，它含有一组有序的列，每列可以是不同的值类型（数值、字符串、布尔型值）。DataFrame 既有行索引也有列索引，它可以被看作由 Series 组成的字典。

DataFrame 介绍及 Pandas 读入文本文件

创建 DataFrame 实例如下：

```
pandas.DataFrame( data, index, columns, dtype, copy)
```

参数说明：

- data：一组数据（ndarray、series、map、lists、dict 等类型）。
- index：索引值，或者可以称为行标签。
- columns：列标签，默认为 RangeIndex (0, 1, 2,…, n)。
- dtype：数据类型。
- copy：复制数据，默认为 False。

创建 DataFrame 有多种方式，不过最重要的还是根据字典进行创建，以及读取 CSV 或者 TXT 文件来创建。

使用字典创建 DataFrame 对象的示例代码如下：

```
import pandas as pd
student = {
    '姓名': ['黄天', '刘健', '叶问', '李一波'],
    '学号': ['2010001', '2010002', '2010003', '2010004'],
    '班级': ['大三', '大三', '大三', '大三'],
    '成绩': [78, 79, 85, 90]
}
# 构建 DataFrame 对象
df = pd.DataFrame(student)
print(df)
```

执行结果：

```
    姓名       学号  班级  成绩
0   黄天  2010001  大三  78
1   刘健  2010002  大三  79
2   叶问  2010003  大三  85
3  李一波  2010004  大三  90
```

其中第一列[0 1 2 3]是列索引，第一行[姓名 学号 班级 成绩]是行索引。

Pandas 写出数据到文本文件

6. Pandas 读写文本文件数据

（1）read_csv()函数。

Pandas 中使用 read_csv()函数来读取 TXT 或 CSV 文件的数据，并将读取的数据转换成一个 DataFrame 类对象。

```
pandas.read_csv( filepath_or_buffer: FilePathOrBuffer, sep=lib.no_default,
    delimiter=None, header="infer", names=lib.no_default, index_col=None,
    nrows=None,encoding=None,...
)
```

read_csv()函数有非常多的参数，常用参数说明如下。

- filepath_or_buffer：表示文件路径，可以取值为有效的路径字符串、路径对象或类似文件的对象。
- sep：表示指定的分隔符，默认为“,”。
- delimiter：定界符，备选分隔符（如果指定该参数，则 sep 参数失效）。
- header：表示指定文件中的哪一行数据作为 DataFrame 类对象的列索引，默认为 0，即第一行数据作为列索引。
- names：表示 DataFrame 类对象的列索引列表。
- index_col：用作行索引的列编号或者列名，如果给定一个序列，则有多个行索引。
- nrows：表明读取的行数。
- encoding：表示指定的编码格式。

例如，“pandas_file.txt”文件内容如图 1-47 所示。

pandas_out_file.txt - 记事本
文件(F) 编辑(E) 格式(O) 查看(V) 帮助(H)
姓名 学号 班级 成绩
黄旭 2020001 大三 66
潘健 2020002 大三 77
叶泽 2020003 大三 88
李波 2020004 大三 99

图 1-47　pandas_file.txt 文件内容

使用 read_csv()函数读取“pandas_file.txt”文件数据，代码如下：

```
# -*- coding:utf-8 -*-
import pandas as pd
df = pd.read_csv("pandas_file.txt", sep=' ', encoding='utf-8')
print('DataFrame对象: \n',df)
```

执行结果：

```
DataFrame对象：
   姓名       学号  班级  成绩
0  黄旭  2020001  大三  66
1  潘健  2020002  大三  77
2  叶泽  2020003  大三  88
3  李波  2020004  大三  99
```

（2）to_csv()函数。

Pandas 中使用 to_csv()函数把 DataFrame 数据写入 TXT 或 CSV 文件中。

```
DataFrame.to_csv(path_or_buf=None, sep=',', na_rep='', float_format=None,
columns=None, header=True, index=True, index_label=None, mode='w', encoding=
None, compression='infer', quoting=None, quotechar='"', line_terminator=None,
chunksize=None, date_format=None, doublequote=True, escapechar=None, decimal
='.', errors='strict', storage_options=None)
```

常见参数说明：

- path_or_buf：表示文件路径，可以取值为有效的路径字符串、路径对象或类似文件的对象。
- sep：表示指定的分隔符，默认为“,”。
- na_rep：表示缺失值，默认为“ ”（空）。
- columns：写出的列名。
- header：是否将列名写出，默认为 True。
- index：是否将行名（索引）写出，默认为 True。
- index_label：设置索引名。
- mode：数据写入模式。
- encoding：设置存储文件的编码格式。

示例代码：

```
# # -*- coding:utf-8 -*-
import pandas as pd
# 读取"pandas_file.txt"文件数据
df = pd.read_csv("pandas_file.txt", sep=' ', encoding='utf-8')
# 把读取的数据存储到"pandas_out_file.txt"文件中
# sep=','使用逗号分割，index=False：不写出索引列
df.to_csv('pandas_out_file.txt',  mode='w',  sep=',',  encoding='utf-8',
index=False)
```

“pandas_out_file.txt”文件内容，如图 1-48 所示。

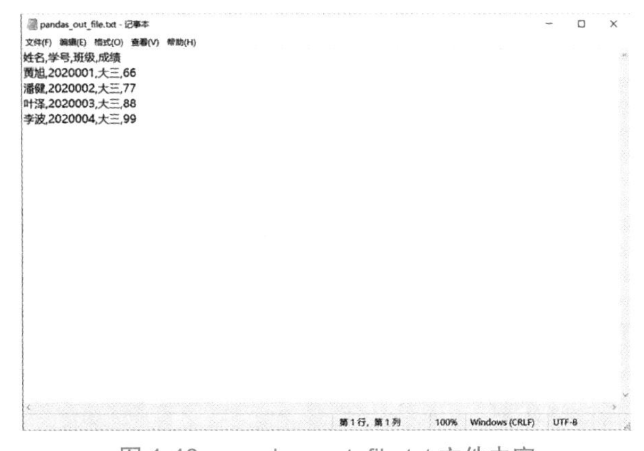

图 1-48　pandas_out_file.txt 文件内容

（3）DataFrame.drop()函数。

Pandas 提供 DataFrame.drop(labels=None, axis=0,index=None,columns=None, level=None, inplace=False, errors='raise')函数用于删除 DataFrame 数据中指定的行或列。

参数说明：

- labels：指示标签，表示行标或列标。
- axis ：默认取 0，表示删除集合中的行；1：表示删除集合中的列。
- index：删除行。
- columns：删除列。
- level：默认取 0，表示按第 1 级行标删除整行；1 表示按第 2 级行标删除整行。

示例代码：

```
import pandas as pd
student = {
    '姓名': ['黄天', '刘健', '叶问', '李一波'],
    '学号': ['2010001', '2010002', '2010003', '2010004'],
    '班级': ['大三', '大三', '大三', '大三'],
    '成绩': [78, 79, 85, 90]
}
# 构建 DataFrame 对象
df = pd.DataFrame(student)
print('原数据内容：\n', df.head())
# 按列删除'班级'，修改原数据
df.drop('班级', axis=1, inplace=True)
print('删除班级列后数据内容：\n', df.head())
```

执行代码结果：

```
原数据内容：
     姓名      学号   班级  成绩
0    黄天  2010001   大三   78
1    刘健  2010002   大三   79
2    叶问  2010003   大三   85
3   李一波  2010004   大三   90
删除班级列后数据内容：
     姓名      学号   成绩
0    黄天  2010001   78
1    刘健  2010002   79
2    叶问  2010003   85
3   李一波  2010004   90
```

7. Pandas 读写 MySQL 数据库数据

Pandas 读写 MySQL 数据库

（1）安装 SQLAlchemy 库。

SQLAlchemy 是 Python 编程语言下的一款开源软件，提供了 SQL 工具包及对象关系映射（ORM）工具。使用 pip 命令安装 pip install sqlalchemy，如图 1-49 所示。

```
C:\Users\Admin>pip install sqlalchemy
Looking in indexes: https://pypi.tuna.tsinghua.edu.cn/simple
Collecting sqlalchemy
  Downloading https://pypi.tuna.tsinghua.edu.cn/packages/b0/26/95d895e4105184ddcfd07528b6633246806dabf5a0bfa6aee77d9edde
712/SQLAlchemy-1.4.27-cp37-cp37m-win_amd64.whl (1.5 MB)
     |████████████████████████████████| 1.5 MB 3.3 MB/s
Collecting importlib-metadata
  Downloading https://pypi.tuna.tsinghua.edu.cn/packages/c4/1f/e2238896149df09953efcc53bdcc7d23597d6c53e428c30e572eda5ec
6eb/importlib_metadata-4.8.2-py3-none-any.whl (17 kB)
Collecting greenlet!=0.4.17
  Downloading https://pypi.tuna.tsinghua.edu.cn/packages/f5/34/adc2134c9567dd99254f20e6981a9006a5767dfed287eb94f273ec51e
092/greenlet-1.1.2-cp37-cp37m-win_amd64.whl (101 kB)
     |████████████████████████████████| 101 kB 5.6 MB/s
Collecting typing-extensions>=3.6.4
  Downloading https://pypi.tuna.tsinghua.edu.cn/packages/17/61/32c3ab8951142e061587d957226b5683d1387fb22d95b4f69186d9261
6d1/typing_extensions-4.0.0-py3-none-any.whl (22 kB)
Collecting zipp>=0.5
  Downloading https://pypi.tuna.tsinghua.edu.cn/packages/bd/df/d4a4974a3e3957fd1c1fa3082366d7fff6e428ddb55f074bf64876f8e
8ad/zipp-3.6.0-py3-none-any.whl (5.3 kB)
Installing collected packages: zipp, typing-extensions, importlib-metadata, greenlet, sqlalchemy
Successfully installed greenlet-1.1.2 importlib-metadata-4.8.2 sqlalchemy-1.4.27 typing-extensions-4.0.0 zipp-3.6.0
```

图 1-49　安装 SQLAlchemy 库

（2）读取 MySQL 数据库中的数据。

先调用 SQLAlchemy 模块里面的 create_engine()函数创建连接引擎对象，然后调用 Pandas 模块里面的 read_sql_query()函数执行查询并打印返回值。

例如，使用 Pandas 读取 mydb 数据库中 student 表数据，并打印显示，如图 1-50 所示。

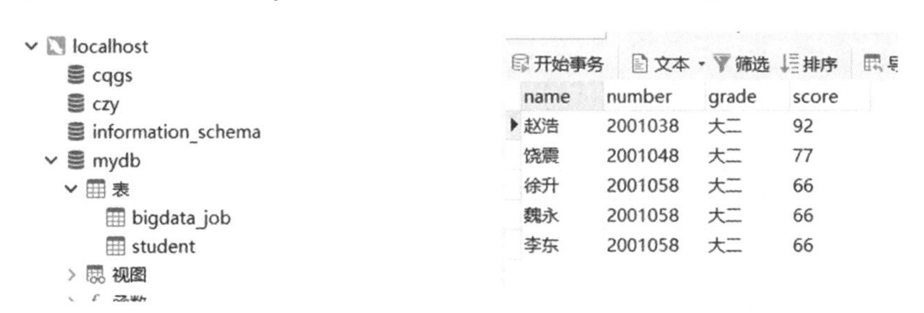

图 1-50　读取表数据并打印显示

示例代码：

```
import pandas as pd
from sqlalchemy import create_engine
# 初始化数据库连接，使用 SQLAlchemy 模块里面的 create_engine()函数
# MySQL 的用户：root, 密码:123456, localhost:主机地址,端口：3306,数据库：mydb
engine = create_engine('mysql+pymysql://root:123456@localhost:3306/mydb')
sql = 'select * from `student`'
# read_sql_query 的两个参数：SQL 语句，数据库连接
df = pd.read_sql_query(sql, engine)
print(df)
```

执行结果：

```
   name  number   grade  score
0  赵浩  2001038   大二    92
1  饶震  2001048   大二    77
2  徐升  2001058   大二    66
3  魏永  2001058   大二    66
4  李东  2001058   大二    66
```

（3）写入数据到 MySQL 数据库。

先调用 SQLAlchemy 模块里面的 create_engine()函数创建连接引擎对象，然后构建测试数据 DataFrame 对象，最后调用 to_sql()函数执行插入数据，注意插入数据时传入的指定表名和写入模式。

示例代码：

```
# -*- coding: utf-8 -*-
import pandas as pd
from sqlalchemy import create_engine
# 初始化数据库连接，使用 SQLAlchemy 模块里面的 create_engine()函数
# MySQL 的用户：root, 密码:123456, localhost:主机地址,端口：3306,数据库：mydb
engine = create_engine('mysql+pymysql://root:123456@localhost:3306/mydb')
# 构建测试数据
student = {
    'name': ['黄天', '刘健', '叶问'],
    'number': ['2010001', '2010002', '2010003'],
    'grade': ['大三', '大三', '大三'],
    'score': [78, 79, 85]
}
# 构建 Pandas 中的 DataFrame 对象，符合 MySQL 数据库 student 表的表字段
df = pd.DataFrame(student)
# 将新建的 DataFrame 储存到 MySQL 中的数据表
# 'student'：表名称，if_exists='append'：以追加的模式存储，
# index= False：不存储 index 列（这里不存储字典里面的 key）
df.to_sql('student', engine, if_exists='append', index=False)
```

代码执行完成后，刷新数据库 student 查看发现数据已经添加成功，如图 1-51 所示。

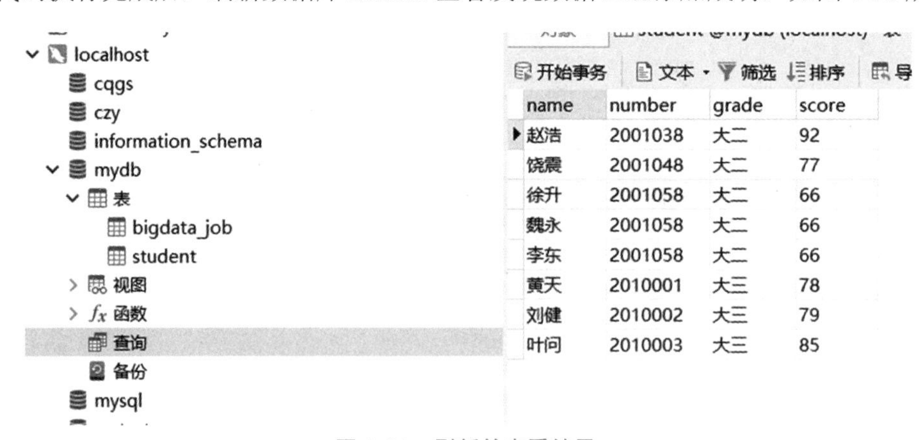

name	number	grade	score
赵浩	2001038	大二	92
饶震	2001048	大二	77
徐升	2001058	大二	66
魏永	2001058	大二	66
李东	2001058	大二	66
黄天	2010001	大三	78
刘健	2010002	大三	79
叶问	2010003	大三	85

图 1-51　刷新并查看结果

8. Pandas 读写 Mongo 数据库数据

Pandas 没有提供读写 Mongo 数据库的函数，因此要使用 Python 引用 PyMongo 模块实现数据的读写，这里就不再赘述。

相关案例

下面按照本学习情境所涉及的知识面及知识点，作为下一步工作实施的参考案例，展示项目案例“使用 Pandas 库读写职业能力大数据分析平台【技能】数据”的实施过程。

按照该项目的实际开发过程，首先使用 Pandas 导入 TXT 和 CSV 格式的职业能力大数据分析平台【技能】数据，然后分别存储到 MySQL 数据库【技能】表和 Monog 数据库【技能】集合中。

以下展示的是具体流程。

1. *确定数据源*

现有 TXT 和 CSV 格式的职业能力大数据分析平台【技能】数据，如图 1-52 所示。

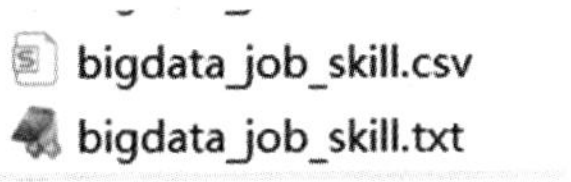

bigdata_job_skill.csv
bigdata_job_skill.txt

图 1-52　确定数据源

（1）bigdata_job_skill.csv 文件。部分内容如图 1-53 所示。

	A	B	C	D	E	F	G	H
1	jobskill_i	job_id	title	job_skill	major_ids	create_time		
2	1	30267782	自动控制工	组态, 编制,	16280	27/7/2021 00:00:00		
3	2	30267699	FirmwareEr	量产, 产品,	16282	27/7/2021 00:00:00		
4	3	30266990	软件部经理	互联网协议	16282	27/7/2021 00:00:00		
5	4	30264292	制程工程师	物流园, 良	16282	27/7/2021 00:00:00		
6	5	30264290	资深嵌入式	layout, alt	16284	27/7/2021 00:00:00		
7	6	30263217	制程工程师	ents, 跨部	16282	27/7/2021 00:00:00		
8	7	30262961	硬件测试工	基础知识,	16284	27/7/2021 00:00:00		
9	8	30262434	项目经理/	保持, me, 设	16282	27/7/2021 00:00:00		
10	9	30259069	产品工程师	测试数据,	16282	27/7/2021 00:00:00		
11	10	30258612	电器总工程	理解, 电机,	16282	27/7/2021 00:00:00		
12	11	3727301	Java	ad, ed, li, c	16283	14/9/2021 00:00:00		
13	12	3727346	Java	ad, ed, li, c	16283	14/9/2021 00:00:00		
14	13	3728828	Java开发工	软件开发,	16283	14/9/2021 00:00:00		
15	14	3728830	中高级Java	学习, le, 灵	16283	14/9/2021 00:00:00		
16	15	3728839	Java高级开	mvc, 多线程	#########	14/9/2021 00:00:00		
17	16	3728856	JAVA后端工	mvc, 概要,	16283	14/9/2021 00:00:00		
18	17	3728862	GIS开发工	bs, 学习, 设	16282	14/9/2021 00:00:00		
19	18	3729968	Java	ad, ed, li, c	16283	14/9/2021 00:00:00		
20	19	3730026	Java	ad, ed, li, c	16283	14/9/2021 00:00:00		
21	20	3730810	Java	ad, ed, li, c	16283	14/9/2021 00:00:00		
22	21	3732860	Java	ad, ed, li, c	16283	14/9/2021 00:00:00		
23	22	3733088	java开发	沟通交流,	16283	14/9/2021 00:00:00		
24	23	3733214	大数据开发	以上学历,	16283	14/9/2021 00:00:00		
25	24	3733835	Java	ad, ed, li, c	16283	14/9/2021 00:00:00		
26	25	3733862	Java开发工	server, 软	#########	14/9/2021 00:00:00		
27	26	3734379	Java	ad, ed, li, c	16283	14/9/2021 00:00:00		
28	27	3734405	Java	ad, ed, li, c	16283	14/9/2021 00:00:00		
29	28	3734567	Java	ad, ed, li, c	16283	14/9/2021 00:00:00		
30	29	3734833	Java	ad, ed, li, c	16283	14/9/2021 00:00:00		

图 1-53　bigdata_job_skill.csv 文件内容截图

（2）bigdata_job_skill.txt 文件。部分内容如图 1-54 所示。

```
jobskill_id+!+job_id+!+title+!+job_skill+!+major_ids+!+create_time
49+!+3737530+!+大数据开发工程师+!+以上学历,hdfs,分析,linux操作系统,存储,团队,逻辑,独立,算法,能力,应用程序,hive,框架,数据,熟悉,口头,协作,业务,解决问题,rk,监控,分布式系统,python,工程师,java开发,采集,
50+!+3737542+!+ASP.NET软件工程师+!+mvc,server,文档,jquery,布局,熟悉,目标,行业,js,代码,asp,编写,数据库,系统,技术,任职,岗位职责,主流,测绘,css,angularjs,考虑,框架,vue.js,国土,c#开发,功能模块,信息,c#,
51+!+3738132+!+Java+!+ad,ed,li,dom,st,bs,si,sible,le,s7,between,ce,team,co,motivated,issues,cip,db2,degree,development,other,resources,understanding,plus,远程,to,helor,very,al,ai,ct,process,an,solu
,ma,for,ba,provide,age,business,dis,related,soft,en,technical,pon,engineers,ate,own,product,set+!+16283+!+14/9/2021 00:00:00
52+!+3739411+!+Java开发工程师+!+概要,设计模式,熟悉,业务,进行,实施,需要,行业,代码,攻关,编写,银行,功底,系统,技术,任职,架构,岗位职责,良好,补贴,主流,出差,数据库系统,spring,java,sql,住宿,逻辑思维,分布式,
53+!+3739375+!+C++开发工程师+!+多线程,基本工资,较好,数据,熟悉,c++开发,进行,风格,功能,tc,沟通能力,责任心,年度,福利待遇,学习能力,维护,聚餐,复杂,视觉,http,定位,识别,技术,旅游,任职,工作压力,岗位职责,
54+!+3739376+!+Java后端开发工程师+!+设计模式,修复,nginx,使用,熟悉,进行,实施,功能,公积金,加班,管理系统,大学本科,数据库,入职,系统,开发软件,技术,任职,岗位职责,服务端,输出,实践经验,后台,补贴,css,服务器,
55+!+3739389+!+Java开发工程师+!+css,服务器,熟练,职能,了解,ajax,框架,使用,ee,熟悉,mysql,软件,工程师,java开发,java,js,类别,sql,bootstrap,ssm,javascript,配置,xml,数据库,tomcat,常见,开源,html,技术,语句,w
56+!+3739393+!+中高级Java+!+ssh,学习,le,灵活,nginx,jquery,使用,前瞻性,熟悉,缓存,业务,目标,js,代码,css3,容量,中间件,oy,数据库,理解,系统,boss,基本,技术,支撑,任职,架构,协同作战,岗位职责,final,hi,保障,linu,
57+!+3739394+!+软件开发工程师+!+软件开发,设计模式,修复,le,文档,nginx,jquery,使用,熟悉,抗压,js,代码,学习能力,编写,ct,数据库,技术,任职,良好,主流,css,熟练,angularjs,评估,框架,se,spring,调优,java,单元测试,
58+!+3739406+!+Java开发工程师-成都-01852+!+以上学历,趋势,耐心,思路,看及,linu,消息,品质,职能,了解,应用,资格,多线程,大型,适应能力,团队,影响,考虑,框架,成都,使用,cloud,缓存,mysql,过的,进行,解决问题,软件
59+!+3739890+!+自动化应用工程师+!+以上学历,处理,支持,分析,故障,运行,c++,应用,产生,阶段,培训,oem,包括,能力,应届,相关,收集,技术支持,熟悉,产品,客户,知识,进行,解决,生成,软件,操作,初始,工程师,经验,处理错
60+!+3739800+!+2022届-知识图谱工程师+!+以上学历,实现,处理,熟练,c++,提高,数学,应用,学习,包括,算法,硕士,能力,垂直,相关,统计学,查询,数据,熟悉,追踪,知识,进行,提供,前沿,python,工程师,领域,经验,java,编程
61+!+3740549+!+市场部实习生+!+现有,在校生,模板,实习,le,ph,相关,ms,查询,使用,计算机,进行,本科学历,te,操作,岗位,se,经验,响应式,能够,掌握,职位,文件,要求,开发,上传下载,工作,插入,网页,lec,sql,修改,接触,实习
62+!+3741371+!+Web前端开发工程师+!+以上学历,css,提升,效率,防御,linu,体验,思维,了解,web前端,框架,方式,git,移动,熟悉,产品,知识,业务,sh,操作,工程师,岗位,测试用例,经验,开发,要求,功能,性能,较强,熟练掌握,
63+!+3741445+!+Web前端开发工程师+!+交互,脚本,css,实现,基本功,了解,web前端,网站,团队精神,相关,框架,较好,jquery,高度,布局,vue.js,熟悉,模块,知识,工程师,岗位,职位,要求,统本,js,开发,页面,构建,express,自学
64+!+3742054+!+量化交易系统开发实习岗+!+邮件,server,数据处理,科技园,备案,组合,ta,使用,熟悉,国内外,职责,进行,投资者,redmine,python,背景,仔细,深圳,企业文化,主动,代码,量化,领先,ux,精通,ts,深圳市,严格,
65+!+3742291+!+阿伽科技-数据库DBA+!+做事,管理决策,上海,server,很强,迎接挑战,数据模型,布局,数据,熟悉,业务,实施,逻辑性,业界,沟通能力,责任心,结构设计,领先,学习能力,编写,复杂,综合,容量,数据库,关系数据
66+!+3742320+!+实习生--IT开发+!+阿里,东湖路,on,研二,管理信息系统,各大,学习,地点,能力,网站,相关,研一,南路,陕西,欢迎,熟悉,计算机,可达,地铁,it,进行,院校,同学,岗位,word,经验,no,oss,开发工具,开发,js,要求,能
67+!+3742624+!+Lianjia直聘房产销售/就近分配+!+感兴趣,楼盘,分公司,学习,商务谈判,薪酬,互联网,a0,意愿,综合性,业务,职责,抗压,租赁,装修,行业,link,提点,公积金,部门经理,提佣,沟通能力,成立,量化,定制,自选,责任
68+!+3742901+!+前端开发工程师+!+录用,jquery,布局,使用,熟悉,展示,代码,沟通能力,精通,习惯,编写,维护,协议,http,系统,技术,任职,通信,输出,服务端,良好,css,提升,熟练,体验,评审,框架,官方网站,二次开发,方案,能够
69+!+3742897+!+.net初级研发工程师+!+以上学历,bug,mvc,css,server,分析,修复,能力,文档,相关,jquery,分解,用户手册,初级,计算机,熟悉,适应,业务,进行,专业知识,软件工程,能动性,软件,解决问题,工程师,功能模块,
70+!+3743076+!+链家总部直聘房产经纪人五险一金弹性工作+!+感兴趣,qq,楼盘,分公司,学习,商务谈判,薪酬,互联网,a0,意愿,综合性,业务,职责,抗压,人民大会堂,租赁,装修,行业,link,提点,公积金,部门经理,提佣,沟通能
71+!+3743016+!+Web前端开发实习生+!+成功,学习,布局,使用,数据,熟悉,给出,微信,保持良好,代码,沟通能力,页面,精通,xh,维护,ai,tm,理解,技术,任职,架构,w3c,改善,开发技术,良好,css,提升,熟练,体验,乐于,框架,单元
72+!+3743169+!+Web前端开发实习生+!+成功,学习,布局,使用,数据,熟悉,给出,微信,保持良好,代码,沟通能力,页面,精通,xh,维护,ai,tm,理解,技术,任职,架构,w3c,改善,开发技术,良好,css,提升,熟练,体验,乐于,框架,单元
73+!+3743270+!+Java开发急招+!+mvc,实现,css,熟练,bs,了解,团队,独立,ajax,能力,框架,ce,相关,jquery,使用,熟悉,mysql,通用,知识,模块,进行,分布式系统,岗位,rest,java开发,经验,spring,java,团队协作,mybatis,要
74+!+3743399+!+C/C++开发工程师+!+以上学历,css,linu,c++,了解,团队,相关,objective,mac,c++开发,window,工程师,经验,开发,具有,积极,专业,javascript,大学本科,计算机相关,html,态度,项目,工作,良好+!+162
75+!+3743576+!+PHP开发工程师+!+小学,逻辑,灵活,较好,jquery,浏览器,工业区,熟悉,下午茶,进行,oo,红包,代码,攻关,责任心,年度,习惯,商业秘密,福利待遇,中心,维护,聚餐,加班,数据库,理解,入职,需象,技术,严谨,旅游,
76+!+3743832+!+技术助理工程师+!+fa,软件开发,altium,文档,使用,熟悉,业务,进行,代码,通讯,人机交互,编写,keil,软件系统,系统,集成电路,技术,任职,岗位职责,选型,熟练,pcb,评审,收集,电子,指导,板块,方案,检视,专业,
77+!+3744338+!+软件实习生+!+汇编语言,ed,designs,文档,led,ak,actively,需要,软件技术,reviews,degree,代码,red,释放,沟通能力,du,pa,review,content,编写,to,oral,复杂,excel,书面,ai,理解,tasks,perform,from,
78+!+3744179+!+PHP开发工程师+!+小学,逻辑,灵活,较好,jquery,浏览器,工业区,熟悉,下午茶,进行,oo,红包,代码,攻关,责任心,年度,习惯,商业秘密,福利待遇,中心,维护,聚餐,加班,数据库,理解,入职,需象,技术,严谨,旅游,
79+!+3744545+!+阿伽科技-后端开发工程师+!+管理决策,上海,数据处理,布局,数据,python,业界,功能,责任心,领先,习惯,学习能力,综合,协议,http,关系数据库,软件系统,设备,基本,满足,岗位职责,强烈,良好,决策,自主,
80+!+3744546+!+阿伽科技-前端开发工程师+!+管理决策,上海,dom,数据处理,浏览器,jquery,布局,使用,数据,熟悉,热爱,业界,js,页面,责任心,精通,领先,css3,综合,ct,软件系统,设备,满足,技术,架构,岗位职责,技术手段,
```

图 1-54　bigdata_job_skill.txt 文件内容截图

2. 确定数据库及表

确定新建的数据库 mydb 及 bigdata_job_skill 表，bigdata_job_skill 表设置如图 1-55 所示，bigdata_job_skill 表结构，如图 1-56 所示。

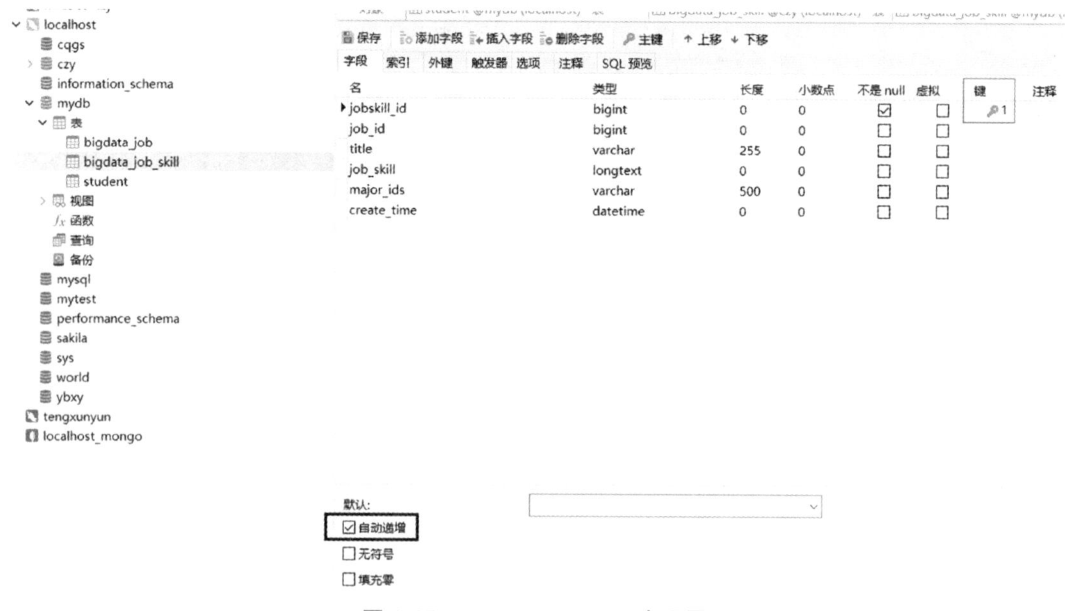

图 1-55　bigdata_job_skill 表设置

图 1-56　bigdata_job_skill 表结构

3. 开发环境

本次项目开发环境介绍如下。

- 操作系统：Windows10。
- 本地语言环境：Python 3.7.3。
- 编译工具：PyCharm 2021 社区版。
- MySQL 数据库：MySQL 8.0.20。
- Mongo 数据库：MongoDB 4.4.4。
- 数据库图像管理工具：Navicat 15。
- PIP 包管理工具版本：21.3.1。
- PyMySQL 版本：1.0.2。
- Pandas 版本：1.3.4。
- SQLAlchemy 版本：1.4.27。

为确保下面项目正常开发，请确保相关环境已经正确准备完成。

4. 创建可执行文件

在 UnitOne 项目中新建一个 Situation_2.py 可执行文件，如图 1-57 所示。

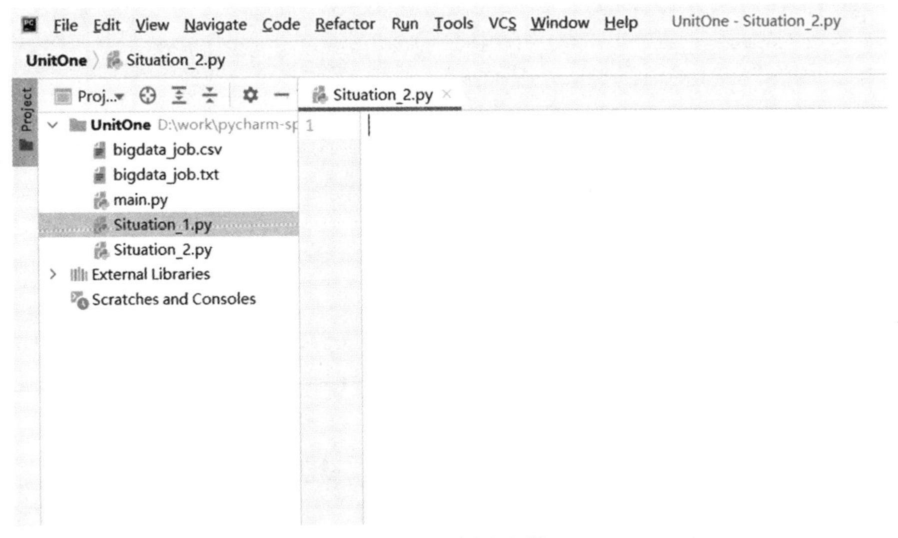

图 1-57　新建文件

5. 添加数据源文件

把 bigdata_job.csv 和 bigdata_job.txt 文件添加到项目中，如图 1-58 所示。

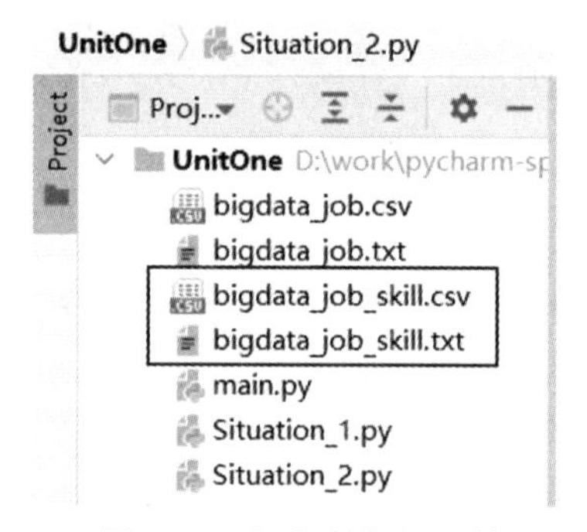

图 1-58　添加数据源文件

6. 编写相关代码

示例代码：

```
    import datetime
    import pandas as pd
    from sqlalchemy import create_engine
    # 初始化数据库连接，使用 SQLAlchemy 模块里面的 create_engine()函数
    # MySQL 的用户：root, 密码:123456, localhost:主机地址,端口：3306,数据库：
mydbengine = create_engine('mysql+pymysql://root:123456@localhost:3306/mydb')
    def readTXTAndSaveToMysql():
        # 读取 bigdata_job_skill.txt 文件数据
        df = pd.read_csv("bigdata_job_skill.txt", sep=';', encoding='utf-8')
        # 因为主键是自增的，所以删除 jobskill_id 列数据
        # axis=1：按列；inplace=True 修改原数据
        df.drop('jobskill_id', axis=1, inplace=True)
        # 修改 create_time 列为当前系统时间
        df['create_time'] = datetime.datetime.now()
        # 将读取的数据储存到 MySQL 数据 bigdata_job_skill 表
        # 'bigdata_job_skill'：表名称，if_exists='append'：以追加的模式存储
        # index= False：不存储 index 列（这里不存储字典里面的 key）
        df.to_sql('bigdata_job_skill', engine, if_exists='append', index=False)
def readCSVAndSaveToMysql():
        # 读取 bigdata_job_skill.txt 文件数据
        df = pd.read_csv("bigdata_job_skill.csv", sep=',', encoding='gbk')
        df.drop('jobskill_id', axis=1, inplace=True)
        df['create_time'] = datetime.datetime.now()
        df.to_sql('bigdata_job_skill', engine, if_exists='append', index=False)
if __name__ == '__main__':
        readTXTAndSaveToMysql()
        readCSVAndSaveToMysql()
```

7. 运行项目并查看结果

运行编写的代码，并刷新 mydb 里面的 bigdata_job_skill 表，发现数据添加成功，项目完成，如图 1-59 所示。

图 1-59　运行并查看结果

工作实施

按照制订的最佳方案实施计划进行项目开发，填写相应的工作流程内容。

评价反馈

各自完成学习情境的开发并展示作品，介绍任务的完成过程，作品展示前应准备阐述材料，并完成评价表 1-13、表 1-14、表 1-15。

（1）学生进行自我评价。

表 1-13　学生自评表

班级：	姓名：		学号：
学习情境 2	使用 Pandas 读写职业能力大数据分析平台【技能】数据		
评价项目	评价标准	分值	得分
Pandas 库安装	能正确、熟练使用 pip 安装 Pandas 库	10	
SQLAlchemy 库安装	能正确、熟练使用 pip 安装 SQLAlchemy 库	10	

（续表）

评价项目	评价标准	分值	得分
代码编写能力	根据需求独立编写读写数据相关代码的能力	60	
工作质量	根据开发过程及成果评定工作质量	20	
合计		100	

（2）在学生展示过程中，以个人为单位，对以上学习情境过程与结果进行互评。

表 1-14　学生互评表

学习情境 2		使用 Pandas 读写职业能力大数据分析平台【技能】数据											
评价项目	分值	等级								评价对象			
										1	2	3	4
计划合理	10	优	10	良	9	中	8	差	6				
方案准确	10	优	10	良	9	中	8	差	6				
工作质量	20	优	20	良	18	中	15	差	12				
工作效率	15	优	15	良	13	中	11	差	9				
工作完整	10	优	10	良	9	中	8	差	6				
工作规范	10	优	10	良	9	中	8	差	6				
识读报告	10	优	10	良	9	中	8	差	6				
成果展示	15	优	15	良	13	中	11	差	9				
合计	100												

（3）教师对学生工作过程和工作结果进行评价。

表 1-15　教师综合评价表

班级：		姓名：	学号：	
学习情境 2		使用 Pandas 读写职业能力大数据分析平台【技能】数据		
评价项目		评价标准	分值	得分
考勤（20%）		无无故迟到、早退、旷课现象	20	
工作过程（50%）	环境管理	能正确、熟练使用 pip 工具管理开发环境	10	
	需求分析	能根据需求正确、熟练地设计读写数据方案	10	
	方案制作	能根据技术能力快速、准确地制订工作方案	10	
	编写代码	能根据方案正确、熟练地编写读取各种数据源数据的代码	10	
	职业素质	能做到安全、文明、合法，爱护环境	5	
项目成果（30%）	工作完整	能按时完成任务	10	
	工作质量	能按计划完成工作任务	15	
	识读报告	能正确识读并准备成果展示的各项报告材料	5	
	成果展示	能准确表达、汇报工作成果	5	
合计			100	

拓展思考

（1）Pandas 在读取文本文件数据时可能会遇到哪些问题？

（2）Pandas 从 MySQL 数据库读取数据并存储到 Mongo 数据库中会出现什么问题？

单元2　数据清洗

在大数据预处理流程中，第一步是导入数据，第二步就是数据清洗。

现实世界的数据常常是不完全的、有噪声的、不一致的。因此，在使用数据时需要对数据进行清洗，使数据达到一致性、准确性、完整性要求。

数据清洗过程包括缺失数据处理、噪声数据处理，以及不一致数据处理。本单元教学导航如表2-1所示。

表2-1　教学导航

知识重点	1. 数据清洗的目的 2. 数据清洗的处理方式 3. 正则表达式的使用 4. 正则表达式匹配模式 5. Pandas 库提供的数据清洗函数的使用方法
知识难点	1. 根据需求设计正确的匹配规则 2. 如何选择正确的方式清洗数据 3. Pandas 清洗数据函数的使用 4. 噪声与离群点数据的处理
推荐教学方式	从学习情境任务书入手，通过对任务的解读，引导思维获取信息，引导学生制订工作计划；根据标准工作流程，调整学生工作计划并提出决策方案；通过对相关案例的实施演练让学生掌握任务的实现流程及技能
建议学时	16 学时
推荐学习方法	改变思路，学习方式由“先学习全部理论知识实践项目”变成“直接实践项目，遇到不懂的再查阅相关资料”。实操动手编写代码，运行代码，得到结果，可以迅速使学生熟悉并掌握正则表达式的各种匹配规则的设计流程及方法
必须掌握的理论知识	1. 数据清洗模型及概念 2. 正则表达式的设计概念 3. 正则表达式匹配的概念 4. DataFrame 数据结构的概念
必须掌握的技能	1. 正确地设计正则表达式匹配规则 2. 正确地使用正则表达式修饰符 3. 数据清洗的检测方法 4. 数据清洗的处理方法

学习情境 3　使用正则表达式从网页中提取招聘联系人的邮箱地址

学习情境描述

本学习情境的重点主要是熟悉正则表达式的使用和设计匹配模式的方法。

- 教学情境描述：通过教师讲授正则表达式的应用实例，学习使用正则表达式从网页中提取招聘联系人的邮箱地址。
- 关键知识点：正则表达式的应用。
- 关键技能点：正则表达式、匹配模式、提取数据。

学习目标

- 掌握分析数据的方法。
- 掌握正则表达式模式的使用方法。
- 掌握正则表达式修饰符的使用方法。
- 掌握正则表达式匹配规则的设计。
- 掌握正则表达提取数据的应用。

任 务 书

- 完成对提取数据源的分析并制订方案。
- 完成设计提取数据的匹配规则。
- 完成从网页中提取招聘联系人的邮箱地址的分析设计。
- 完成使用正则表达式从网页中提取招聘联系人的邮箱地址。

获取信息

引导问题 1：如何提取数据？

如何从大量的数据中获得需要的数据？

____

____

引导问题 2：正则表达是什么？

（1）正则表达的概念是什么？

____

____

（2）正则表达式可以做什么？

____

____

工作计划

（1）制订工作方案（见表 2-2）。

表 2-2　工作方案

步骤	工作内容
1	
2	
3	
4	
…	

（2）列出工具清单（见表 2-3）。

表 2-3　工具清单

序号	名称	版本	备注
1			
2			
3			
4			
…			

（3）列出技术清单（见表 2-4）。

表 2-4　技术清单

序号	名称	版本	备注
1			
2			
3			
4			
…			

进行决策

（1）根据引导、构思、计划等，各自阐述自己的设计方案。

（2）对其他人的设计方案提出自己不同的看法。

（3）教师结合大家完成的情况进行点评，选出最佳方案，并写出最佳方案。

____

____

____

____

____

知识准备

match()和 search()函数

本学习情境要学习的知识与技能图谱如图 2-1 所示。

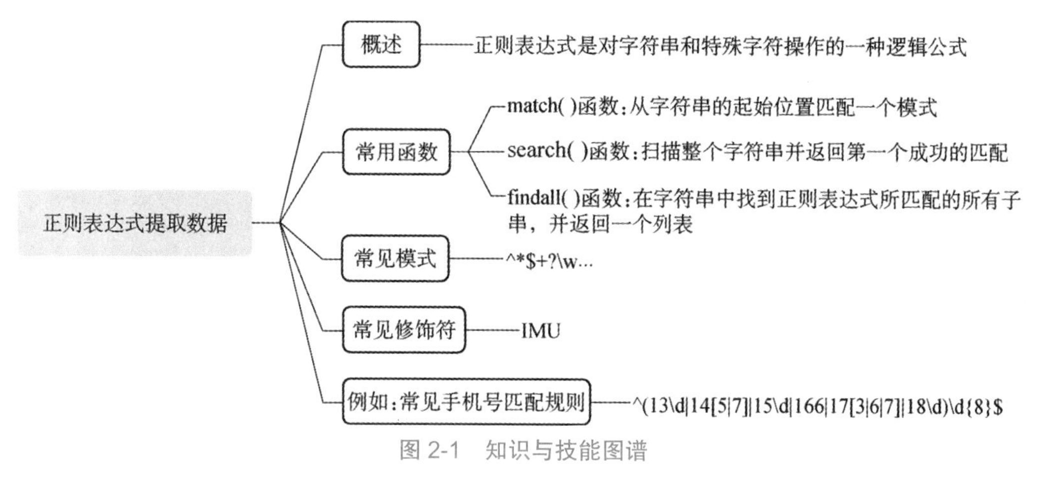

图 2-1　知识与技能图谱

1. 正则表达式概述

正则表达式，又称规则表达式（Regular Expression，在代码中常简写为 regex、regexp 或 RE），是计算机科学的一个概念。

正则表达式是对字符串和特殊字符操作的一种逻辑公式，就是用事先定义好的一些特定字符及这些特定字符的组合，组成一个“规则字符串”，这个“规则字符串”可以用来表达对字符串的一种过滤逻辑。

2. 正则表达式的目的

- 判断给定的字符串是否符合正则表达式的过滤逻辑（称作“匹配”）。
- 可以通过正则表达式，从字符串中获取我们想要的特定部分。

3. 正则表达式的特点

- 灵活性、逻辑性和功能性非常强。
- 可以迅速地用极简单的方式达到字符串的复杂控制。
- 对于刚接触的人来说，它比较晦涩难懂。

4. 正则表达式函数

（1）match()函数。

match(pattern, string, flags=0)：从字符串的起始位置匹配一个模式，匹配成功即返回一个匹配的对象，否则返回 None。

参数说明：

- pattern：匹配的正则表达式。
- string：要匹配的字符串。
- flags：标志位，用于控制正则表达式的匹配方式，如是否区分大小写、多行匹配等。

示例代码：

```
# -*- coding:utf-8 -*-
import re
#匹配出一个字符串，其第一个字母为大写字符且跟上 0 或 1 个小写字符
ret = re.match("[A-Z][a-z]*","Abcdef")  #匹配成功
print(ret.group())  #使用 group 获得匹配成功后返回对象的值
ret = re.match("[A-Z][a-z]*","AbcDef")  #匹配成功
print(ret.group())
ret = re.match("[A-Z][a-z]*","abCdeF")  #匹配不成功，返回 None
print(ret)
```

执行结果：

```
Abcdef
Abc
None
```

（2）search()函数。

search(pattern, string, flags=0)：扫描整个字符串并返回第一个成功的匹配对象。参数和match()一样。

示例代码：

```
# -*- coding:utf-8 -*-
import re
#查找出一个字符串，其第一个字母为大写字符且跟上 0 或 1 个小写字符
ret = re.search("[A-Z][a-z]*","Abcdef")  #匹配成功
print(ret.group())  #使用 group 获得匹配成功后返回对象的值
ret = re.search("[A-Z][a-z]*","AbcDef")  #匹配成功
print(ret.group())
ret = re.search("[A-Z][a-z]*","abCdeF")  #匹配成功
print(ret.group())
```

执行结果：

```
Abcdef
Abc
Cde
```

（3）findall()函数。

findall(string[, pos[, endpos]])：在字符串中找到正则表达式所匹配的所有子串，并返回一个列表。如果有多个匹配模式，则返回元组列表，如果没有找到匹配的，则返回空列表。

示例代码：

```
# -*- coding:utf-8 -*-
import re
#查找出一个字符串中所有匹配第一个字母为大写字符且跟上 0 或 1 个小写字符
ret = re.findall("[A-Z][a-z]*","abCdeFghIjklMnop123")  #匹配成功，返回带匹配
```

成功元素的列表

```
    print(ret)
    ret = re.findall("[A-Z][a-z]*","12345")  #匹配不成功，返回空列表
    print(ret)
```

执行结果：

```
['Cde', 'Fgh', 'Ijkl', 'Mnop']
[]
```

findall+模式+修饰符

5. 正则表达式常见模式

正则表达式的常见模式如表 2-5 所示。

表 2-5　正则表达式常见模式

位置匹配	数量匹配	字符匹配
^ 匹配字符串的开头	* 匹配 0 或多个表达式	\d 匹配一个数字字符
$ 匹配字符串的末尾	+ 匹配 1 或多个表达式	\D 匹配一个非数字字符
\A 匹配字符串开始	? 匹配 0 或 1 个表达式	\s 匹配任何空白字符
\z 匹配字符串结束	{n} 匹配出现 n 次	\S 匹配任何非空白字符
\G 匹配最后匹配完成的位置	{min, max} 匹配前导字符 min 到 max 次	\w 匹配包括下画线的任何单词字符

6. 正则表达式修饰符（可选项）

正则表达式的修饰符如表 2-6 所示。

表 2-6　正则表达式的修饰符

修饰符	数量匹配
I	使匹配对大小写不敏感
M	多行匹配
U	根据 Unicode 字符集解析字符

7. 匹配常见手机号

设计匹配常见手机号（以 13、145、147、15、166、173、176、177、18 开头的手机号）的规则，代码如下：

```
# -*- coding:utf-8 -*-
import re
def is_phone(phone):
    # 匹配规则
    pat = re.compile('^(13\d|14[5|7]|15\d|166|17[3|6|7]|18\d)\d{8}$')
    res = re.search(pat, phone)
    if not res:
        return False
    return True
print("手机号是正确的吗？", is_phone('1450000000'))  # 不正确：10 位数
```

```
print("手机号是正确的吗？", is_phone('145000000000'))  # 不正确：12 位数
print("手机号是正确的吗？", is_phone('145a0000000'))   # 不正确：含非数字
print("手机号是正确的吗？", is_phone('14400000000'))   # 不正确：只匹配 145、147 开头
print("手机号是正确的吗？", is_phone('14500000000'))   # 正确
```

执行结果：

```
手机号是正确的吗？ False
手机号是正确的吗？ False
手机号是正确的吗？ False
手机号是正确的吗？ False
手机号是正确的吗？ True
```

相关案例

下面按照本学习情境所涉及的知识面及知识点，作为下一步工作实施的参考案例，展示项目案例“使用正则表达式从网页中提取招聘联系人的邮箱地址”的实施过程。

按照该项目的实际开发过程，以下展示的是具体流程。

1. 确定数据源

以 51job 发布的招聘信息为例，提取招聘联系人的邮箱地址，如图 2-2 所示。

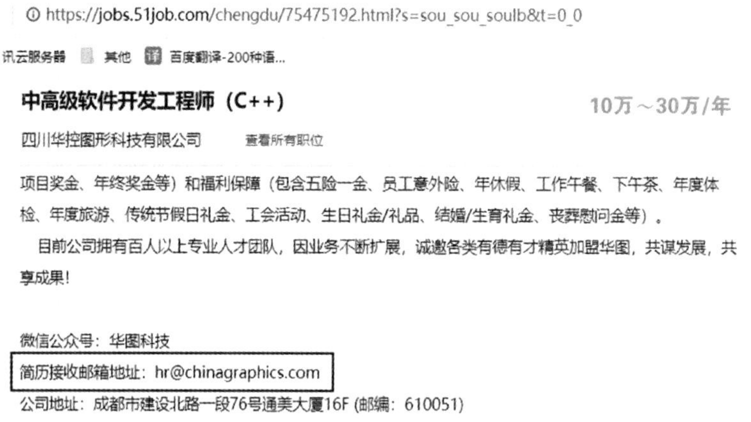

https://jobs.51job.com/chengdu/75475192.html?s=sou_sou_soulb&t=0_0

讯云服务器 其他 百度翻译-200种语...

中高级软件开发工程师（C++） 10万～30万/年

四川华控图形科技有限公司 查看所有职位

项目奖金、年终奖金等）和福利保障（包含五险一金、员工意外险、年休假、工作午餐、下午茶、年度体检、年度旅游、传统节假日礼金、工会活动、生日礼金/礼品、结婚/生育礼金、丧葬慰问金等）。

目前公司拥有百人以上专业人才团队，因业务不断扩展，诚邀各类有德有才精英加盟华图，共谋发展，共享成果！

微信公众号：华图科技

简历接收邮箱地址：hr@chinagraphics.com

公司地址：成都市建设北路一段76号通美大厦16F（邮编：610051）

图 2-2 确定数据源

提取简历接收邮箱地址的内容，得到 hr@chinagraphics.com。

案例网址为：https://jobs.51job.com/chengdu/75475192.html?s=sou_sou_soulb&t=0_0。

2. 开发环境

本次项目开发环境介绍如下。

- 操作系统：Windows 10。
- 本地语言环境：Python 3.7.3。
- 编译工具：PyCharm 2021 社区版。
- 数据库图像管理工具：Navicat 15。

3. 获取数据

用浏览器打开案例网址，按 Ctrl+U 组合键打开源代码，按 Ctrl+A 组合键复制源代码，将其保存到本地文件“招聘数据.txt”文件中，如图 2-3 所示。

```
招聘数据.txt - 记事本
文件(F) 编辑(E) 格式(O) 查看(V) 帮助(H)
    </div>
    <div class="clear"></div>
  </div>
</div>
  <div class="tBorderTop_box">
    <h2><span class="bname">联系方式</span></h2>
    <div class="bmsg inbox">
                  <p class="fp"><span class="label">上班地址：</span>成都市建设北路一段76号通美大厦16F</p>
              <a track-type="jobsButtonClick" event-type="7" class="icon_b i_map" href="javascript:void(0);" onclick="showMapIframe('https://search.51job.com/jobsearch/bmap/map.php
                <div class="clear"></div>
    </div>
  </div>
                <div class="tBorderTop_box">
        <h2><span class="bname">公司信息</span></h2>
        <div class="tmsg inbox">公司简介<br>   四川华控图形科技有限公司（简称“华图科技”）成立于2001年，注册资本1000万元，员工数百人。公司以成都本部为中心，现已在
p;目前公司拥有百人以上专业人才团队，因业务不断扩展，诚邀各类有德有才精英加盟华图，共谋发展，共享成果！<br><br>微信公众号：华图科技<br>简历接收邮箱地址：hr@chinagraphics.com<br>公司地址
      </div>
        </div>
        <div class="tCompany_sidebar">
        <div class="tBorderTop_box">
    <h2><span class="bname">公司信息</span></h2>
    <div class="com_msg"><a class="com_name himg" href="https://jobs.51job.com/all/co483216.html" target="_blank"><img src="//img03.51jobcdn.com/fansImg/CompLogo/1/484/483216/
    </div>
    <div class="com_tag">
      <p class="at" title="民营公司"><span class="i_flag"></span>民营公司</p>
      <p class="at" title="50-150人"><span class="i_people"></span>50-150人</p>
      <p class="at" title="计算机软件,计算机硬件">
        <span class="i_trade"></span>
                <a href="https://jobs.51job.com/chengdu/hy01/">计算机软件</a>
                <a href="https://jobs.51job.com/chengdu/hy37/">计算机硬件</a>
            </p>
    </div>
    <a track-type="jobsButtonClick" event-type="2" class="icon_b i_house" href="https://jobs.51job.com/all/co483216.html?#syzw" target="_blank"><span class="icon_det"></span>查看所有职位
  </div>
第 531 行，第 27 列  100%  Windows (CRLF)  ANSI
```

图 2-3　招聘数据.txt

4. 选择函数

要获得邮箱地址，那么需要返回匹配的内容，而返回的邮箱地址可能有多有少，所以需要选择 findall()函数。

5. 设计匹配规则

邮箱由邮件名称和域名两部分组成。

①分析邮件名称部分：常见的邮件名称由英文字母、数字、下画线、英文句号、小数点和中画线组成。

- 26 个大小写英文字母表示为 a～z，A～Z。
- 数字表示为 0～9。
- 下画线表示为_。
- 中画线表示为-。
- 小数点表示为.。

由于邮件名称是由若干个字母、数字、下画线和中画线组成的，所以需要用到“+”表示多次出现，根据以上条件得出邮件名称表达式：[a-zA-Z0-9-_\.?]+ 。

②分析域名部分：常见的域名以 com 结尾，比如，qq.com，163.com，所以域名部分可以表示为\w+\.com。

因此，最终常见邮箱的正则表达式为：

```
[a-zA-Z0-9_\.?]+@\w+\.com
```

6. 项目开发

（1）创建项目。

创建项目“UnitTwo”，新建一个 Situation_1.py 可执行文件，并添加“招聘数据.txt”到项目中，如图 2-4 所示。

图 2-4　创建项目

（2）编写代码。

根据前面的分析设计，编写提取代码如下：

```
# -*- coding:utf-8 -*-
import re
with open('招聘数据.txt') as f:
    content = f.read()
    emails = re.findall("[a-zA-Z0-9_\.?]+@\w+\.com", content)
    print("提取的邮箱地址有:\n", emails)
    for email in emails:
        if '51job' not in email:  # 去除51job网站自带的邮件地址
            print("招聘联系人邮箱地址有：", email)
```

（3）运行项目并查看结果。

运行代码，查看控制台输出信息：

```
提取的邮箱地址有：
['hr@chinagraphics.com', 'club@51job.com', 'club@51job.com', 'hr@51job.
com', 'hr@51job.com']
招聘联系人邮箱地址有： hr@chinagraphics.com
```

观察结果得出：使用正则表达式从网页中提取招聘联系人的邮箱地址成功。

工作实施

按照制订的最佳方案实施计划进行项目开发，填写相应的工作流程内容。

评价反馈

各自完成学习情境的开发并展示作品，介绍任务的完成过程，作品展示前应准备阐述材料，并完成评价表 2-7、表 2-8、表 2-9。

（1）学生进行自我评价。

表 2-7　学生自评表

班级：	姓名：		学号：
学习情境 3	使用正则表达式从网页中提取招聘联系人的邮箱地址		
评价项目	评价标准	分值	得分
数据分析	能正确、熟练地对提取的数据进行分析	10	
匹配模式的设计	能正确、熟练地根据数据分析设计出正确的匹配模式	50	
项目开发能力	根据项目开发进度及应用状态评论开发能力	20	
工作质量	根据项目开发过程及成果评定工作质量	20	
合计		100	

（2）在学生展示过程中，以个人为单位，对以上学习情境过程与结果进行互评。

表 2-8　学生互评表

学习情境 3	使用正则表达式从网页中提取招聘联系人的邮箱地址												
评价项目	分值	等级								评价对象			
										1	2	3	4
计划合理	10	优	10	良	9	中	8	差	6				
方案准确	10	优	10	良	9	中	8	差	6				
工作质量	20	优	20	良	18	中	15	差	12				
工作效率	15	优	15	良	13	中	11	差	9				
工作完整	10	优	10	良	9	中	8	差	6				

（续表）

评价项目	分值	等级								评价对象			
										1	2	3	4
工作规范	10	优	10	良	9	中	8	差	6				
识读报告	10	优	10	良	9	中	8	差	6				
成果展示	15	优	15	良	13	中	11	差	9				
合计	100												

（3）教师对学生工作过程和工作结果进行评价。

表 2-9　教师综合评价表

班级：		姓名：	学号：
学习情境 3		使用正则表达式从网页中提取招聘联系人的邮箱地址	
评价项目		评价标准	分值	得分
考勤（20%）		无无故迟到、早退、旷课现象	20	
工作过程（50%）	工具使用	能正确、熟练使用 PyCharm 开发工具编写代码	5	
	方案制作	能根据技术能力快速、准确地制订工作方案	5	
	数据分析	能根据方案正确、熟练地分析数据	10	
	匹配模式的设计	能正确、熟练地根据数据分析设计出正确的匹配模式	20	
	工作态度	态度端正，工作认真、主动	5	
	职业素质	能做到安全、文明、合法，爱护环境	5	
项目成果（30%）	工作完整	能按时完成任务	5	
	工作质量	能按计划完成工作任务	15	
	识读报告	能正确识读并准备成果展示的各项报告材料	5	
	成果展示	能准确表达、汇报工作成果	5	
合计			100	

拓展思考

（1）设计正则表达式匹配模式时会遇到哪些问题？

（2）正则表达式可以匹配中文吗？

学习情境 4　使用 Pandas 对职业能力大数据分析平台【工资】表进行清洗

学习情境描述

本学习情境的重点主要是熟悉 Pandas 数据清洗的方法。

- 教学情境描述：通过教师讲授 Pandas 数据清洗的方法和应用实例，学习使用 Pandas 对职业能力大数据分析平台【工资】表进行清洗；学习如何在实际项目中对不同的数据，选择正确的数据清洗方式和方法。
- 关键知识点：数据清洗的应用。
- 关键技能点：Pandas、检测缺失值、填充缺失值、插补缺失值、处理噪声和离群点。

学习目标

- 掌握检测和处理缺失值的方法。
- 掌握检测和处理重复数据的方法。
- 掌握分析和处理噪声数据的方法。
- 掌握分析和处理离群点数据的方法。

任 务 书

- 完成通过 pip 命令安装及管理 Pandas 库。
- 完成缺失值、重复数据的检测与处理。
- 完成噪声、离群点数据的分析与处理。
- 完成对职业能力大数据分析平台【工资】表的分析设计。
- 完成使用 Pandas 对职业能力大数据分析平台【工资】表进行清洗。

获取信息

引导问题 1：了解数据清洗。

（1）数据为什么要清洗？

____

____

（2）如何对数据进行清洗？

____

____

引导问题 2：了解噪声和离群点。

（1）噪声数据的分析和处理方法有哪些？

____

____

（2）离群点数据的分析和处理方法有哪些？

____

____

工作计划

（1）制订工作方案（见表 2-10）。

表 2-10　工作方案

步骤	工作内容
1	
2	
3	
4	
…	

（2）列出工具清单（见表 2-11）。

表 2-11　工具清单

序号	名称	版本	备注
1			
2			
3			
4			
…			

（3）列出技术清单（见表 2 12）。

表 2-12　技术清单

序号	名称	版本	备注
1			
2			
3			
4			
…			

进行决策

（1）根据引导、构思、计划等，各自阐述自己的设计方案。

（2）对其他人的设计方案提出自己不同的看法。

（3）教师结合大家完成的情况进行点评，选出最佳方案，并写出最佳方案。

____

____

____

____

____

知识准备

检查缺失值

本学习情境要学习的知识与技能图谱如图 2-5 所示。

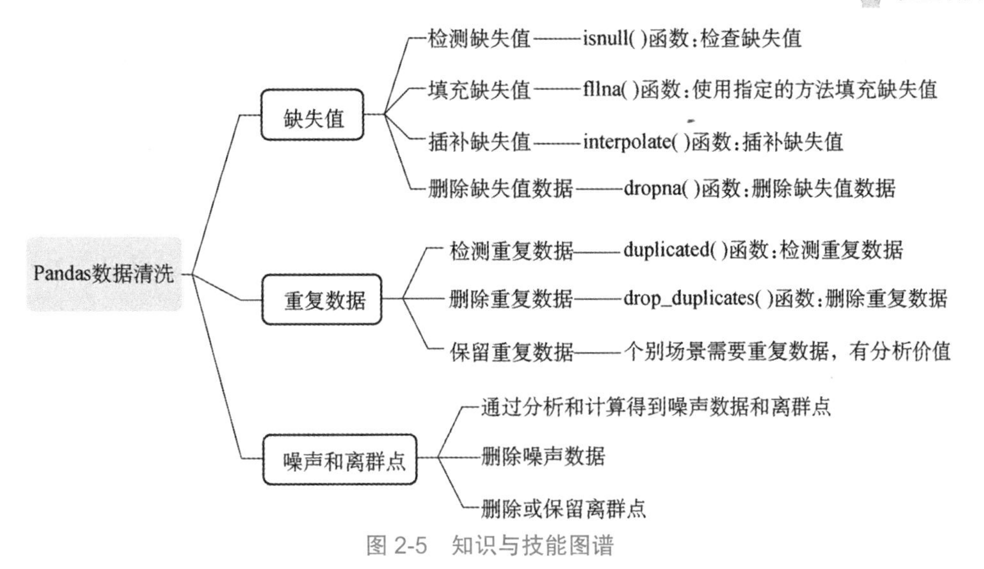

图 2-5　知识与技能图谱

1. Pandas 清洗数据概述

Pandas 为数据清洗提供了一系列方法。数据清洗是对数据进行重新审查和校验的过程，目的在于删除重复信息、纠正存在的错误，并提供数据一致性。

2. Pandas 检测和处理缺失值

缺失值处理

缺失值：数据集中某个或某些属性的值是不完全的。

为了更好地对数据进行分析预测，避免因数据缺失对结果产生误差，就需要先对数据的值是否缺失进行检测与处理。

Pandas 的 DataFrame 对象中 None 或 NaN 代表缺失值，调用 isnull()或 isna()函数返回 True 表示存在缺失值，调用 notnull()或者 notna()函数返回 False 表示存在缺失值。

（1）DataFrame.isnull()函数。

DataFrame.isnull()：用于检测缺失值，返回一个大小相同的布尔对象，指示值是否为 NA。

示例代码：

```
# -*- coding:utf-8 -*-
import pandas as pd
data = {
    'name': ['刘林', '李丰', None],
    'age': [20, None, 22]
}
df = pd.DataFrame(data)
print(df)
result = df.isnull()
print('检测结果：\n', result)
```

执行结果：

```
     name   age
0     刘林  20.0
1     李丰   NaN        #该行数据 age 列值为 NaN
2     None  22.0        #该行数据 name 列值为 None
检测结果：
     name    age
0   False   False
1   False   True         #该行数据 age 列返回值为 True 表示存在缺失值
2   True    False        #该行数据 name 列返回值为 True 表示存在缺失值
```

通常我们使用填充、插补和删除三种方法来处理缺失值，Pandas 提供了 fillna()、interpolate()和 dropna()三个函数来对应处理。

（2）fillna()函数。

fillna(value=None, method=None, axis=None, inplace=False ...)：使用指定的方法填充缺失值。

常用参数说明：

- value：用于填充缺失值的值。
- method：填充的方式，默认值为 None。
- axis：取值为‘index’，表示按行填充；取值为‘columns’，表示按列填充。
- inplace：更新现有数据，默认不更新。

示例代码：

```
# -*- coding:utf-8 -*-
import pandas as pd
data = {
    'name': ['王悦', '周兴', None],
    'age': [20, None, 22]
}
df = pd.DataFrame(data)
df['name']=df['name'].fillna('姓名未知') #使用固定值'姓名未知'填充 name 列缺失的值
df['age']=df['age'].fillna(18)  #使用固定值'18'填充 age 列缺失的值
print('使用填充函数处理后：\n',df)
```

执行结果：

```
使用填充函数处理后：
        name    age
0        王悦    20.0
1        周兴    18.0
2      姓名未知   22.0
```

（3）interpolate()函数。

interpolate(method='linear', axis=0, limit=None, inplace=False...)：使用插补方法填充 NaN 值。

常用参数说明：

- method：插值方法。
- axis：0 表示按行插值；1 表示按列插值。
- limit：要填充的连续 NaN 的最大数量，必须大于 0。
- inplace：更新现有数据，默认不更新。

示例代码：

```
# -*- coding:utf-8 -*-
import pandas as pd
data = {
    'name': ['王悦', '周兴', None],
    'age': [20, None, 22]
}
df = pd.DataFrame(data)
result =df.interpolate()
print('使用插值处理后：\n', result)
```

执行结果：

```
使用插值处理后：
        name   age
0       王悦   20.0
1       周兴   21.0      #NaN 值数据被插入前后数据的平均值
2       None  22.0      #None 值数据不插值
```

（4）dropna()函数。

dropna(axis=0, how='any', thresh=None, subset=None, inplace=False)：用于删除缺失数据。

参数说明：

- axis：选项{0 or 'index', 1 or 'columns'}，默认为 0，其中

  0 or 'index'：删除包含丢失值的行。

  1 or 'columns'：删除包含丢失值的列。
- how：选项{'any', 'all'}，默认为'any'。

  'any'：如果存在 NA 值，则删除该行或列。

  'all'：如果所有值都是 NA，则删除该行或列。
- thresh：int，保留含有 int 个非空值的行。
- subset：对特定的列进行缺失值删除处理。
- inplace：更新现有数据，默认不更新。

示例代码：

```
# -*- coding:utf-8 -*-
import pandas as pd
data = {
    'name': ['王悦', '周兴', None],
    'age': [20, None, 22]
```

```
}
df = pd.DataFrame(data)
result =df.dropna()
print('使用删除函数处理后：\n', result)
```

执行结果：

```
使用删除函数处理后：
        name   age
0       王悦   20.0     #缺失值的 2 行数据被直接删除
```

3. Pandas 检测和处理重复数据

检查和处理重复数据

处理了缺失数据后，接下来就要处理重复数据了。重复数据是指数据集中某个或某些数据的值完全相同。重复数据在某些场景中有一定利用价值，但是大部分重复数据是无效的数据。所以，重复数据可以使用删除和保留这两种方式处理。

Pandas 提供了 duplicated()和 drop_duplicates()函数来检测和删除重复数据。

（1）duplicated()函数。

duplicated(subset=None, keep='first')：检测数据中的重复值。

参数说明：

- subset：识别重复项的列索引或列索引序列，默认标识所有的列索引。
- keep：采用哪种方式保留重复项，该参数可以取值为'first'（默认值）、'last '和 'False'。其中'first'代表删除重复项，仅保留第一次出现的数据项；'last '代表删除重复项，仅保留最后一次出现的数据项；'False'表示所有相同的数据都被标记为重复项。

示例代码：

```
# -*- coding:utf-8 -*-
import pandas as pd
data = {
    'name': ['张丰', '李丽', '张丰', '张一笑', '王天月'],
    'age': [20, 15, 20,22,24]
}
df = pd.DataFrame(data)
print(df)
s=df.duplicated()
print('检测出重复的数据行：\n',s)
```

执行结果：

```
   name   age
0  张三    20
1  李丽    15
2  刘洋    20
3  张一笑  22
4  王天月  24
```

```
检测出重复的数据行：
0    False
1    False
2    True      #True 表示这行是重复的数据
3    False
4    False
dtype: bool
```

（2）drop_duplicates()函数。

drop_duplicates(subset=None, keep='first', inplace=False,ignore_index=False)：用于删除重复的数据，返回一个 DataFrame 对象。

参数说明：

- subset：设置列来标识重复项，默认情况下使用所有列。
- keep：采用哪种方式保留重复项，该参数可以取值为'first'（默认值）、'last'和'False'，其中'first'代表删除重复项，仅保留第一次出现的数据项；'last'代表删除重复项，仅保留最后一次出现的数据项；'False'表示删除所有的重复项。
- inplace：是否放弃副本数据，返回新的数据，默认为 False。
- ignore_index：是否对删除重复值后的对象的行索引重新排序，默认为 Flase。

示例代码：

```
# -*- coding:utf-8 -*-
import pandas as pd
data = {
    'name': ['张丰', '李丽', '张丰', '张一笑', '王天月'],
    'age': [20, 15, 20,22,24]
}
df = pd.DataFrame(data)
print(df)
restult=df.drop_duplicates()
print('删除重复数据后：\n',restult)
```

执行结果：

```
   name   age
0  张丰    20
1  李丽    15
2  张丰    20
3  张一笑  22
4  王天月  24
删除重复数据后：
   name   age
0  张丰    20
1  李丽    15
3  张一笑  22     #序列为 2 的重复数据已经被删除
4  王天月  24
```

4. Pandas 处理噪声与离群点

噪声和离群点

（1）噪声数据。

噪声数据是指数据集中错误或异常的数据，通常直接删除噪声数据以避免造成数据分析干扰。

（2）离群点。

离群点是指数据集中包含一些数据对象，它们与数据的一般行为或模型不一致（数据值正常，但偏离大多数数据），对于离群点一般选择删除或者保留（特殊场景的离群点对数据分析也有一定的价值）。

通过分析，数据集中经常存在个别偏离群体的数据，这些数据往往会导致分析数据时出现很大的偏差。

例如，某高校在校本科生学生信息如表 2-13 所示。

表 2-13　某高校在校本科生学生信息

序号	姓名	年龄
1	张丰	20
2	李丽	−5
3	张一笑	8
4	王天月	25
5	李波	78
6	潘健	289
7	黄旭	16

通过分析可以得出：

序号 2 数据中年龄是负数，显然这条数据是错误的。序号 6 数据中年龄虽然是正数，但是超出正常年龄范围太多，也是错误数据。所以它们均属于噪声数据。

序号 3 和 5 的数据虽然在正常的年龄范围，但是对于正常的在校本科生的年龄来说，显得偏小或偏大，在统计在校本科生的平均年龄的时候这些数据是远远偏离平均值的，所以它们属于离群点。

可以通过分析设计，使用 Pandas 检测并移除噪声数据和离群点，从而得到正确的数据集。

相关案例

下面按照本学习情境所涉及的知识面及知识点，作为下一步工作实施的参考案例，展示项目案例“使用 Pandas 对职业能力大数据分析平台【工资】表进行清洗”的实施过程。

按照该项目的实际开发过程，以下展示的是具体流程。

1. 确定数据源

下面是采集的招聘岗位中的工资表数据，包括 trenddata（采集日期）、major_id（岗位 id）、data（薪资）、city（城市编号）。其中为了给大家直观展示数据清洗，对前 12 行数据做了特殊修改，使其数据值存在缺失值、重复数据、错误值、离群点等，如图 2-6 所示。

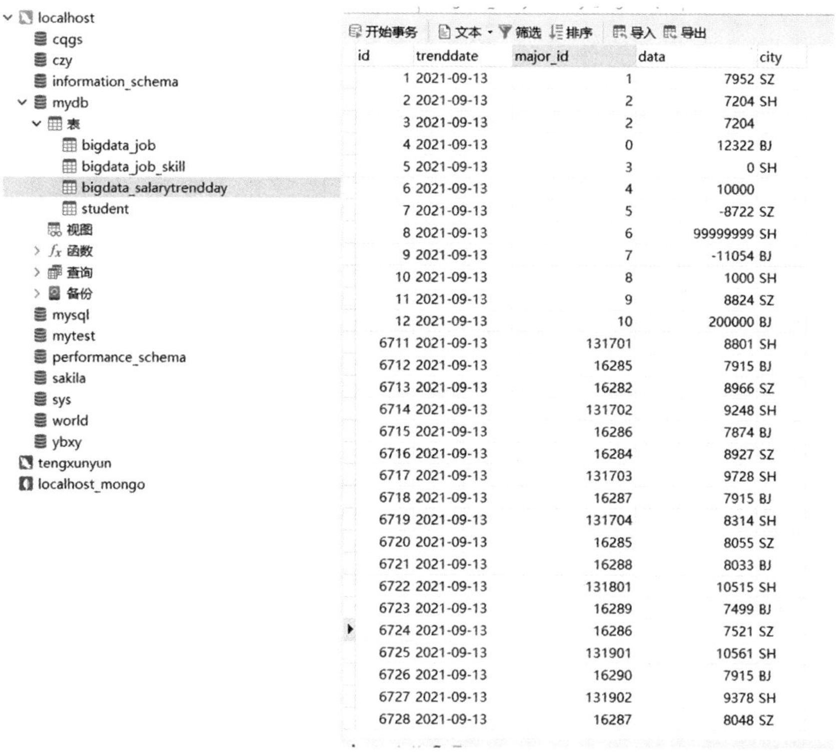

- localhost
  - cqgs
  - czy
  - information_schema
  - mydb
    - 表
      - bigdata_job
      - bigdata_job_skill
      - bigdata_salarytrendday
      - student
    - 视图
    - 函数
    - 查询
    - 备份
  - mysql
  - mytest
  - performance_schema
  - sakila
  - sys
  - world
  - ybxy
- tengxunyun
- localhost_mongo

开始事务　文本　筛选　排序　导入　导出

id	trenddate	major_id	data	city
1	2021-09-13	1	7952	SZ
2	2021-09-13	2	7204	SH
3	2021-09-13	2	7204	
4	2021-09-13	0	12322	BJ
5	2021-09-13	3	0	SH
6	2021-09-13	4	10000	
7	2021-09-13	5	-8722	SZ
8	2021-09-13	6	99999999	SH
9	2021-09-13	7	-11054	BJ
10	2021-09-13	8	1000	SH
11	2021-09-13	9	8824	SZ
12	2021-09-13	10	200000	BJ
6711	2021-09-13	131701	8801	SH
6712	2021-09-13	16285	7915	BJ
6713	2021-09-13	16282	8966	SZ
6714	2021-09-13	131702	9248	SH
6715	2021-09-13	16286	7874	BJ
6716	2021-09-13	16284	8927	SZ
6717	2021-09-13	131703	9728	SH
6718	2021-09-13	16287	7915	BJ
6719	2021-09-13	131704	8314	SH
6720	2021-09-13	16285	8055	SZ
6721	2021-09-13	16288	8033	BJ
6722	2021-09-13	131801	10515	SH
6723	2021-09-13	16289	7499	BJ
6724	2021-09-13	16286	7521	SZ
6725	2021-09-13	131901	10561	SH
6726	2021-09-13	16290	7915	BJ
6727	2021-09-13	131902	9378	SH
6728	2021-09-13	16287	8048	SZ

图 2-6　确定数据源

2. 开发环境

本次项目开发环境介绍如下。

- 操作系统：Windows 10。
- 本地语言环境：Python 3.7.3。
- 编译工具：PyCharm 2021 社区版。
- 数据库图像管理工具：Navicat 15。

3. 分析设计

通过观察可以得出：

①id 为 2 和 3 的数据因为 major_id 是重复的，所以需要对重复数据做删除处理。

②id 为 4 的数据 major_id 为 0，为关键数据值缺失，需要做缺失值删除处理。

③id 为 5 的数据 data 值为 0，可以使用插补处理。

④id 为 3 和 6 的数据 city 值为空，可以使用填充补全。

⑤id 为 7 和 9 的数据 data 值为负数，做删除错误数据处理。

⑥id 为 8 的数据 data 值明显超过正常范围，归纳为噪声数据，做删除处理。

⑦id 为 10 和 12 的数据 data 值偏离范围，可以做离群点处理。

4. 项目开发

（1）创建项目。

在项目“UnitTwo”中，导入新建一个 Situation_2.py 可执行文件，如图 2-7 所示。

图 2-7　创建项目

（2）编写代码。

根据分析设计，编写如下代码：

```
# -*- coding:utf-8 -*-
import random
import numpy as np
import pandas as pd
from sqlalchemy import create_engine
engine = create_engine('mysql+pymysql://root:123456@localhost:3306/mydb')
sql = 'select * from `bigdata_salarytrendday`'
df = pd.read_sql_query(sql, engine)
print('原数据',df)
#把值为 0 和空字符串的转换为 NaN
df[df==0]=np.nan
df[df=='']=np.nan
#删除 major_id 不存在的错误数据
df.dropna(inplace=True,subset=['major_id'])
print('删除 major_id 不存在数据后：\n',df)
# 使用随机四个城市填充 city 列缺失值
df['city']=df['city'].fillna(random.choice(['SZ','SH','BJ','CQ']))
print('填充缺失值处理后：\n',df)
#删除 major_id 相同的数据
df.drop_duplicates(subset='major_id',inplace=True)
print('删除重复数据后：\n',df)
# 使用插补处理 data 列的缺失值
df['data'].interpolate(inplace=True)
print('插补 data 列缺失值后：\n',df)
```

```
#删除小于 0 与大于 1000000 的错误数据
df = df.loc[(df['data'] < 1000000 )& (df['data'] >0)]
print('清洗噪声数据后：\n',df)
# 获得 data 列数据的平均值
age_average = df["data"].mean(axis=0)    #mean()函数获得数据的平均值,axis=0 表示按索引列，默认按列索引
print('平均值',age_average)
# 获得 data 列数据的标准偏差
age_std=df["data"].std()         #std()函数返回请求轴上的样品标准偏差
print('方差',age_std)
# 根据实际情况设计，过滤偏离均值 1/3 标准偏差的数据
minvalue = age_average - age_std/3
maxvalue = age_average + age_std/3
print('minvalue',minvalue)
print('maxvalue',maxvalue)
df = df.loc[(df['data'] > minvalue )& (df['data'] <maxvalue)]
print('处理离群数据后：',df)
```

（3）运行项目并查看结果。

运行代码，并查看控制台输出信息，其执行过程如图 2-8、图 2-9 和图 2-10 所示。

```
原数据    id   trenddate  major_id       data city
0      1  2021-09-13         1       7952   SZ
1      2  2021-09-13         2       7204   SH
2      3  2021-09-13         2       7204
3      4  2021-09-13         0      12322   BJ
4      5  2021-09-13         3          0   SH
5      6  2021-09-13         4      10000
6      7  2021-09-13         5      -8722   SZ
7      8  2021-09-13         6   99999999   SH
8      9  2021-09-13         7     -11054   BJ
9     10  2021-09-13         8       1000   SH
10    11  2021-09-13         9       8824   SZ
11    12  2021-09-13        10     200000   BJ
```

```
删除major_id不存在数据后：
    id   trenddate  major_id        data city
0    1  2021-09-13       1.0      7952.0   SZ
1    2  2021-09-13       2.0      7204.0   SH
2    3  2021-09-13       2.0      7204.0  NaN
4    5  2021-09-13       3.0         NaN   SH
5    6  2021-09-13       4.0     10000.0  NaN
6    7  2021-09-13       5.0     -8722.0   SZ
7    8  2021-09-13       6.0  99999999.0   SH
8    9  2021-09-13       7.0    -11054.0   BJ
9   10  2021-09-13       8.0      1000.0   SH
10  11  2021-09-13       9.0      8824.0   SZ
11  12  2021-09-13      10.0    200000.0   BJ
```

图 2-8　删除 major_id 不存在数据后的结果

```
填充缺失值处理后：
    id   trenddate  major_id        data city
0    1  2021-09-13       1.0      7952.0   SZ
1    2  2021-09-13       2.0      7204.0   SH
2    3  2021-09-13       2.0      7204.0   BJ
4    5  2021-09-13       3.0         NaN   SH
5    6  2021-09-13       4.0     10000.0   BJ
6    7  2021-09-13       5.0     -8722.0   SZ
7    8  2021-09-13       6.0  99999999.0   SH
8    9  2021-09-13       7.0    -11054.0   BJ
9   10  2021-09-13       8.0      1000.0   SH
10  11  2021-09-13       9.0      8824.0   SZ
11  12  2021-09-13      10.0    200000.0   BJ
```

```
删除重复数据后：
    id   trenddate  major_id        data city
0    1  2021-09-13       1.0      7952.0   SZ
1    2  2021-09-13       2.0      7204.0   SH
4    5  2021-09-13       3.0         NaN   SH
5    6  2021-09-13       4.0     10000.0   BJ
6    7  2021-09-13       5.0     -8722.0   SZ
7    8  2021-09-13       6.0  99999999.0   SH
8    9  2021-09-13       7.0    -11054.0   BJ
9   10  2021-09-13       8.0      1000.0   SH
10  11  2021-09-13       9.0      8824.0   SZ
11  12  2021-09-13      10.0    200000.0   BJ
```

图 2-9　删除重复数据后的结果

```
插补data列缺失值后：
    id   trenddate  major_id        data city
0    1  2021-09-13       1.0      7952.0   SZ
1    2  2021-09-13       2.0      7204.0   SH
4    5  2021-09-13       3.0      8602.0   SH
5    6  2021-09-13       4.0     10000.0   BJ
6    7  2021-09-13       5.0     -8722.0   SZ
7    8  2021-09-13       6.0  99999999.0   SH
8    9  2021-09-13       7.0    -11054.0   BJ
9   10  2021-09-13       8.0      1000.0   SH
10  11  2021-09-13       9.0      8824.0   SZ
11  12  2021-09-13      10.0    200000.0   BJ
```

```
清洗噪声数据后：
    id   trenddate  major_id      data city
0    1  2021-09-13       1.0    7952.0   SZ
1    2  2021-09-13       2.0    7204.0   SH
4    5  2021-09-13       3.0    8602.0   SH
5    6  2021-09-13       4.0   10000.0   BJ
9   10  2021-09-13       8.0    1000.0   SH
10  11  2021-09-13       9.0    8824.0   SZ
11  12  2021-09-13      10.0  200000.0   BJ
```

图 2-10　清洗噪声数据后的结果

观察清洗后的数据，发现对工资表数据清洗完成，得到预计的结果，如图 2-11 所示。

```
平均值 14277.40625
标准偏差 33944.90539841077
minvalue 2962.437783863077
maxvalue 25592.374716136925
处理离群数据后：        id   trenddate  major_id     data city
0      1  2021-09-13       1.0   7952.0   SZ
1      2  2021-09-13       2.0   7204.0   SH
4      5  2021-09-13       3.0   8602.0   SH
5      6  2021-09-13       4.0  10000.0   SH
10    11  2021-09-13       9.0   8824.0   SZ
12  6711  2021-09-13  131701.0   8801.0   SH
13  6712  2021-09-13   16285.0   7915.0   BJ
14  6713  2021-09-13   16282.0   8966.0   SZ
15  6714  2021-09-13  131702.0   9248.0   SH
16  6715  2021-09-13   16286.0   7874.0   BJ
17  6716  2021-09-13   16284.0   8927.0   SZ
18  6717  2021-09-13  131703.0   9728.0   SH
19  6718  2021-09-13   16287.0   7915.0   BJ
20  6719  2021-09-13  131704.0   8314.0   SH
22  6721  2021-09-13   16288.0   8033.0   BJ
23  6722  2021-09-13  131801.0  10515.0   SH
24  6723  2021-09-13   16289.0   7499.0   BJ
26  6725  2021-09-13  131901.0  10561.0   SH
27  6726  2021-09-13   16290.0   7915.0   BJ
28  6727  2021-09-13  131902.0   9378.0   SH
30  6729  2021-09-13   16291.0   7699.0   BJ
```

图 2-11　清洗后的数据表

工作实施

按照制订的最佳方案实施计划进行项目开发，填写相应的工作流程内容。

评价反馈

各自完成学习情境的开发并展示作品，介绍任务的完成过程，作品展示前应准备阐述材料，并完成评价表 2-14、表 2-15、表 2-16。

（1）学生进行自我评价。

表 2-14　学生自评表

班级：	姓名：		学号：
学习情境 4	使用 Pandas 对职业能力大数据分析平台【工资】表进行清洗		
评价项目	评价标准	分值	得分
清洗缺失值	能正确、熟练地完成缺失值的检测与处理	20	
清洗重复数据	能正确、熟练地完成重复数据的检测与处理	20	
清洗噪声数据	能正确、熟练地完成噪声数据的分析与处理	20	
清洗离群点数据	能正确、熟练地完成离群点数据的分析与处理	20	
工作质量	根据项目开发过程及成果评定工作质量	20	
合计		100	

（2）在学生展示过程中，以个人为单位，对以上学习情境过程与结果进行互评。

表 2-15　学生互评表

学习情境 4	使用 Pandas 对职业能力大数据分析平台【工资】表进行清洗												
评价项目	分值	等级								评价对象			
										1	2	3	4
计划合理	10	优	10	良	9	中	8	差	6				
方案准确	10	优	10	良	9	中	8	差	6				
工作质量	20	优	20	良	18	中	15	差	12				
工作效率	15	优	15	良	13	中	11	差	9				

（续表）

评价项目	分值	等级								评价对象			
										1	2	3	4
工作完整	10	优	10	良	9	中	8	差	6				
工作规范	10	优	10	良	9	中	8	差	6				
识读报告	10	优	10	良	9	中	8	差	6				
成果展示	15	优	15	良	13	中	11	差	9				
合计	100												

（3）教师对学生工作过程和工作结果进行评价。

表 2-16　教师综合评价表

班级：		姓名：	学号：	
学习情境 4		使用 Pandas 对职业能力大数据分析平台【工资】表进行清洗		
评价项目		评价标准	分值	得分
考勤（20%）		无无故迟到、早退、旷课现象	20	
工作过程（50%）	清洗缺失值	能正确、熟练地完成缺失值的检测与处理	10	
	清洗重复数据	能正确、熟练地完成重复数据的检测与处理	10	
	清洗噪声数据	能正确、熟练地完成噪声数据的分析与处理	10	
	清洗离群点数据	能正确、熟练地完成离群点数据的分析与处理	10	
	工作态度	态度端正，工作认真、主动	5	
	职业素质	能做到安全、文明、合法，爱护环境	5	
项目成果（30%）	工作完整	能按时完成任务	5	
	工作质量	能按计划完成工作任务	15	
	识读报告	能正确识读并准备成果展示的各项报告材料	5	
	成果展示	能准确表达、汇报工作成果	5	
合计			100	

拓展思考

（1）除了文中介绍的方法，还有哪些方法可以处理噪声数据？

（2）离群点在哪些应用场景中是有价值的，是需要保留的吗？

单元3　数据集成

数据分析中需要的数据往往通过不同的途径得到，这些数据的格式、特点、质量千差万别，给数据分析或挖掘增加了难度。为提高数据分析的效率，多个数据源的数据需要合并到一个数据源，形成一致的数据存储，这一过程就是数据集成。本单元教学导航如表 3-1 所示。

教学导航

表 3-1　教学导航

知识重点	1. 数据集成的目的 2. 数据集成的处理方式 3. Pandas 提供数据集成函数的使用方法
知识难点	1. 如何正确选择数据集成的处理方法 2. Pandas 提供数据集成函数的使用方法
推荐教学方式	从学习情境入手，通过“使用 Pandas 实现对职业能力大数据分析平台多个学生信息数据源进行集成”的实施，让学生熟悉并掌握使用 Pandas 处理数据集成的设计流程与方法
建议学时	8 学时
推荐学习方法	改变思路，学习方式由“先学习全部理论知识实践项目”变成“直接实践项目，遇到不懂的再查阅相关资料”。实操动手编写代码，运行代码，得到结果，可以迅速使学生熟悉并掌握合并多个数据源的各种流程及方法
必须掌握的理论知识	1. 数据集成模型及概念 2. 多数据源合并的设计流程及概念
必须掌握的技能	1. 数据集成的处理方法 2. Pandas 处理数据集成函数的使用方法

学习情境 5　使用 Pandas 实现对职业能力大数据分析平台多个学生信息数据源进行集成

学习情境描述

本学习情境的重点主要是熟悉使用 Pandas 处理数据集成的方法。

- 教学情境描述：通过教师讲授使用 Pandas 处理数据集成的方法和应用实例，学习使用 Pandas 实现对多个学生信息数据源进行集成的处理流程及方法。
- 关键知识点：数据集成的处理方法。
- 关键技能点：Pandas、数据集成、数据合并、数据拼接。

学习目标

- 理解数据集成的目的。
- 掌握数据集成的方法。
- 掌握 Pandas 库提供的处理数据集成函数的使用方法。
- 掌握对多数据源集成的方法。

任 务 书

- 完成通过 pip 命令安装及管理 Pandas 库。
- 完成对职业能力大数据分析平台多个学生信息数据源进行集成的分析设计。
- 完成使用 Pandas 对职业能力大数据分析平台多个学生信息数据源进行集成。

获取信息

引导问题 1：了解数据集成。

（1）数据为什么要集成？

____

____

（2）如何对数据进行集成？

____

____

引导问题 2：了解连接方式。

（1）简述内连接、外连接、左连接、右连接的含义，以及它们的区别。

____

____

（2）简述列拼接与行拼接的不同之处。

____

____

工作计划

（1）制订工作方案（见表3-2）。

表3-2　工作方案

步骤	工作内容
1	
2	
3	
4	
5	

（2）列出工具清单（见表3-3）。

表3-3　工具清单

序号	名称	版本	备注
1			
2			
3			
4			
5			

（3）列出技术清单（见表3-4）。

表3-4　技术清单

序号	名称	版本	备注
1			
2			
3			
4			
5			

进行决策

（1）根据引导、构思、计划等，各自阐述自己的设计方案。
（2）对其他人的设计方案提出自己不同的看法。
（3）教师结合大家完成的情况进行点评，选出最佳方案，并写出最佳方案。

知识准备

本学习情境要学习的知识与技能图谱如图 3-1 所示。

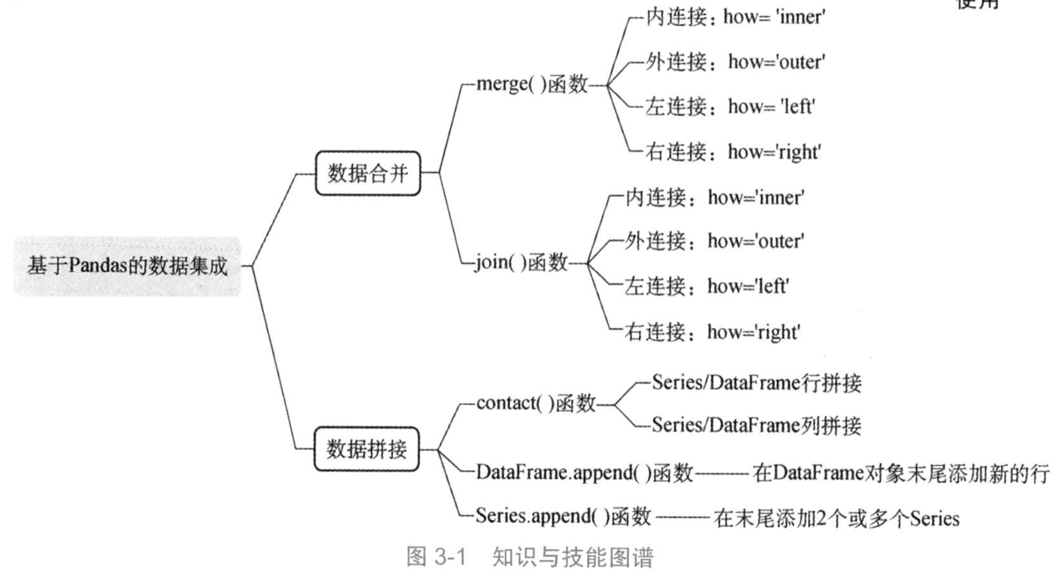

图 3-1 知识与技能图谱

1. Pandas 合并数据概述

Pandas 内置了许多能轻松地合并数据的函数与方法，通过这些函数与方法，可以将 Series 类对象或 DataFrame 类对象进行合并或拼接。

Pandas 包的 merge()、join()、concat()和 append()函数可以完成数据的合并和拼接，merge()函数主要使用两个 DataFrame 对象的共同列进行合并，join()函数主要使用两个 DataFrame 对象的索引进行合并，concat()函数主要对 Series 或 DataFrame 进行行拼接或列拼接。DataFrame.append()函数用于添加 DataFrame 对象，Series.append()函数用于添加 Series 对象。

2. merge()函数

pandas.merge(left, right, how='inner', on=None, left_on=None, right_on=None, left_index=False, right_index=False, sort=False, suffixes=('_x', '_y'), copy=True, indicator=False, validate=None)函数使用共同列，将两个 DataFrame 连接起来。

参数说明：

- left/right：参与合并的左/右位置的 DataFrame 对象。
- how：数据合并的方式。how='left'表示使用左 DataFrame 列的数据合并；how='right'表示使用右 DataFrame 列的数据合并；how='outer'表示使用列的数据外合并（取并集）；how='inner'表示使用列的数据内合并（取交集）；默认为'inner'。
- on：用来合并的列名。
- left_on/right_on：左/右 DataFrame 对象合并的列名，也可为索引、数组和列表。
- left_index/right_index：将左/右行索引用作其连接键。
- sort：根据连接键对合并后的数据进行排序。

● suffixes：若有相同列且该列没有作为合并的列，可通过 suffixes 设置该列的后缀名，一般为元组和列表类型。

● copy：设置为 False，可以避免在某些特殊情况下将数据复制到结果数据结构中，默认为 True。

● indicator：设置为 True，会向输出数据添加一个名为“_merge”的列来包含原数据每行的信息。

● validate：检查是否合并为指定类型。

merge()函数通过设置 how 参数来选择两个 DataFrame 对象的连接方式，如内连接、外连接、左连接、右连接。

（1）内连接。

设置 how='inner'或不设置任何值（默认）即为内连接，它使用共同列的交集进行连接，参数 on 用于设置连接的共有列名。

示例代码：

```
# -*- coding:utf-8 -*-
import pandas as pd
data1={
    'key':['a','b','b','a','c'],
    'data1':[1,2,3,4,5],
    'data2':[11,12,13,14,15]


}
data2={
    'key':['a','b','c','d'],
    'data1':[1,2,3,4]
}
df1 = pd.DataFrame(data1) #创建 DataFrame 对象
df2 = pd.DataFrame(data2) #创建 DataFrame 对象
# 使用共同列【key】的内连接
result = pd.merge(df1,df2,how='inner',on='key')
print('测试数据 1: \n',df1)
print('测试数据 2: \n',df2)
print('内连接结果: \n',result)
```

执行结果：

测试数据1：

	key	data1	data2
0	a	1	11
1	b	2	12
2	b	3	13
3	a	4	14
4	c	5	15
5	e	6	6

测试数据2：

	key	data1
0	a	1
1	b	2
2	c	3
3	d	4

内连接结果：

	key	data1_x	data2	data1_y
0	a	1	11	1
1	a	4	14	1
2	b	2	12	2
3	b	3	13	2
4	c	5	15	3

（2）外连接。

设置 how='outer'即为外连接，它使用共同列的并集进行连接，参数 on 用于设置连接的共有列名。

示例代码：

```
# -*- coding:utf-8 -*-
import pandas as pd
data1={
    'key':['a','b','b','a','c'],
    'data1':[1,2,3,4,5],
    'data2':[11,12,13,14,15]

}
data2={
    'key':['a','b','c','d'],
    'data1':[1,2,3,4]
}
df1 = pd.DataFrame(data1) #创建 DataFrame 对象
df2 = pd.DataFrame(data2) #创建 DataFrame 对象
# 使用共同列【key】的外连接
result = pd.merge(df1,df2,how='outer',on='key')
print('测试数据 1：\n',df1)
print('测试数据 2：\n',df2)
print('外连接结果：\n',result)
```

执行结果：

测试数据1：

	key	data1	data2
0	a	1	11
1	b	2	12
2	b	3	13
3	a	4	14
4	c	5	15
5	e	6	6

测试数据2：

	key	data1
0	a	1
1	b	2
2	c	3
3	d	4

外连接结果：

	key	data1_x	data2	data1_y
0	a	1.0	11.0	1.0
1	a	4.0	14.0	1.0
2	b	2.0	12.0	2.0
3	b	3.0	13.0	2.0
4	c	5.0	15.0	3.0
5	e	6.0	6.0	NaN
6	d	NaN	NaN	4.0

（3）左连接。

设置 how='left'即为左连接，它使用左边位置 DataFrame 对象的列进行连接，参数 on 用于设置连接的共有列名。

示例代码：

```
# -*- coding:utf-8 -*-
import pandas as pd
data1={
    'key':['a','b','b','a','c'],
    'data1':[1,2,3,4,5],
    'data2':[11,12,13,14,15]

}
data2={
    'key':['a','b','c','d'],
    'data1':[1,2,3,4]
}
df1 = pd.DataFrame(data1) #创建 DataFrame 对象
df2 = pd.DataFrame(data2) #创建 DataFrame 对象
# 使用共同列【key】的左连接
result = pd.merge(df1,df2,how='left',on='key')
print('测试数据 1: \n',df1)
print('测试数据 2: \n',df2)
print('左连接结果: \n',result)
```

执行结果：

测试数据1：

	key	data1	data2
0	a	1	11
1	b	2	12
2	b	3	13
3	a	4	14
4	c	5	15
5	e	6	6

测试数据2：

	key	data1
0	a	1
1	b	2
2	c	3
3	d	4

左连接结果：

	key	data1_x	data2	data1_y
0	a	1	11	1.0
1	b	2	12	2.0
2	b	3	13	2.0
3	a	4	14	1.0
4	c	5	15	3.0
5	e	6	6	NaN

（4）右连接。

设置 how='right'即为右连接，它使用右边位置 DataFrame 对象的列进行连接，参数 on 用于设置连接的共有列名。

示例代码：

```
# -*- coding:utf-8 -*-
import pandas as pd
data1={
    'key':['a','b','b','a','c'],
    'data1':[1,2,3,4,5],
    'data2':[11,12,13,14,15]

}
data2={
    'key':['a','b','c','d'],
    'data1':[1,2,3,4]
}
df1 = pd.DataFrame(data1) #创建 DataFrame 对象
df2 = pd.DataFrame(data2) #创建 DataFrame 对象
# 使用共同列【key】的右连接
result = pd.merge(df1,df2,how='left',on='key')
print('测试数据 1：\n',df1)
print('测试数据 2：\n',df2)
print('右连接结果：\n',result)
```

执行结果：

测试数据1：

	key	data1	data2
0	a	1	11
1	b	2	12
2	b	3	13
3	a	4	14
4	c	5	15
5	e	6	6

测试数据2：

	key	data1
0	a	1
1	b	2
2	c	3
3	d	4

右连接结果：

```
   key  data1_x  data2  data1_y
0   a      1.0   11.0        1
1   a      4.0   14.0        1
2   b      2.0   12.0        2
3   b      3.0   13.0        2
4   c      5.0   15.0        3
5   d      NaN    NaN        4
```

3. join()函数

join()函数和concat()函数

DataFrame.join(other, on=None, how='left', lsuffix='', rsuffix='', sort=False)函数使用 index 将两个 DataFrame 连接起来。

参数说明：

- other：如果传递的是 Series，那么其 name 属性应当是一个集合，并且该集合将会作为结果 DataFrame 对象的列名。
- on：连接的列，默认使用索引连接。
- how：连接的方式，默认为左连接。
- lsuffix：左 DataFrame 对象中重复列的后缀。
- rsuffix：右 DataFrame 对象中重复列的后缀。
- sort：按照字典顺序将结果在连接键上进行排序。如果为 False，则连接键的顺序取决于连接类型（关键字）。

与 merge()函数一样，join()函数的连接方法也有内连接、外连接、左连接和右连接。

（1）内连接。

设置 how='inner'即为内连接，它使用共同 index 的交集进行连接，lsuffix 和 rsuffix 用于设置连接的后缀名。

示例代码：

```
# -*- coding:utf-8 -*-
import pandas as pd
data1 = {
    'key': ['a', 'b', 'b', 'a', 'c', 'e'],
    'data1': [1, 2, 3, 4, 5, 6],
    'data2': [11, 12, 13, 14, 15, 6]

}
data2 = {
    'key': ['a', 'b', 'c', 'd'],
    'data1': [1, 2, 3, 4]
}
df1 = pd.DataFrame(data1)  # 创建 DataFrame 对象
df2 = pd.DataFrame(data2)  # 创建 DataFrame 对象
# lsuffix 和 rsuffix 设置连接的后缀名
```

```
result = df1.join(df2, lsuffix='测试数据 1 的列', rsuffix='测试数据 2 的列', how='inner')
print('测试数据 1：\n', df1)
print('测试数据 2：\n', df2)
print('join()内连接结果：\n', result)
```

执行结果：

测试数据1：

	key	data1	data2
0	a	1	11
1	b	2	12
2	b	3	13
3	a	4	14
4	c	5	15
5	e	6	6

测试数据2：

	key	data1
0	a	1
1	b	2
2	c	3
3	d	4

join()内连接结果：

	key测试数据1的列	data1测试数据1的列	data2	key测试数据2的列	data1测试数据2的列
0	a	1	11	a	1
1	b	2	12	b	2
2	b	3	13	c	3
3	a	4	14	d	4

join()函数也可以使用列进行内连接。

示例代码：

```
# -*- coding:utf-8 -*-
import pandas as pd
data1 = {
    'key': ['a', 'b', 'b', 'a', 'c', 'e'],
    'data1': [1, 2, 3, 4, 5, 6],
    'data2': [11, 12, 13, 14, 15, 6]

}
data2 = {
    'key': ['a', 'b', 'c', 'd'],
    'data1': [1, 2, 3, 4]
}
df1 = pd.DataFrame(data1)  # 创建 DataFrame 对象
df2 = pd.DataFrame(data2)  # 创建 DataFrame 对象
# 使用 key 列进行连接
# lsuffix 和 rsuffix 设置连接的后缀名
result = df1.set_index('key').join(df2.set_index('key'), lsuffix='测试数据 1 的列', rsuffix='测试数据 2 的列', how='inner')
print('测试数据 1：\n', df1)
print('测试数据 2：\n', df2)
print('join 使用列的内连接结果：\n', result)
```

执行结果：

```
测试数据1：
   key  data1  data2
0   a      1     11
1   b      2     12
2   b      3     13
3   a      4     14
4   c      5     15
5   e      6      6
```

```
测试数据2：
   key  data1
0   a      1
1   b      2
2   c      3
3   d      4
```

```
join使用列的内连接结果：
   key测试数据1的列  data1测试数据1的列  data2  key测试数据2的列  data1测试数据2的列
0           a                1       11          a                 1
1           b                2       12          b                 2
2           b                3       13          c                 3
3           a                4       14          d                 4
```

join()函数和 merge()函数的使用方法类似，这里就不再对 join()函数的其他使用方法一一举例了。

4. concat()函数

concat(objs, axis=0, join='outer', ignore_index=False, keys=None, levels=None, names=None, verify_integrity=False, sort=False, copy=True)函数是拼接 Pandas 数据类型的函数。

参数说明：

- objs：Series、DataFrame 或 Panel 对象的序列或映射。如果传递了 dict，则排序的键将用作键参数，除非它被传递，在这种情况下，将选择值。任何无对象的序列将被静默删除，除非它们都被设为无，在这种情况下将引发一个 ValueError 错误。
- axis：表示连接的轴向，可以为 0 或者 1，默认为 0。
- join：连接的方式。outer 为外连接（默认），inner 为内连接。
- ignore_index：boolean，default False。接收布尔值，默认为 False。如果设置为 True，则表示清除现有索引值并重置索引值。
- join_axes：Index 对象列表。用于其他 n−1 轴的特定索引，而不是执行内部/外部设置逻辑。
- keys：序列，默认值为 None。使用传递的键作为最外层索引。如果为多索引，则应该使用元组。
- levels：序列列表，默认值为 None。用于构建 MultiIndex 的特定级别（唯一值），否则，它们将根据键来推断。
- names：list，默认值为 None，表示结果层次索引中的级别的名称。
- verify_integrity：boolean，default False。用于检查新的连接轴是否包含重复项。接收布尔值，当设置为 True 时，如果有重复的轴则将会抛出错误。
- copy：boolean，default True，表示是否复制不必要的数据。

concat()函数有行拼接（默认）和列拼接两种，拼接方法也有内拼接、外拼接（默认）、左拼接、右拼接几种。

（1）Series 类型的行拼接方法。

示例代码：

```
# -*- coding:utf-8 -*-
import pandas as pd
s1 = pd.Series(['a', 'b', 'c'])
s2 = pd.Series(['b', 'c', 'd'])
# 按行拼接（使用默认的外拼接）
result = pd.concat([s1, s2])
print('Series 类型测试数据 1: \n', s1)
print('Series 类型测试数据 2: \n', s2)
print('按行拼接结果: \n', result)  #结果是 Series 数据类型
```

执行结果：

```
Series类型测试数据1:    Series类型测试数据2:
 0    a                 0    b
1    b                 1    c
2    c                 2    d
dtype: object          dtype: object
按行拼接结果:
 0    a
1    b
2    c
0    b
1    c
2    d
dtype: object
```

（2）Series 类型的列拼接方法。

示例代码：

```
# -*- coding:utf-8 -*-
import pandas as pd
s1 = pd.Series(['a', 'b', 'c'])
s2 = pd.Series(['b', 'c', 'd'])
# 按列拼接(使用默认的外拼接)
# keys: 设置列名
result = pd.concat([s1, s2],axis=1,keys=['列名 1','列名 2'])
print('Series 类型测试数据 1: \n', s1)
print('Series 类型测试数据 2: \n', s2)
print('按列拼接结果: \n', result)  #结果是 DataFrame 数据类型
```

执行结果：

```
Series类型测试数据1：   Series类型测试数据2：
 0    a                 0    b
1     b                1     c
2     c                2     d
dtype: object          dtype: object
 按列拼接结果：
     列名1 列名2
 0    a    b
 1    b    c
 2    c    d
```

（3）DataFrame 类型的行拼接方法。

示例代码：

```
# -*- coding:utf-8 -*-
import pandas as pd
data1 = {
    'key': ['a', 'b', 'b', 'a', 'c', 'e'],
    'data1': [1, 2, 3, 4, 5, 6],
    'data2': [11, 12, 13, 14, 15, 6]

}
data2 = {
    'key': ['a', 'b', 'c', 'd'],
    'data1': [1, 2, 3, 4]
}
df1 = pd.DataFrame(data1)  # 创建 DataFrame 对象
df2 = pd.DataFrame(data2)  # 创建 DataFrame 对象
# 行拼接
result=pd.concat([df1,df2])
print('按行拼接结果：\n', result)  #结果是 DataFrame 数据类型
```

执行结果：

```
按行拼接结果：
   key  data1  data2
0   a     1    11.0
1   b     2    12.0
2   b     3    13.0
3   a     4    14.0
4   c     5    15.0
5   e     6     6.0
0   a     1     NaN
1   b     2     NaN
```

```
2   c     3    NaN
3   d     4    NaN
```

（4）DataFrame 类型的列拼接方法。

示例代码：

```
# -*- coding:utf-8 -*-
import pandas as pd
data1 = {
    'key': ['a', 'b', 'b', 'a', 'c', 'e'],
    'data1': [1, 2, 3, 4, 5, 6],
    'data2': [11, 12, 13, 14, 15, 6]

}
data2 = {
    'key': ['a', 'b', 'c', 'd'],
    'data1': [1, 2, 3, 4]
}
df1 = pd.DataFrame(data1)  # 创建 DataFrame 对象
df2 = pd.DataFrame(data2)  # 创建 DataFrame 对象
# 列拼接
result=pd.concat([df1,df2],axis=1)
print('按列拼接结果：\n', result)  #结果是 DataFrame 数据类型
```

执行结果：

```
按列拼接结果：
   key  data1  data2  key   data1
0   a     1     11     a    1.0
1   b     2     12     b    2.0
2   b     3     13     c    3.0
3   a     4     14     d    4.0
4   c     5     15    NaN   NaN
5   e     6      6    NaN   NaN
```

综上所述，concat()函数的内连接、左连接、右连接与外连接方法类似，这里就不再对concat()函数的其他使用方法一一举例了。

5. DataFrame.append()函数

DataFrame.append(other, ignore_index=False, verify_integrity=False, sort=False)：向DataFrame 对象的末尾添加新的行，如果添加的列名不在 DataFrame 对象中，将会被当作新的列进行添加。

参数说明：

- other：表示 DataFrame、Series、dict、list 这样的数据结构。

- ignore_index：默认值为 False，如果为 True 则不使用 index 标签。
- verify_integrity：默认值为 False，如果为 True 则当创建相同的 index 时会抛出 ValueError 的异常。
- sort：如果 self 和 other 的列未对齐，则设置是否对列进行排序（默认为否）。

示例代码：

```
# -*- coding:utf-8 -*-
import pandas as pd
df1 = pd.DataFrame({'姓名': ['张旭', '李健'], '年龄': [18, 21]})
df2 = pd.DataFrame({'姓名': ['王泽', '赵波'], '年龄': [19, 23], '班级': ['大一', '大二']})
# 添加具有非匹配列的 DataFrame 对象
df3 = df1.append(df2, sort=False)
print('添加数据后：\n', df3)
```

执行结果：

```
添加数据后：
   姓名  年龄  班级
0  张旭  18  NaN
1  李健  21  NaN
0  王泽  19  大一
1  赵波  23  大二
```

添加字典和 list 数据示例代码：

```
# -*- coding:utf-8 -*-
import pandas as pd
data1 = {
    'key': ['a', 'b', 'b', 'a', 'c', 'e'],
    'data1': [1, 2, 3, 4, 5, 6],
    'data2': [11, 12, 13, 14, 15, 6]

}
dict_data={
    'key': 'aa',
    'data1': 20,
    'data2': 30
}
series_data=pd.Series({'key': 'bb','data1': 30,'data2': 31},name='a')
df1 = pd.DataFrame(data1)
# 添加字典数据，需要添加 ignore_index=True，否则会 TypeError 报错
result=df1.append(dict_data,ignore_index=True)
print('添加字典结果：\n', result)
# # 添加 list 数据:list 是一维的，按列进行添加
```

```
result2=df1.append(['cc','dd','ee'],ignore_index=True)
print('添加list结果：\n', result2)
```

执行结果：

```
添加字典结果：
   key  data1  data2
0   a      1     11
1   b      2     12
2   b      3     13
3   a      4     14
4   c      5     15
5   e      6      6
6  aa     20     30
```

```
添加list结果：
     0  data1  data2  key
0  NaN    1.0   11.0    a
1  NaN    2.0   12.0    b
2  NaN    3.0   13.0    b
3  NaN    4.0   14.0    a
4  NaN    5.0   15.0    c
5  NaN    6.0    6.0    e
6   cc    NaN    NaN  NaN
7   dd    NaN    NaN  NaN
```

6. Series.append()函数

Series.append(to_append, ignore_index=False, verify_integrity=False)：在末尾添加2个或多个Series。

参数说明：

- to_append：系列或列表/元组。
- ignore_index：如果为True，则不使用索引标签。
- verify_integrity：如果为True，则在创建具有重复项的索引时引发异常。

示例代码：

```
# -*- coding:utf-8 -*-
import pandas as pd
series1 = pd.Series(['张旭', '李健', '王泽'])
series2 = pd.Series(['赵一菲', '周天强'])
series3 = pd.Series(['陈一一', '孙豪兴'])
# 在series1末尾添加series2后再添加series3
result = series1.append(series2).append(series3)
print('添加后结果:\n', result)
```

执行结果：

```
添加后结果：
0    张旭
1    李健
2    王泽
0    赵一菲
1    周天强
0    陈一一
1    孙豪兴
```

相关案例

案例讲解

案例演示

下面按照本学习情境所涉及的知识面及知识点，作为下一步工作实施的参考案例，展示项目案例“使用 Pandas 实现对职业能力大数据分析平台多个学生信息数据源进行集成”的实施过程。

按照该项目的实际开发过程，以下展示的是具体流程。

1. 确定数据源

在项目中有大一学生软件开发成绩表（大一学生软件开发成绩表.xlsx），表字段有姓名、需求分析、分析设计、编码与测试和总成绩列，如图 3-2 所示。

	A	B	C	D	E
1	姓名	需求分析	分析设计	编码与测试	总成绩
2	灿佳	86	96	96	94
3	曾一	95	99	96	96
4	康康	62	95	98	89
5	帆方	71	98	88	87
6	王钦	85	95	98	94
7	黄旭	99	97	93	95
8	潘健	98	97	96	96
9	叶泽	94	90	92	91
10	李波	88	92	94	92
11	吴雄	90	88	97	92
12	祖儿	70	97	91	88
13	学希	93	88	90	90
14	东林	94	97	81	88
15	佳发	83	96	84	87
16	凌云	88	93	92	91
17	乾二	96	77	81	82
18	钟维	66	81	95	85
19	姚濠	88	78	97	89
20	陈林	94	85	75	81
21	江海	87	90	76	88

图 3-2　大一学生软件开发成绩表

另有大二学生软件开发成绩表（大二学生软件开发成绩表.xlsx），表字段有姓名、需求分析、分析设计、团队贡献和总成绩列，如图 3-3 所示。

	A	B	C	D	E
1	姓名	需求分析	分析设计	团队贡献	总成绩
2	海三	72	66	80	83
3	张俊	90	75	82	87
4	吴霞	92	99	83	90
5	卢池	86	96	82	93
6	刘松	91	77	79	85
7	谢昊	80	98	79	85
8	朱1	99	79	83	88
9	泽浩	88	82	79	90
10	俊希	68	71	81	81
11	邱鸿	95	73	80	77
12	张2	65	82	75	85
13	吕俊	97	72	79	89
14	张加	79	93	79	90
15	林海	87	99	82	93
16	郑夏	77	86	83	85
17	曾向	95	88	80	85
18	林剑	69	97	75	86
19	冯业	88	75	77	84
20	王俊	92	99	80	86
21	马晓	74	91	79	77
22					

图 3-3　大二学生软件开发成绩表

2. 开发环境

本次项目开发环境介绍如下：

- 操作系统：Windows 10。
- 本地语言环境：Python 3.7.3。
- 编译工具：PyCharm 2021 社区版。
- PIP 包管理工具版本：21.3.1。
- Pandas 版本：1.3.4。

3. 需求与分析设计

需求：把提供的 2 个表数据合并在一起后，再把数据存储到“大一加大二软件开发成绩表.xlsx”文件中。

分析设计：使用 concat()函数拼接这 2 个数据源。

4. 项目开发

（1）创建项目。

创建一个新的项目，命名为“UnitThree”，新建一个 Situation_1.py 可执行文件，并添加数据源“大一学生软件开发成绩表.xlsx”和“大二学生软件开发成绩表.xlsx”到项目中。如图 3-4 所示。

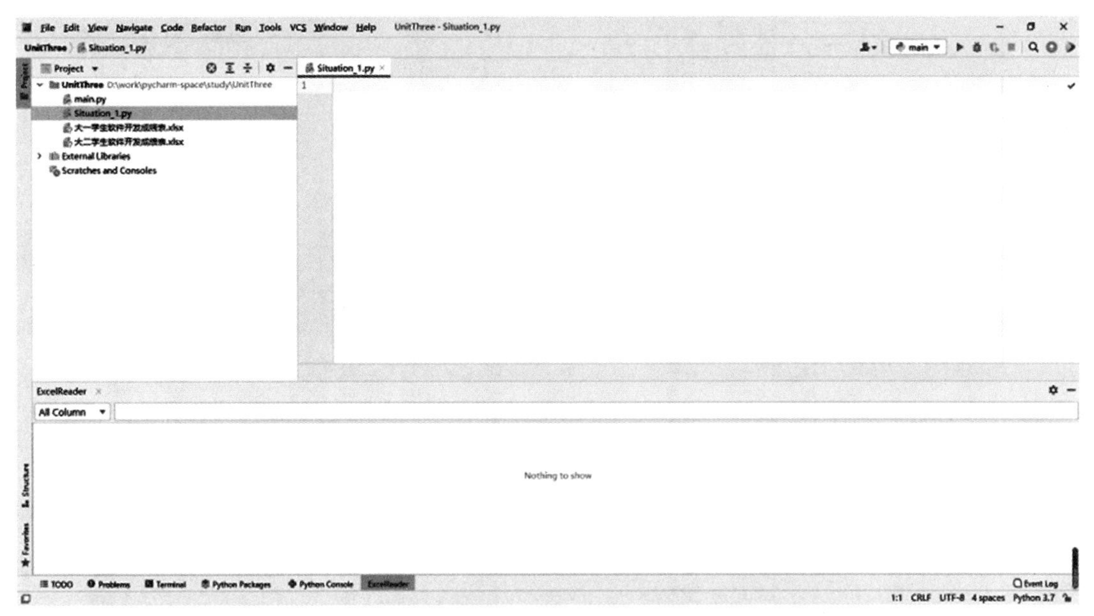

图 3-4　创建项目

（2）编写代码。

根据分析设计，在 Situation_1.py 文件中编写如下代码：

```
# -*- coding:utf-8 -*-
import pandas as pd
grade_one = pd.read_excel("大一学生软件开发成绩表.xlsx")
grade_two = pd.read_excel("大二学生软件开发成绩表.xlsx")
# 给大一学生软件开发成绩表第一列插入列名
grade_one.insert(0, '班级', '大一', allow_duplicates=True)
# 给大二学生软件开发成绩表第一列插入列名
grade_two.insert(0, '班级', '大二', allow_duplicates=True)
result = pd.concat([grade_one, grade_two])
# 重新生成索引
result.index = range(len(result))
# 写入到新的 Excel 表中
result.to_excel('大一加大二软件开发成绩表.xlsx', sheet_name='合并后成绩表')
```

（3）运行项目并查看结果。

运行代码，打开自动生成的“大一加大二软件开发成绩表.xlsx”文件，可以发现数据已经集成在一起并保存到新的文件中，项目完成，如图 3-5 所示。

A	B	C	D	E	F	G	H
	班级	姓名	需求分析	分析设计	码与测	总成绩	团队贡献
0	大一	灿佳	86	96	96	94	
1	大一	曾一	95	99	96	96	
2	大一	康康	62	95	98	89	
3	大一	帆方	71	98	88	87	
4	大一	王钦	85	95	98	94	
5	大一	黄旭	99	97	93	95	
6	大一	潘健	98	97	96	96	
7	大一	叶泽	94	90	92	91	
8	大一	李波	88	92	94	92	
9	大一	吴雄	90	88	97	92	
10	大一	祖儿	70	97	91	88	
11	大一	学希	93	88	90	90	
12	大一	东林	94	97	81	88	
13	大一	佳发	83	96	84	87	
14	大一	凌云	88	93	92	91	
15	大一	乾二	96	77	81	82	
16	大一	钟维	66	81	95	85	
17	大一	姚濠	88	78	97	89	
18	大一	陈林	94	85	75	81	
19	大一	江海	87	90	76	88	
20	大二	海三	72	66		83	80
21	大二	张俊	90	75		87	82
22	大二	吴霞	92	99		90	83
23	大二	卢池	86	96		93	82
24	大二	刘松	91	77		85	79
25	大二	谢昊	80	98		85	79
26	大二	朱1	99	79		88	83
27	大二	泽浩	88	82		90	79
28	大二	俊希	68	71		81	81
29	大二	邱鸿	95	73		77	80
30	大二	张2	65	82		85	75
31	大二	吕俊	97	72		89	79
32	大二	张加	79	93		90	79
33	大二	林海	87	99		93	82
34	大二	郑夏	77	86		85	83
35	大二	曾向	95	88		85	80
36	大二	林剑	69	97		86	75
37	大二	冯业	88	75		84	77
38	大二	王俊	92	99		86	80
39	大二	马晓	74	91		77	79

图 3-5　大一加大二软件开发成绩表

工作实施

按照制订的最佳方案实施计划进行项目开发，填写相应的工作流程内容。

评价反馈

各自完成学习情境的开发并展示作品，介绍任务的完成过程，作品展示前应准备阐述材料，并完成评价表3-5、表3-6、表3-7。

（1）学生进行自我评价。

表3-5 学生自评表

班级：		姓名：	学号：
学习情境5	使用Pandas实现对职业能力大数据分析平台多个学生信息数据源进行集成		
评价项目	评价标准	分值	得分
Pandas库安装	能正确、熟练使用pip安装Pandas库	10	
数据源分析	能正确、熟练对多数据源进行分析，选择处理数据集成的方法	50	
代码编写	根据需求独立编写数据集成相关代码的能力	20	
工作质量	根据开发过程及成果评定工作质量	20	
合计		100	

（2）在学生展示过程中，以个人为单位，对以上学习情境过程与结果进行互评。

表3-6 学生互评表

学习情境5	使用Pandas实现对职业能力大数据分析平台多个学生信息数据源进行集成												
评价项目	分值	等级								评价对象			
										1	2	3	4
计划合理	10	优	10	良	9	中	8	差	6				
方案准确	10	优	10	良	9	中	8	差	6				
工作质量	20	优	20	良	18	中	15	差	12				
工作效率	15	优	15	良	13	中	11	差	9				
工作完整	10	优	10	良	9	中	8	差	6				
工作规范	10	优	10	良	9	中	8	差	6				
识读报告	10	优	10	良	9	中	8	差	6				
成果展示	15	优	15	良	13	中	11	差	9				
合计	100												

（3）教师对学生工作过程和工作结果进行评价。

表3-7 教师综合评价表

班级：		姓名：	学号：	
学习情境5		使用Pandas实现对职业能力大数据分析平台多个学生信息数据源进行集成		
评价项目		评价标准	分值	得分
考勤（20%）		无无故迟到、早退、旷课现象	20	
工作过程（50%）	环境管理	能正确、熟练使用pip工具管理开发环境	10	
	数据源分析	能正确、熟练对多数据源进行分析，选择处理数据集成的方法	10	
	方案制作	能根据技术能力快速、准确地制订工作计划	10	

（续表）

评价项目		评价标准	分值	得分
工作过程（50%）	编写代码	根据需求独立编写数据集成相关代码的能力	10	
	职业素质	能做到安全、文明、合法，爱护环境	5	
项目成果（30%）	工作完整	能按时完成任务	10	
	工作质量	能按计划完成工作任务	15	
	识读报告	能正确识读并准备成果展示的各项报告材料	5	
	成果展示	能准确表达、汇报工作成果	5	
合计			100	

拓展思考

（1）在对多个数据源进行数据集成时会遇到哪些问题？

（2）实现使用 Pandas 从 TXT 和 CSV 两个文件中读取数据，然后集成保存到 MySQL 数据库中的流程有哪些？

单元4　数据规约

由于大型数据集一般存在数量庞大、属性多且冗余、结构复杂等特点，直接应用可能会耗费大量的分析或挖掘时间，此时便需要用到数据规约。

教学导航

数据规约指在尽可能保持数据原貌的前提下，最大限度地精简数据量，这样可以在降低数据规模的基础上，保留原有数据集的完整特性。在使用精简的数据集进行分析或挖掘时，不仅可以提高工作效率，还可以保证分析或挖掘的结果与使用原有数据集获得的结果基本相同。本单元教学导航如表4-1所示。

表4-1　教学导航

知识重点	1. 数据规约的目的 2. 数据规约的处理方式 3. NumPy 和 Pandas 库处理数据规约函数的使用方法
知识难点	1. 如何选择正确的方式进行数据规约 2. 可视化函数的使用
推荐教学方式	从学习情境入手，通过“使用 NumPy+Pandas 实现对工资数据进行数量规约”的实施，让学生熟悉并掌握使用 NumPy+Pandas 对数据规约的处理方法
建议学时	8 学时
推荐学习方法	改变思路，学习方式由“先学习全部理论知识实践项目”变成“直接实践项目，遇到不懂的再查阅相关资料”。实操动手编写代码，运行代码，得到结果，可以迅速使学生熟悉并掌握处理数据规约的各种流程及方法
必须掌握的理论知识	1. 数据规约模型及概念 2. 维度规约、数量规约的概念
必须掌握的技能	1. 使用 pip 命令安装和管理 NumPy、Pandas、matplotlib、PyEcharts 库 2. 使用 NumPy+Pandas 对数据进行规约

学习情境6　使用 NumPy+Pandas 实现对工资数据进行数量规约

学习情境描述

本学习情境的学习重点是熟悉 NumPy+Python 处理数据规约的方法。

- 教学情境描述：通过教师讲授 NumPy+Python 处理数据规约的方法和应用实例，学习使用 NumPy+Pandas 实现对工资数据进行数量规约并可视化。
- 关键知识点：数据规约的处理方法。

- 关键技能点：NumPy、Pandas、PyEcharts、维度规约、数量规约。

学习目标

- 理解数据规约的目的。
- 掌握数据规约的方法。
- 掌握 NumPy+Pandas 库提供处理数据规约函数的使用方法。
- 掌握 PyEcharts 可视化数据的使用方法。

任务书

- 完成通过 pip 命令安装及管理 NumPy、Pandas、PyEcharts 库。
- 完成对工资数据进行数量规约的分析设计。
- 完成使用 NumPy+Pandas 实现对工资数据进行数量规约。
- 完成对工资数据进行数量规约后结果的可视化展示。

获取信息

引导问题 1：了解数据规约。

（1）数据为什么要进行规约？

____

____

（2）数据规约有哪些处理方式？

____

____

引导问题 2：了解维度规约。

（1）维度规约是什么？

____

____

（2）维度规约有哪些处理方式？

____

____

引导问题 3：了解数量规约。

（1）数量规约是什么？

____

____

（2）数量规约有哪些处理方式？

____

____

工作计划

（1）制订工作方案（见表 4-2）。

表 4-2　工作方案

步骤	工作内容
1	
2	
3	
4	
…	

（2）列出工具清单（见表 4-3）。

表 4-3　工具清单

序号	名称	版本	备注
1			
2			
3			
4			
…			

（3）列出技术清单（见表 4-4）。

表 4-4　技术清单

序号	名称	版本	备注
1			
2			
3			
4			
…			

进行决策

（1）根据引导、构思、计划等，各自阐述自己的设计方案。
（2）对其他人的设计方案提出自己不同的看法。
（3）教师结合大家完成的情况进行点评，选出最佳方案，并写出最佳方案。

知识准备

主成分分析

本学习情境要学习的知识与技能图谱如图 4-1 所示。

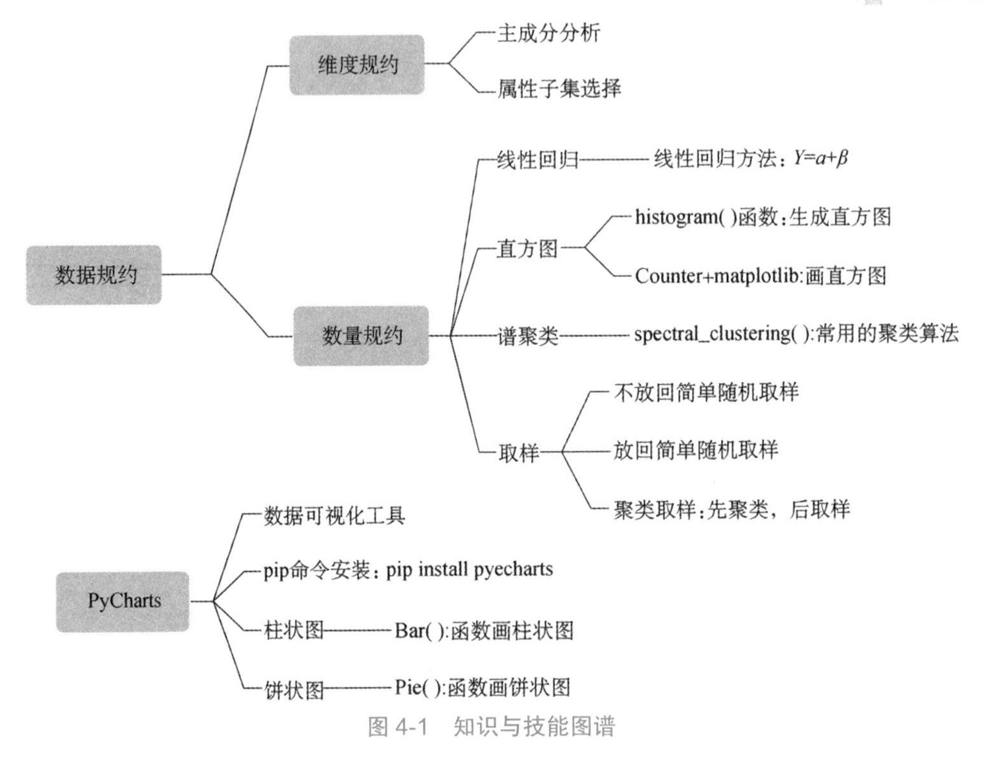

图 4-1　知识与技能图谱

1. 数据规约处理策略

数据规约方法类似数据集的压缩，它通过维度的减少或者数据量的减少，来达到缩小数据规模的目的，数据压缩有无损压缩和有损压缩两种。压缩的方法主要有下面两种：

- 维度规约。
- 数量规约。

2. 维度规约

维度规约是指减少所需属性的数目。数据集可能包含成千上万个属性，但其中绝大部分属性与分析或挖掘目标无关，这些无关的属性可直接删除，以缩小数据集的规模，这一操作就是维度规约。

（1）主成分分析。

主成分分析也称主分量分析，旨在利用降维的思想，把多指标转化为少数几个综合指标（即主成分），其中每个主成分都能够反映原始变量的大部分信息，且所含信息互不重复。

如图 4-2 所示数据是某高校大三软件开发课程成绩，包含了软件开发七个大阶段，共计 24 个知识点的详细记录。

但是在数据建模分析时，可能只要每个大阶段的小计成绩，那么需要把各个详细成绩进行转化，如图 4-3 所示。

1软件过程：项目管理					2软件过程：需求开发		3软件过程：分析设计				4软件过程：编码实施		5软件过程：测试				6软件过程：发布部署	7软件过程：项目答辩					
项目计划	配置管理	问题跟踪	工作日志、里程碑会议纪要及报告	同行评审	用例模型	需求规约	架构设计	原型设计	分析/设计模型	数据库设计（数据模型）	单元编码	系统集成	测试计划	测试用例	测试日志或记录	测试分析报告	用户手册	答辩PPT	产品演示	过程规范	报告	团队协作	工作角色
70	72	69	73	73	70	72	67	70	66	68	73	75	77	75	73	76	75	75	77	76	78	80	78
82	84	81	83	78	75	77	75	73	74	76	76	78	77	77	78	74	82	75	87	89	86	85	85
82	81	80	77	80	79	81	80	78	74	71	81	78	80	88	86	84	89	75	83	85	87	84	89
84	81	78	77	87	84	83	81	84	84	86	87	89	88	83	86	89	82	75	85	82	89	86	88
75	72	76	75	78	80	82	72	75	71	68	78	80	82	89	88	86	80	75	76	75	74	76	84
78	75	79	83	76	75	72	72	70	75	72	73	75	72	72	73	76	65	75	87	89	88	89	89
79	81	80	77	77	74	71	71	72	74	76	75	77	79	77	75	78	73	75	79	76	78	80	80
80	84	86	83	76	75	77	83	79	82	86	82	84	86	82	80	83	85	75	80	82	84	86	86
77	81	80	82	78	77	74	76	74	79	76	77	79	83	76	77	80	78	75	89	86	88	87	89
65	64	61	58	66	63	67	63	60	64	63	63	65	67	70	73	71	80	75	76	78	80	77	72
81	78	80	84	84	81	78	81	84	80	84	87	89	89	80	83	86	86	78	89	89	86	88	82
83	85	89	89	86	88	85	82	80	81	80	83	85	84	82	83	86	82	78	89	88	89	89	89
85	84	88	89	88	87	89	80	81	86	89	84	86	85	88	86	82	89	78	89	86	88	89	89
81	78	78	83	83	80	77	80	83	79	83	82	85	83	81	83	82	82	78	89	86	86	88	82
81	83	80	77	82	79	76	87	83	89	86	86	88	89	87	85	88	85	78	89	89	86	88	87
86	88	87	89	84	86	88	79	82	83	85	85	87	84	87	85	81	85	78	86	88	87	86	89

图 4-2　某高校大三软件开发课程成绩

1软件过程：项目管理	2软件过程：需求开发	3软件过程：分析设计	4软件过程：编码实施	5软件过程：测试	6软件过程：发布部署	7软件过程：项目答辩
71.4	70.8	67.8	74.0	75.1	75.0	77.7
81.6	75.8	74.5	77.0	76.6	82.0	85.3
80.0	79.8	75.8	79.5	84.9	89.0	85.1
81.4	83.6	83.8	88.0	86.2	82.0	85.3
75.2	80.8	71.5	79.0	86.6	80.0	77.1
78.2	73.9	72.3	74.0	73.1	65.0	87.5
78.8	72.9	73.3	76.0	77.1	73.0	78.3
81.8	75.8	82.5	83.0	82.5	85.0	83.4
79.6	75.9	76.3	78.0	78.6	78.0	86.6
62.8	64.5	62.5	64.0	70.4	80.0	76.4
81.4	79.9	82.3	88.0	84.1	86.0	85.7
86.4	86.9	80.8	84.0	83.6	82.0	87.9
86.8	87.8	84.0	85.0	85.5	89.0	87.3
80.6	78.9	81.3	83.5	82.2	82.0	85.1
80.6	77.9	86.3	87.0	87.1	85.0	86.8
86.8	86.8	82.3	86.0	84.5	85.0	86.6
79.4	78.9	72.5	80.0	86.3	74.0	75.4
78.6	86.5	77.8	84.0	79.1	87.0	86.8

图 4-3　转化后的某高校大三软件开发课程成绩

（2）属性子集选择。

属性子集选择用于检测并删除不相关、弱相关或冗余的属性。其目的是找出最小属性集，使得数据类的概率分布尽可能地接近使用所有属性得到的原分布，如图 4-4 所示。

jobId	title	salary_min	salary_max	province	city	area	catalog	category	experience	education	job_desc
25508229	美术助教+做五休二（浦东）	4000	5000	上海	上海	浦东新区	全职	教育,培训,院校	应届毕业生	大专	技能要求：艺术类，儿童画
25508230	美术助教+做五休二（虹口）	4000	5000	上海	上海	虹口区	全职	教育,培训,院校	应届毕业生	大专	技能要求：艺术类，儿童画
25508231	陶艺主教+做五休二（普陀）	5000	8000	上海	上海	普陀区	全职	教育,培训,院校	应届毕业生	大专	任职要求：1.陶艺相关艺术
25508232	美术助教+包住（虹口）	3000	5000	上海	上海	虹口区	全职	教育,培训,院校	应届毕业生	大专	技能要求：艺术类，儿童画
25508233	美术助教+提供住宿	3000	5000	上海	上海	杨浦区	全职	教育,培训,院校	应届毕业生	大专	技能要求：艺术类，儿童画
25508234	美术助教+做五休二（杨浦）	3000	4000	上海	上海	杨浦区	全职	教育,培训,院校	应届毕业生	大专	技能要求：艺术类，儿童画
25508235	陶艺老师	5000	10000	上海	上海	杨浦区	全职	教育,培训,院校	应届毕业生	大专	任职要求：1.陶艺相关艺术
25508236	美术助教+带薪培训	3000	5000	上海	上海	浦东新区	全职	教育,培训,院校	应届毕业生	大专	岗任职要求：1.艺术类专业
25508237	美术助教+带薪培训+虹口	3000	5000	上海	上海	虹口区	全职	教育,培训,院校	应届毕业生	大专	岗任职要求：1.艺术类专业
25508238	美术助教+带薪培训	3000	5000	上海	上海	虹口区	全职	教育,培训,院校	应届毕业生	大专	岗任职要求：1.艺术类专业
25508239	少儿陶艺助教老师	3000	5000	上海	上海	虹口区	全职	教育,培训,院校	应届毕业生	大专	任职要求：（接受20届应届
25508240	幼教课程顾问+五险一金+话	5000	10000	江苏省	南通	全区域	全职	教育,培训,院校	应届毕业生	大专	课程顾问1、负责凯顿儿童

图 4-4　属性子集选择示例

在分析专业与技能时，就可以排除一些不需要的属性，比如省份、城市、地区等。

3. 数量规约

线性回归

数量规约是指用较小规模的数据替换或估计原数据，主要包括线性回归、直方图、谱聚类、取样这几种方法，其中直方图是一种流行的数据规约方法。

（1）线性回归。

线性回归方法通常使用一个参数模型来评估数据，该方法只需要存储参数，而不存储实际数据，所以能大大减少数据量，但它只对数值型数据有效。

线性回归方法利用一条直线模型对数据进行拟合，可以使用一个自变量，也可以使用多个自变量。

示例：使用 Sklearn 的 LinearRegression 类做线性回归模型计算。

比如：

一列数据为 X=[1,2,3,4,5,6]

另一列数据为 Y=[1,3,5,7,9,11]

如果 X=7，Y 对应的值就可能是 13（即输入值=7，预测值=13）。

如果 X=8，Y 对应的值就可能是 15（即输入值=8，预测值=15）。

示例代码：

```
import numpy as np
from sklearn.linear_model import LinearRegression
X=np.array([1,2,3,4,5,6]).reshape(-1,1)#X从一维转为二维
Y=np.array([1,3,5,7,9,11])#Y:一维
#实例化对象
lin_reg= LinearRegression()
#调用 fit 方法拟合数据训练模型找规律
lin_reg.fit(X,Y)
#预测 x=12 对应的 Y 的数据
X_new=np.array([[7]]) #创建数组
print('预测 7 对应的值为: ',lin_reg.predict(X_new))
X_new=np.array([[8]]) #创建数组
print('预测 8 对应的值为: ',lin_reg.predict(X_new))
```

执行结果：

```
预测 7 对应的值为:  [13.]
预测 8 对应的值为:  [15.]
```

通过观察执行结果发现，其结果和预测一样。

（2）直方图。

根据属性的数据分布将其分成若干不相交的区间，每个区间的高度与其出现的频率成正比。

①histogram()函数。

histogram(a,bins=10,range=None,weights=None,density=False)函数是一个生成直方图的函数。

参数说明：

- a 表示待统计数据的数组。
- bins 用于指定统计的区间个数。
- range 是一个长度为 2 的元组，表示统计范围的最小值和最大值，默认值为 None，表示范围由数据的范围决定。
- weights 为数组的每个元素指定了权值，histogram()会对区间中数组所对应的权值进

行求和。

- density 为 True 时，返回每个区间的概率密度；为 False 时，返回每个区间中元素的个数。

比如：

```
import numpy as np
#随机生成 100 个 0 到 1 之间的小数
data = np.random.rand(100)
# bins=5,range=(0,1) ：分割成 0 到 1 之间的 5 等份
hist,bins = np.histogram(data,bins=5,range=(0,1))
print('bins=',bins)
print('hist=',hist)
```

执行结果：

```
bins= [0.  0.2 0.4 0.6 0.8 1. ]
hist= [19 19 22 14 26]
```

Counter+matplotlib 直方图

②Counter+matplotlib 直方图。

例如，有以下一组 100 个随机数据：

[1, 3, 6, 2, 5, 8, 9, 9, 5, 5, 7, 5, 8, 3, 3, 8, 4, 4, 7, 8, 4, 9, 4, 5, 8, 9, 3, 3, 4, 6, 6, 8, 9, 8, 7, 9, 7, 1, 5, 8, 2, 3, 5, 8, 9, 2, 6, 5, 1, 4, 1, 8, 8, 6, 5, 2, 3, 3, 5, 5, 5, 1, 5, 8, 8, 5, 7, 1, 3, 1, 8, 5, 5, 7, 4, 8, 2, 9, 4, 6, 8, 4, 8, 7, 8, 2, 3, 4, 1, 5, 3, 9, 5, 7, 7, 3, 7, 3, 6, 4]

首先使用 Counter 类统计数据，得到如下数据：

5: 18 个，8: 18 个，3: 13 个，4: 11 个，7: 10 个，9: 9 个，1: 8 个，6: 7 个，2: 6 个。

然后使用 matplotlib 画图工具画出直方图，如图 4-5 所示。

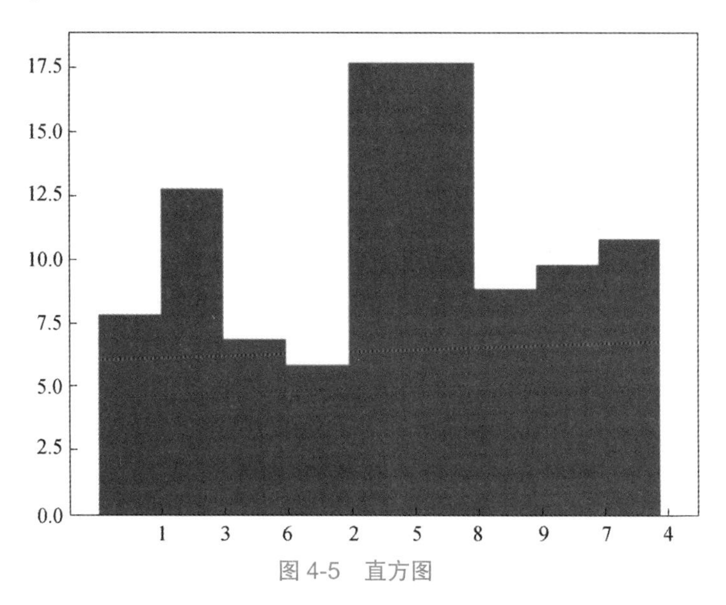

图 4-5　直方图

示例代码如下：

安装 matplotlib 画图库。

```
pip install matplotlib
```

安装 NumPy 基础矩阵库。

```
pip install numpy
```

编写代码：

```
# -*- coding:utf-8 -*-
import matplotlib.pyplot as plt
from collections import Counter
import numpy as np
# 测试数据
data = [1, 3, 6, 2, 5, 8, 9, 9, 5, 5, 7, 5, 8, 3, 3, 8, 4, 4, 7, 8, 4, 9,
4, 5, 8, 9, 3, 3, 4, 6, 6, 8, 9, 8, 7, 9, 7, 1, 5, 8, 2, 3, 5, 8, 9, 2, 6, 5,
1, 4, 1, 8, 8, 6, 5, 2, 3, 3, 5, 5, 5, 1, 5, 8, 8, 5, 7, 1, 3, 1, 8, 5, 5, 7,
4, 8, 2, 9, 4, 6, 8, 4, 8, 7, 8, 2, 3, 4, 1, 5, 3, 9, 5, 7, 7, 3, 7, 3, 6, 4]
# 使用 Counter 计数
ctr_data=Counter(data)
print("计数结果：\n",ctr_data)
# zip()将对象中对应的元素打包成一个个元组，然后返回由这些元组组成的列表
labels, values = zip(*ctr_data.items())
# arange 函数用于创建等差数组
indexes = np.arange(len(labels))
width = 1
# matplotlib 库画图工具
plt.bar(indexes, values, width)
plt.xticks(indexes + width * 0.5, labels)
plt.show()
```

（3）谱聚类。

谱聚类（Spectral Clustering，SC），是一种使用图论的聚类方法。它能够识别任意形状的样本空间且收敛于全局最优解，其基本思想是利用样本数据的相似矩阵进行特征分解后得到的特征向量进行聚类，它与样本特征无关而只与样本个数有关。

sklearn.cluster.spectral_clustering()为广泛使用的聚类算法函数。

主要参数说明：

- n_clusters：聚类的个数（官方的解释为投影子空间的维度）。
- affinity：核函数，默认是“rbf”，可选“nearest_neighbors”“precomputed”“rbf”或 sklearn.metrics.pairwise_kernels 支持的其中一个内核之一。
- gamma：affinity 指定的核函数的内核系数，默认为 1.0。

主要属性说明：

- labels_：每个数据的分类标签。

使用 Sklearn 前需要安装 scikit-learn 模块，使用 pip 工具安装如下：

```
pip install scikit-learn
```

示例代码：

```
from sklearn.datasets import make_blobs
from sklearn.cluster import spectral_clustering
import numpy as np
import matplotlib.pyplot as plt
from sklearn import metrics
from itertools import cycle

#产生随机数据的中心
centers = [[1, 1], [-1, -1], [1, -1]]
#产生的数据个数
n_samples = 5000
#产生数据
X, lables_true = make_blobs(n_samples=n_samples, centers=centers, cluster_
std=0.5,random_state=0)
#变换成矩阵，输入的必须是对称矩阵
metrics_metrix = (-1 * metrics.pairwise.pairwise_distances(X)).astype(np.
int32)
metrics_metrix += -1 * metrics_metrix.min()
#设置谱聚类函数
n_clusters_ = 4
lables = spectral_clustering(metrics_metrix, n_clusters=n_clusters_)
#绘图
plt.figure(1)
plt.clf()
colors = cycle('bgrcmykbgrcmykbgrcmykbgrcmyk')
for k, col in zip(range(n_clusters_), colors):
    #根据 lables 中的值是否等于 k，重新组成一个 True、False 的数组
    my_members = lables == k
    #X[my_members, 0] 取出 my_members 对应位置为 True 的值的横坐标
    plt.plot(X[my_members, 0], X[my_members, 1], col + '.')
plt.title('Test Spectral Clustering View: %d' % n_clusters_)
plt.show()
```

谱聚类示例图如图 4-6 所示。

（4）取样。

允许用数据的较小随机样本（子集）表示大的数据集，取样方法有：

- 不放回简单随机取样。
- 放回简单随机取样。
- 聚类取样，即先聚类，后取样。
- 分层取样，即先分层，后取样。

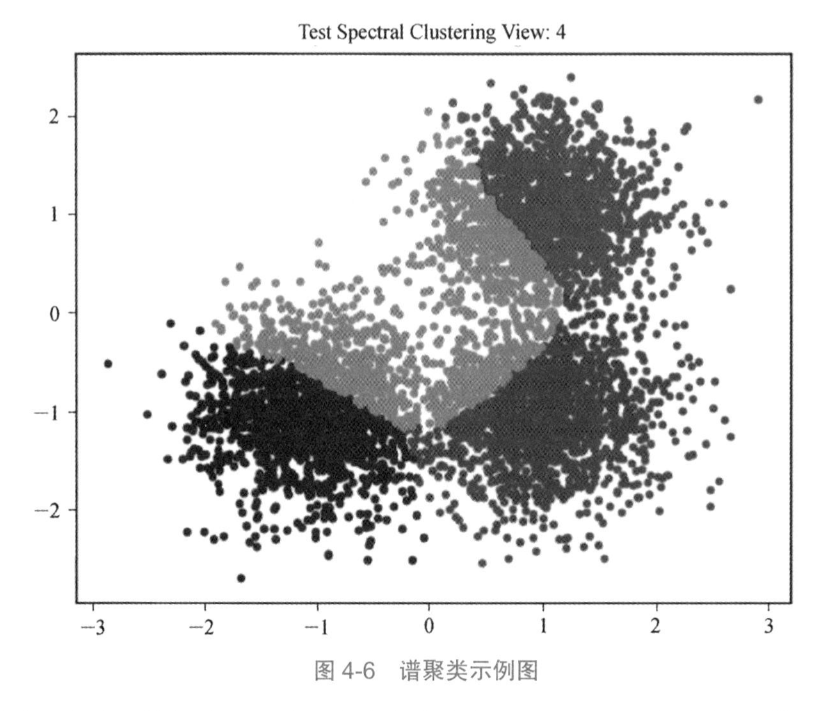

图 4-6　谱聚类示例图

①不放回和放回简单随机取样。读取岗位表中 salary_min 列加框处的数据获得一个样本，随机取出框中标注 1、2、3、4、5 共 5 个数据后，这些数据可以放回或者不放回原样本数据中，如图 4-7 所示。

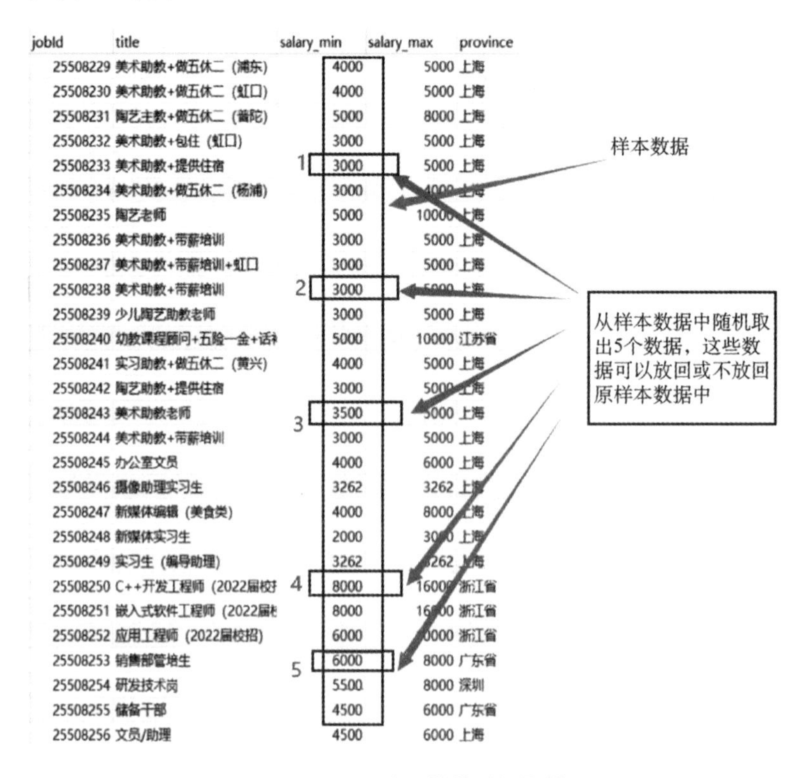

jobId	title	salary_min	salary_max	province
25508229	美术助教+做五休二（浦东）	4000	5000	上海
25508230	美术助教+做五休二（虹口）	4000	5000	上海
25508231	陶艺主教+做五休二（普陀）	5000	8000	上海
25508232	美术助教+包住（虹口）	3000	5000	上海
25508233	美术助教+提供住宿	3000	5000	上海
25508234	美术助教+做五休二（杨浦）	3000	4000	上海
25508235	陶艺老师	5000	10000	上海
25508236	美术助教+带薪培训	3000	5000	上海
25508237	美术助教+带薪培训+虹口	3000	5000	上海
25508238	美术助教+带薪培训	3000	[illegible]	上海
25508239	少儿陶艺助教老师	3000	5000	上海
25508240	幼教课程顾问+五险一金+话补	5000	10000	江苏省
25508241	实习助教+做五休二（黄兴）	4000	5000	上海
25508242	陶艺助教+提供住宿	3000	5000	上海
25508243	美术助教老师	3500	5000	上海
25508244	美术助教+带薪培训	3000	5000	上海
25508245	办公室文员	4000	6000	上海
25508246	摄像助理实习生	3262	3262	上海
25508247	新媒体编辑（美食类）	4000	8000	上海
25508248	新媒体实习生	2000	[illegible]	上海
25508249	实习生（编导助理）	3262	[illegible]	上海
25508250	C++开发工程师（2022届校招	8000	[illegible]	浙江省
25508251	嵌入式软件工程师（2022届校	8000	[illegible]	浙江省
25508252	应用工程师（2022届校招）	6000	[illegible]	浙江省
25508253	销售部管培生	6000	8000	广东省
25508254	研发技术岗	5500	8000	深圳
25508255	储备干部	4500	6000	广东省
25508256	文员/助理	4500	6000	上海

图 4-7　不放回简单随机取样

②聚类取样即按照某一标准将总体单位分成若干个“群”或“组”，从中抽选“群”或“组”，然后把被抽出的“群”或“组”所包含的个体合在一起作为样本，被抽出的“群”或“组”的所有单位都是样本单位，最后利用所抽的“群”或“组”的调查结果推断总体。

③分层抽样也叫类型抽样。它是从一个可以分成不同子体（或称为层）的总体中，按规定的比例从不同层中随机抽取样品（个体）的方法。

4. PyEcharts

PyEcharts 使用

（1）概述。

PyEcharts 是一个由百度开发的开源的数据可视化工具，凭借着良好的交互性和精巧的图表设计，得到了众多开发者的认可。而 Python 是一门富有表达力的语言，很适合用于数据处理。

（2）PyEcharts 的特点。

- 简洁的 API 设计，使用起来丝滑流畅，支持链式调用。
- 囊括了 30 多种常见图表，应有尽有。
- 支持主流 Notebook 环境。
- 可轻松集成至 Flask 等主流 Web 框架。
- 高度灵活的配置项，可轻松搭配出精美的图表。
- 详细的文档和示例，帮助开发者更快地上手项目。
- 多达 400+地图，为地理数据可视化提供强有力的支持。

（3）安装 PyEcharts。

```
pip install pyecharts
```

（4）使用 PyEcharts 画柱状图。

PyEcharts 提供多种输出模式，可以将生成的图形输出到 HTML 文档，也可以保存为图片，还可以即时显示等。

下面使用 PyEcharts 库提供的 Bar()函数画一个柱状图，代码如下：

```
# -*- coding:utf-8 -*-
from pyecharts.charts import Bar
from pyecharts import options as opts
bar = (
    Bar()
        .add_xaxis(["Java 开发工程师", "C++开发工程师", "PHP 开发工程师", "大数据
开发工程师", "人工智能开发工程师"])
        .add_yaxis("成都市的职位数", [100, 25, 35, 10, 30])
        .add_yaxis("绵阳的职位数", [55, 15, 30, 5, 20])
        .set_global_opts(title_opts=opts.TitleOpts(title="各城市招聘职位数"))
)
# 在当前路径下自动生成文件名为"柱状图可视化.html"的文件
bar.render("柱状图可视化.html")
```

代码执行完成后，在浏览器中打开“柱状图可视化.html”文件，显示效果如图 4-8 所示。

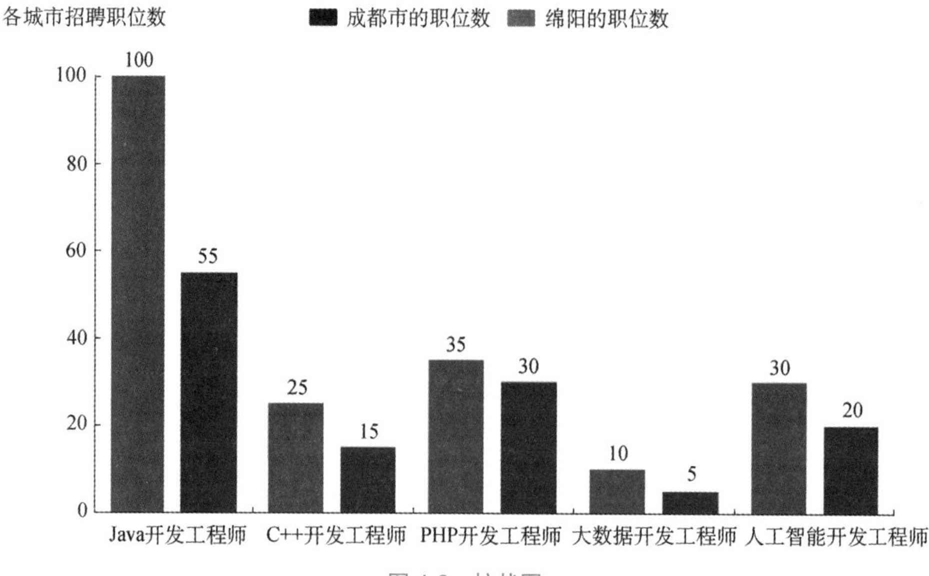

图 4-8　柱状图

（5）使用 PyEcharts 画饼状图。

下面使用 PyEcharts 库提供的 Pie()函数画一个饼状图，代码如下：

```
from pyecharts import options as opts
from pyecharts.charts import Pie
# 绘图顺序：
# 绘制饼状图，需要创建一个 pie 对象的实例
# add：添加数据
# set_global_opts：设置全局选项
# set_series_opts：设置序列选项
def pie_base() -> Pie:
    data = [
        ["Java", 80],
        ["C++", 90],
        ["Hadoop", 89],
        ["Python", 91],
        ["Web 基础", 78],
        ["人工智能", 95],
        ["数据库基础", 83]
    ]
    c = (
        Pie()
            .add("", data)
            .set_global_opts(title_opts=opts.TitleOpts(title="各科成绩"))
            .set_series_opts(label_opts=opts.LabelOpts(formatter="{b}:
{c}({d}%)"))  # b 表示列名，c 表示数值，d 表示百分比
    )
    return c
```

```
c = pie_base()
c.render('饼状图可视化.html')
```

代码执行完成后，在浏览器中打开“饼状图可视化.html”文件，显示效果如图 4-9 所示。

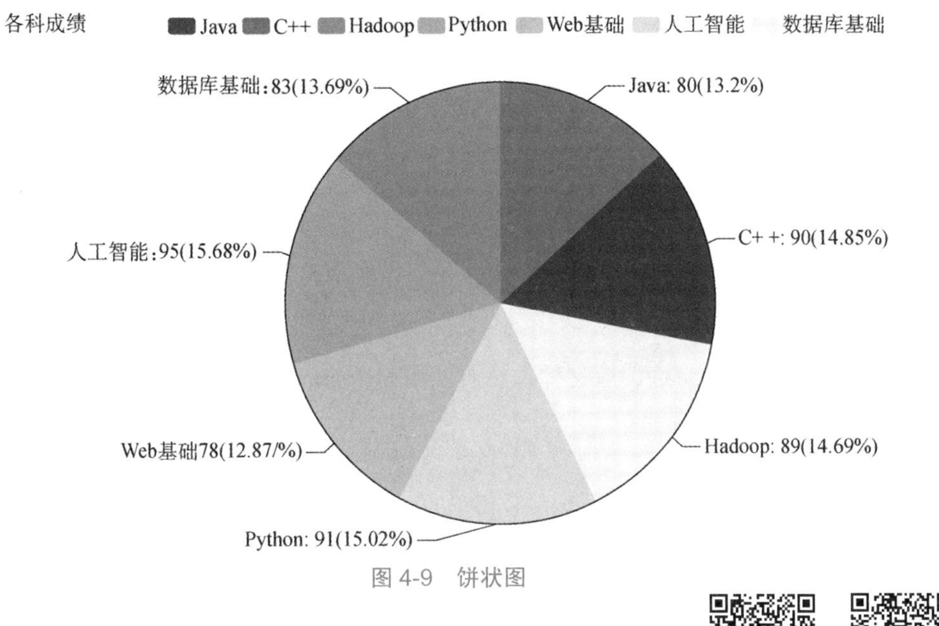

图 4-9　饼状图

相关案例

案例讲解　案例演示

下面按照本学习情境所涉及的知识面及知识点，作为下一步工作实施的参考案例，展示项目案例“使用 Pandas+PyEcharts 实现对工资数据进行数量规约”的实施过程。

按照该项目的实际开发过程，以下展示的是具体流程。

1. 确定数据源

确定采集到的工资文本文件“bigdata_salarytrendday.txt”，如图 4-10 所示。

```
"jobId";"title";"salary_min";"salary_max";"catalog";"category"
"25508229";"美术助教+做五休二（浦东）";"4000";"5000";"全职";"教育,培训,院校"
"25508230";"美术助教+做五休二（虹口）";"4000";"5000";"全职";"教育,培训,院校"
"25508231";"陶艺主教+做五休二（普陀）";"5000";"8000";"全职";"教育,培训,院校"
"25508232";"美术助教+包住（虹口）";"3000";"5000";"全职";"教育,培训,院校"
"25508233";"美术助教+提供住宿";"3000";"5000";"全职";"教育,培训,院校"
"25508234";"美术助教+做五休二（杨浦）";"3000";"4000";"全职";"教育,培训,院校"
"25508235";"陶艺老师";"5000";"10000";"全职";"教育,培训,院校"
"25508236";"美术助教+带薪培训";"3000";"5000";"全职";"教育,培训,院校"
"25508237";"美术助教+带薪培训+虹口";"3000";"5000";"全职";"教育,培训,院校"
"25508238";"美术助教+带薪培训";"3000";"5000";"全职";"教育,培训,院校"
"25508239";"少儿陶艺助教老师";"3000";"5000";"全职";"教育,培训,院校"
"25508240";"幼教课程顾问+五险一金+话补";"5000";"10000";"全职";"教育,培训,院校"
"25508241";"实习助教+做五休二（黄兴）";"4000";"5000";"全职";"教育,培训,院校"
"25508242";"陶艺助教+提供住宿";"3000";"5000";"全职";"教育,培训,院校"
"25508243";"美术助教老师";"3500";"5000";"全职";"教育,培训,院校"
"25508247";"新媒体编辑（美食类）";"4000";"8000";"全职";"影视,媒体,艺术,文化传播"
"25508248";"新媒体实习生";"2000";"3000";"全职";"影视,媒体,艺术,文化传播"
"25508249";"实习生（编导助理）";"3262";"3262";"全职";"影视,媒体,艺术,文化传播"
"25508250";"C++开发工程师（2022届校招）";"8000";"16000";"全职";"仪器仪表,工业自动化"
"25508251";"嵌入式软件工程师（2022届校招）";"8000";"16000";"全职";"仪器仪表,工业自动化"
"25508252";"应用工程师（2022届校招）";"6000";"10000";"全职";"仪器仪表,工业自动化"
"25508253";"销售部管培生";"6000";"8000";"全职";"电子技术,半导体,集成电路"
"25508254";"研发技术岗";"5500";"8000";"全职";"电子技术,半导体,集成电路"
"25508255";"储备干部";"4500";"6000";"全职";"电子技术,半导体,集成电路"
"25508256";"文员/助理";"4500";"6000";"全职";"电子技术,半导体,集成电路"
"25508257";"楼宇对讲/智能家居技术支持（应届/上海工作支持国外）";"8000";"10000";"全职";"电子技术,半导体,集成电路"
"25508258";"APP测试工程师（应届）";"7000";"10000";"全职";"电子技术,半导体,集成电路"
"25508259";"算法研究员";"7000";"10000";"全职";"汽车"
"25508260";"射频研究员";"7000";"10000";"全职";"汽车"
"25508261";"储备工程师（五险一金）";"4000";"6000";"全职";"电子技术,半导体,集成电路"
"25508262";"射频电路设计师";"16666";"25000";"全职";"电子技术,半导体,集成电路"
"25508263";"雷达调试工程师";"6000";"8000";"全职";"电子技术,半导体,集成电路"
"25508264";"气象算法工程师";"8333";"20833";"全职";"电子技术,半导体,集成电路"
```

图 4-10　确定数据源

2. 开发环境

- 操作系统：Windows 10。
- 本地语言环境：Python 3.7.3。
- 编译工具：PyCharm 2021 社区版。
- pip 包管理工具版本：21.3.1。
- Pandas 版本：1.3.4。
- NumPy 版本：1.21.3。
- PyEcharts 版本：1.9.1。

3. 需求与分析设计

需求：对“bigdata_salarytrendday.txt”工资文件中最小工资（salary_min）和最大工资（salary_man）进行数量规约。

分析设计：使用 Pandas 读取文件，然后使用 histogram()函数生成直方图数据，最后使用 PyEcharts 进行数据可视化。

4. 项目开发

（1）创建项目。

新建项目命名为“UnitFour”，然后新建一个 Situation_1.py 可执行文件，最后将数据源“bigdata_salarytrendday.txt”文件添加到项目中，如图 4-11 所示。

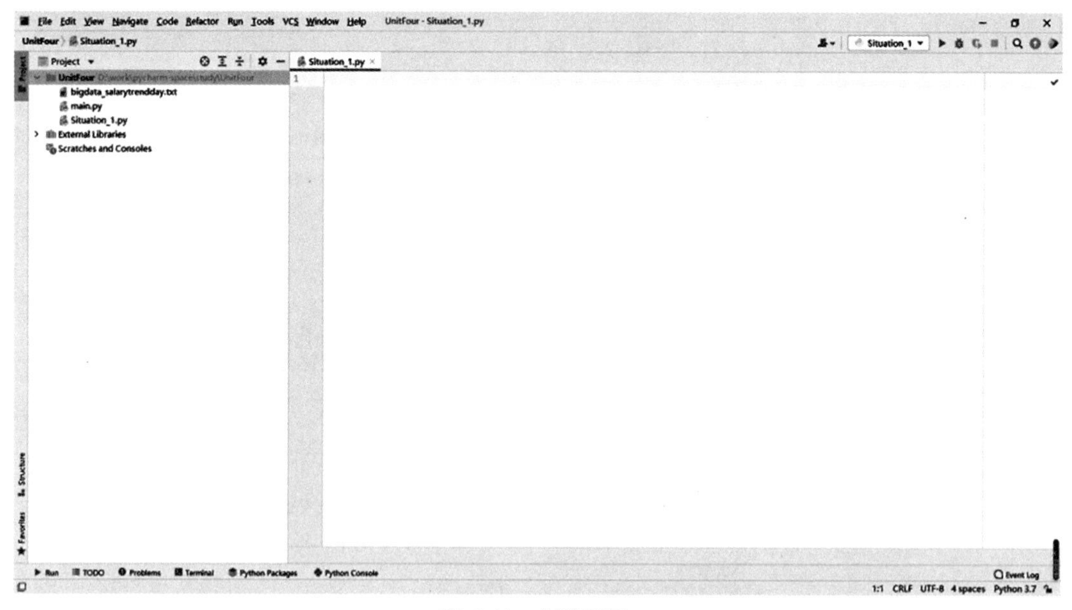

图 4-11 创建项目

（2）编写代码。

根据分析设计编写代码，首先导入需要的包，代码如下：

```
import pandas as pd
from pyecharts.charts import Bar
```

```
from pyecharts import options as opts
import numpy as np
```

然后读入“bigdata_salarytrendday.txt”文件，对最小工资和最大工资列数据进行直方图处理，把获得的数据导出并存储到项目目录下的“工资数量规约后的文件.csv”文件中，使用 PyEcharts 里面的柱状图进行可视化处理，并输出到项目目录下的“工资直方图.html”文件中。

代码如下：

```
# -*- coding:utf-8 -*-
import pandas as pd
from pyecharts.charts import Bar
from pyecharts import options as opts
import numpy as np

# 导入数据
df = pd.read_csv("bigdata_salarytrendday.txt", sep=';', encoding='utf-8')
# 设置分割
bins = [0, 2000, 4000, 6000, 8000, 10000, 20000, 999999]
salary_min_group = np.histogram(df['salary_min'], bins=bins)
salary_max_group = np.histogram(df['salary_max'], bins=bins)
data = {
    "薪资范围": ["2 千以下", "2 千-4 千", "4 千-6 千", "6 千-8 千", "8 千-1 万", "1
万-2 万", "2 万以上"],
    "最低工资": salary_min_group[0].tolist(),
    "最高工资": salary_max_group[0].tolist()
}
df = pd.DataFrame(data)
# index=False:不保存 index 列
df.to_csv("压缩薪资后的文件.csv", index=False)
# 使用 pyecharts 可视化显示
bar = (
    Bar()
        .add_xaxis(["2 千以下", "2 千-4 千", "4 千-6 千", "6 千-8 千", "8 千-1 万", "1
万-2 万", "2 万以上"])
        .add_yaxis("最低工资", salary_min_group[0].tolist())
        .add_yaxis("最高工资", salary_max_group[0].tolist())
        .set_global_opts(title_opts=opts.TitleOpts(title="压缩岗位最低薪资和
最高薪资可视图"))
)
bar.render("工资直方图.html")
```

（3）运行项目并查看结果。

运行项目，等待运行完成后，在项目目录中自动生成“工资数量规约后的文件.csv”和“工资直方图.html”文件，“工资数量规约后的文件.csv”内容如图 4-12 所示。

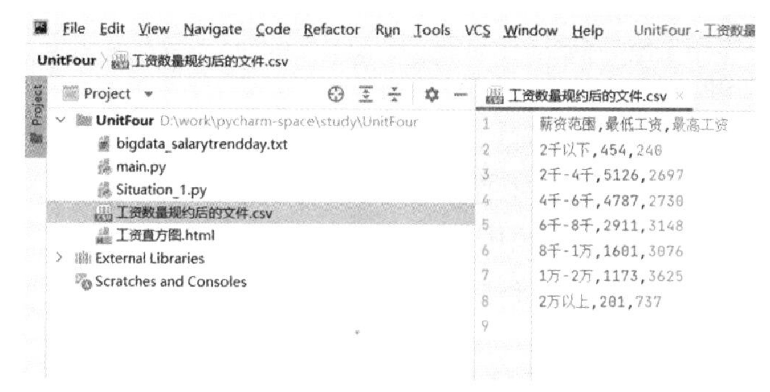

图 4-12 工资数量规约后的文件.csv

使用浏览器打开“工资直方图.html”文件，如图 4-13 所示。其中，x 轴显示薪资范围，y 轴显示压缩的数据量。

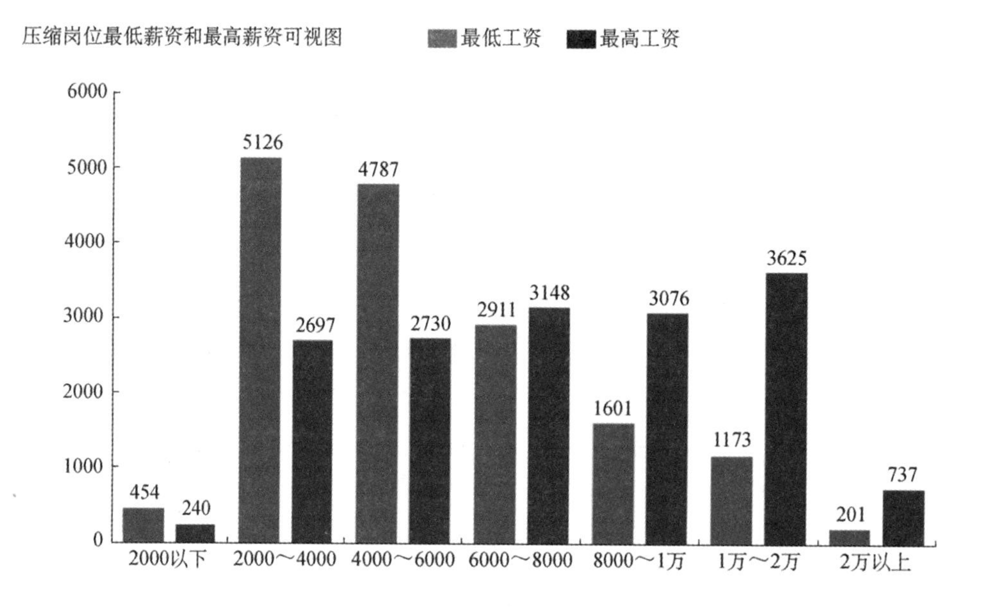

图 4-13 工资直方图

观察结果发现，对工资数据的数量规约正确，项目完成。

工作实施

按照制订的最佳方案实施计划进行项目开发，填写相应的工作流程内容。

评价反馈

各自完成学习情境的开发并展示作品，介绍任务的完成过程，作品展示前应准备阐述材料，并完成评价表 4-5、表 4-6、表 4-7。

（1）学生进行自我评价。

表 4-5 学生自评表

班级：	姓名：		学号：
学习情境 6	使用 NumPy+Pandas 实现对工资数据进行数量规约		
评价项目	评价标准	分值	得分
PyEcharts 库安装	能正确、熟练使用 pip 安装 PyEcharts 库	10	
需求分析	能正确、熟练地对需求进行分析，并制订方案	20	
代码编写能力	根据制订的方案，独立编写数据规约相关代码的能力	50	
工作质量	根据开发过程及成果评定工作质量	20	
合计		100	

（2）在学生展示过程中，以个人为单位，对以上学习情境过程与结果进行互评。

表 4-6 学生互评表

学习情境 6		使用 NumPy+Pandas 实现对工资数据进行数量规约											
评价项目	分值	等级								评价对象			
										1	2	3	4
计划合理	10	优	10	良	9	中	8	差	6				
方案准确	10	优	10	良	9	中	8	差	6				
工作质量	20	优	20	良	18	中	15	差	12				
工作效率	15	优	15	良	13	中	11	差	9				
工作完整	10	优	10	良	9	中	8	差	6				
工作规范	10	优	10	良	9	中	8	差	6				
识读报告	10	优	10	良	9	中	8	差	6				
成果展示	15	优	15	良	13	中	11	差	9				
合计	100												

（3）教师对学生工作过程和工作结果进行评价。

表 4-7 教师综合评价表

班级：		姓名：		学号：
学习情境 6		使用 NumPy+Pandas 实现对工资数据进行数量规约		
评价项目		评价标准	分值	得分
考勤（20%）		无无故迟到、早退、旷课现象	20	
工作过程（50%）	环境管理	能正确、熟练使用 pip 工具管理开发环境	10	
	需求分析	能根据需求正确、熟练地设计数据规约方案	10	
	方案制作	能根据技术能力快速、准确地制订工作方案	10	
	编写代码	能根据方案正确、熟练地编写数据规约的代码	10	
	职业素质	能做到安全、文明、合法、爱护环境	5	

（续表）

评价项目		评价标准	分值	得分
项目成果（30%）	工作完整	能按时完成任务	10	
	工作质量	能按计划完成工作任务	15	
	识读报告	能正确识读并准备成果展示的各项报告材料	5	
	成果展示	能准确表达、汇报工作成果	5	
合计			100	

拓展思考

（1）数据规约和数据集成有什么区别？

（2）在数据预处理时，可以在数据清洗之前做数据规约吗？

单元 5　数据变换

在对数据进行分析或挖掘之前，数据必须满足一定的条件，比如方差分析时要求数据具有正态性、方差齐性、独立性、无偏性，故须对数据进行诸如平方根、对数、平方根反正弦操作，实现从一种形式到另一种“适当”形式的变换，以适应分析或挖掘的需求，这一过程就是数据变换。本单元教学导航如表 5-1 所示。

教学导航

表 5-1　教学导航

知识重点	1. 数据变换的目的 2. 数据变换的处理方式 3. Pandas+Sklearn 处理数据规范化
知识难点	1. 如何选取正确的数据变换处理方式 2. 理解数据规范化处理策略
推荐教学方式	从学习情境入手，通过“Pandas+Sklearn 对学生成绩实现数据规范化”的实施，让学生熟悉并掌握使用 Pandas+Sklearn 实现数据规范化
建议学时	8 学时
推荐学习方法	改变思路，学习方式由“先学习全部理论知识实践项目”变成“直接实践项目，遇到不懂的再查阅相关资料”。实操动手编写代码，运行代码，得到结果，可以迅速使学生熟悉并掌握 Pandas+Sklearn 实现数据规范化的各种流程及方法
必须掌握的理论知识	1. 数据变换模型及概念 2. 数据规范化模型及概念
必须掌握的技能	1. 使用 pip 命令安装和管理 NumPy、Pandas、Sklearn 库 2. 使用 Pandas+Sklearn 对数据进行规范化处理

学习情境 7　使用 Pandas+Sklearn 对学生成绩实现数据规范化

学习情境描述

本学习情境的重点主要是熟悉使用 Pandas+Sklearn 实现数据规范化的方法。

- 教学情境描述：通过教师讲授 Pandas+Sklearn 对数据规范化处理的方法和应用实例，学习使用 Pandas+Sklearn 对学生成绩进行数据规范化处理。
- 关键知识点：数据规范化的处理方法。
- 关键技能点：NumPy、Pandas、Sklearn、数据换行、数据规范化。

学习目标

- 理解数据变换的目的。
- 掌握二值化数据的变换方法。
- 掌握连续特征离散化数据的变换方法。
- 掌握哑变量数据的变换方法。
- 掌握规范化数据的变换方法。
- 掌握 Pandas+Sklearn 对学生成绩数据规范化的处理方法。

任 务 书

- 完成通过 pip 命令安装及管理 NumPy、Pandas、Sklearn 库。
- 完成对学生成绩数据进行数据规范化的分析。
- 完成使用 Pandas+Sklearn 对学生成绩实现数据规范化处理。

获取信息

引导问题 1：了解数据变换。

（1）数据为什么要进行变换？

____

____

（2）数据变换有哪些处理方式？

____

____

引导问题 2：了解二值化。

二值化的作用是什么？

____

____

引导问题 3：了解连续特征离散化。

（1）连续特征离散化的作用是什么？

____

____

（2）连续特征离散化有哪些处理方式？

____

____

引导问题 4：了解哑变量。

什么是哑变量？

____

____

引导问题 5：了解数据规范化。

数据规范化处理方法有哪些？它们的区别是什么？

____

____

工作计划

（1）制订工作方案（见表 5-2）。

表 5-2　工作方案

步骤	工作内容
1	
2	
3	
4	
…	

（2）列出工具清单（见表 5-3）。

表 5-3　工具清单

序号	名称	版本	备注
1			
2			
3			
4			
…			

（3）列出技术清单（见表 5-4）。

表 5-4　技术清单

序号	名称	版本	备注
1			
2			
3			
4			
…			

进行决策

（1）根据引导、构思、计划等，各自阐述自己的设计方案。

（2）对其他人的设计方案提出自己不同的看法。

（3）教师结合大家完成的情况进行点评，选出最佳方案，并写出最佳方案。

____

____

____

____

____

知识准备

二值化+等宽离散

本学习情境要学习的知识与技能图谱如图 5-1 所示。

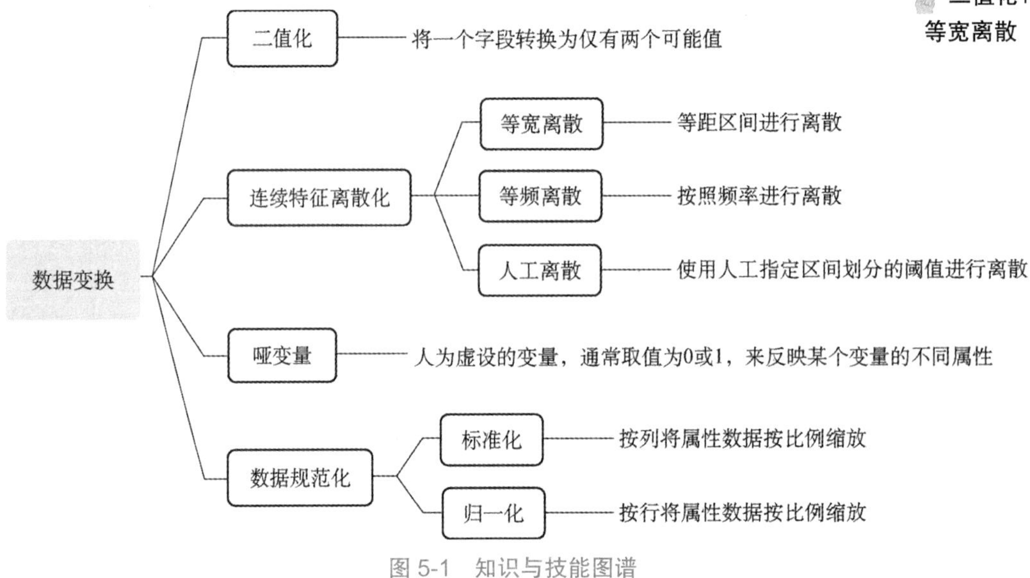

图 5-1 知识与技能图谱

1. 数据变换处理策略

处理数据变换常见的方法有：二值化、连续特征离散化（其又可分为等宽离散、等频离散、人工离散）、哑变量、数据规范化（其又可分为标准化、归一化）。

2. 二值化（Binarization）

二值化是指将一个字段转换为仅有两个可能值。二值化通过设定一个阈值，原字段大于阈值的被设定为 1，否则为 0，即转换函数为指示函数。

Binarizer (threshold，copy)将大于 threshold 的特征值二进制化为 1；等于或小于 threshold 的值被二进制化为 0。

参数说明：

- threshold：小于或等于阈值的值映射为 0，否则映射为 1。默认情况下阈值为 0.0。
- copy：设置原数据是否直接二值化，避免数据被复制（默认为 True）。

下面有一组数据，为其设置阈值为 3，使用二值化处理后，大于 3 的设置为 1，小于等于 3 的设置为 0。

示例代码：

```
# -*- coding:utf-8 -*-
from sklearn.preprocessing import Binarizer
data = [
    [1, 2, 3, 4, 5],
    [5, 4, 3, 2, 1],
    [4, 4, 4, 3, 3],
    [1, 1, 1, 1, 1]
]
print("二值化前数据:\n", data)
# threshold=3:设置阈值
binarizer = Binarizer(threshold=3)
print("二值化后数据:", binarizer.transform(data))
```

执行结果：

```
二值化前数据:
 [[1, 2, 3, 4, 5], [5, 4, 3, 2, 1], [4, 4, 4, 3, 3], [1, 1, 1, 1, 1]]
二值化后数据: [[0 0 0 1 1]
 [1 1 0 0 0]
 [1 1 1 0 0]
 [0 0 0 0 0]]
```

3. 连续特征离散化

连续特征离散化就是在连续特征的值域上，将值域划分为若干个离散的区间，最后用不同的符号或整数值代表落在每个子区间中的特征值（有时称为属性值）。

常见的离散化方法有等宽离散、等频离散、人工离散。

（1）等宽离散。

等宽离散，即将值域按等距区间进行离散化处理。

pandas.cut(x, bins, right=True, labels=None, retbins=False, precision=3, include_lowest=False, duplicates='raise')函数用来把一组数据分割成离散的区间。

参数说明：

- x：被切分的类数组（array-like）数据，必须是一维的（不能用 DataFrame）。
- bins：被切割后的区间（或者叫“桶”“箱”“面元”），有 3 种形式：一个 int 型的标量、标量序列（数组）或者 pandas.IntervalIndex。

①一个 int 型的标量：当 bins 为一个 int 型的标量时，代表将 x 平分成 bins 份。x 的范围在每侧扩展 0.1%，以包括 x 的最大值和最小值。

②标量序列：标量序列定义了被分割后每一个 bins 的区间边缘，此时 x 没有扩展。

③pandas.IntervalIndex：定义要使用的精确区间。

● right：bool 型参数，默认为 True，表示是否包含区间右部。比如如果 bins=[1,2,3]，right=True，则区间为(1,2]，(2,3]；right=False，则区间为(1,2)，(2,3)。

● labels：给分割后的 bins 打标签。

● retbins：bool 型的参数，表示是否将分割后的 bins 返回，当 bins 为一个 int 型的标量时比较有用，这样可以得到划分后的区间，默认为 False。

● precision：保留区间小数点的位数，默认为 3。

● include_lowest：bool 型的参数，表示区间的左边是开的还是闭的，默认为 False，也就是不包含区间左部（闭）。

● duplicates：是否允许重复区间，有两种选择，即 raise，表示不允许；drop，表示允许。

示例代码：

```
# -*- coding:utf-8 -*-
import numpy as np
import pandas as pd
# 将 data 平分成 5 个区间
data = np.array([1,2,3,4,5,6,7,8,9,10])
result=pd.cut(data, 5)
print('执行结果：\n',result)
```

执行结果：

```
 [(0.991, 2.8], (0.991, 2.8], (2.8, 4.6], (2.8, 4.6], (4.6, 6.4], (4.6, 6.4],
(6.4, 8.2], (6.4, 8.2], (8.2, 10.0], (8.2, 10.0]]
Categories (5, interval[float64, right]): [(0.991, 2.8] < (2.8, 4.6] < (4.6,
6.4] < (6.4, 8.2] <(8.2, 10.0]]
```

（2）等频离散。

离散化+哑变量

等频处理指根据数据的频率分布进行排序，然后按照频率进行离散化处理，其好处是处理后数据均匀分布，但是它会更改原有的数据结构。

pandas.qcut(x, q, labels=None, retbins=False, precision=3, duplicates='raise')：使用分位数的离散化函数。

参数说明：

● x：要进行分组的数据，数据类型为一维数组，或 Series 对象。

● q：q 组数，即要将数据分成几组。

● labels：可以理解为组标签。

● retbins：默认为 False，当为 False 时，返回值是 Categorical 类型[具有 value_counts() 方法]，为 True 时返回值是元组。

● precision：设置 bins 的存储和显示精度。

● duplicates：设置当 bins 不是唯一值时是否抛出 ValueError 异常。

例如：随机产生 200 个数据，然后进行等宽离散化处理。

```
# -*- coding:utf-8 -*-
import numpy as np
import pandas as pd
# 随机产生 200 个整数数据
data = np.random.randint(1, 100, 200)
#设置为 6 组
k = 6
#等频离散化
result=pd.qcut(data,k)
print('执行结果: \n',result.value_counts())
```

执行结果:

```
(1.999, 23.167]     34
(23.167, 37.0]      38
(37.0, 51.5]        28
(51.5, 69.667]      33
(69.667, 85.833]    33
(85.833, 99.0]      34
dtype: int64
```

（3）人工离散。

人工离散即使用人工指定区间划分的阈值进行离散化处理。

cut()函数用于人工设置分区间隔进行离散化处理。

例如，对 200 个 1 到 10 的整数，设置离散区间为[0，4，8，10]进行离散化处理。

示例代码:

```
# -*- coding:utf-8 -*-
import numpy as np
import pandas as pd
# 随机产生 200 个 1 到 10 的整数数据
data = np.random.randint(1, 10, 200)
df=pd.DataFrame({'key':data})
#设置分组区间
bins=[0,4,8,10]
#分割
cut_data=pd.cut(df['key'], bins)
#分组并求平均值
result=df['key'].groupby(cut_data).agg(['mean'])
print('原数据:\n',data)
print('执行结果: \n',result)
```

代码执行结果:

```
原数据:
[9 1 6 1 3 1 2 9 9 3 5 3 3 1 1 9 2 4 4 7 7 3 5 4 7 3 3 9 9 9 3 2 5 6 7 4 1
```

```
3 3 9 8 8 5 7 1 1 3 7 1 5 3 4 7 6 1 5 4 2 5 8 1 5 9 3 1 6 3 1 2 9 2 5 3 2 3 7
7 6 4 8 4 3 7 1 7 1 6 9 8 8 9 5 6 5 8 9 7 8 5 7 5 3 7 1 7 5 5 7 6 7 9 3 1 5 3
5 6 3 3 7 2 3 7 2 1 9 3 4 1 2 7 8 4 8 7 7 3 3 5 9 2 6 6 6 7 4 9 8 4 6 5 9 6 7
1 6 7 6 8 1 4 7 8 5 2 7 1 3 4 7 5 8 2 8 7 4 8 8 8 8 8 8 1 2 1 8 4 9 9 6 8 3 3
3 4 1 5 4 4 4]
```

执行结果：

```
            mean
key
(0, 4]    2.505618
(4, 8]    6.582418
(8, 10]   9.000000
```

4. 哑变量

哑变量又称为虚拟变量、虚设变量或名义变量，从名称上看就知道，它是人为虚设的变量，通常取值为 0 或 1，用来反映某个变量的不同属性。对于有 *n* 个分类属性的自变量，通常需要选取 1 个分类作为参照，因此可以产生 *n*−1 个哑变量。

在数据分析或挖掘中，一些算法模型要求输入以数值类型表示的特征，但代表特征的数据不一定都是数值类型的，其中一部分是类别类型的。为了将类别类型的数据转换为数值类型的数据，类别类型的数据在被应用之前需要经过“量化”处理，从而转换为哑变量。

Pandas 提供了 get_dummies()函数用于对缺失数据进行变换。

```
pandas.get_dummies(data, prefix=None, prefix_sep='_', dummy_na=False, co
lumns=None, sparse=False, drop_first=False, dtype=None)
```

参数说明：

- data：目标数据，可以传入 Series 或者 DataFrame 数据类型。
- prefix：字符串列表或字符串 dict，默认为 None，用于追加编码后列名的字符串。在 DataFrame 上调用 get_dummies 时，需传递一个长度等于列数的列表，或者，前缀可以是将列名称映射到前缀的字典。
- prefix_sep：编码后特征名称的前缀，默认使用“_”进行分隔。
- dummy_na：默认为 False；如果忽略 False，则添加一列以表示 NaN。
- columns: 默认为 None，默认对 data 里面的所有 object 对象和 category 对象进行编码，如果指定 columns，则只对指定的特征进行编码，但是必须保证 columns 的长度与 prefix 的长度一致。
- sparse：默认为 False，如果为 True，则用 SparseArray（稀疏数组）存储；如果为 False，则用常规 NumPy 数组（False）存储。
- drop_first：默认为 False，表示是否丢弃 OneHot 编码后的第一列，因为丢弃的一列可以通过其他剩余的 *n*−1 列计算得到，也就变成了哑变量编码。
- dtype：默认为 np.uint8，新列的数据类型，只允许一个 dtype。

例如，对下面数据表中的“学历要求”列进行处理，如图 5-2 所示。

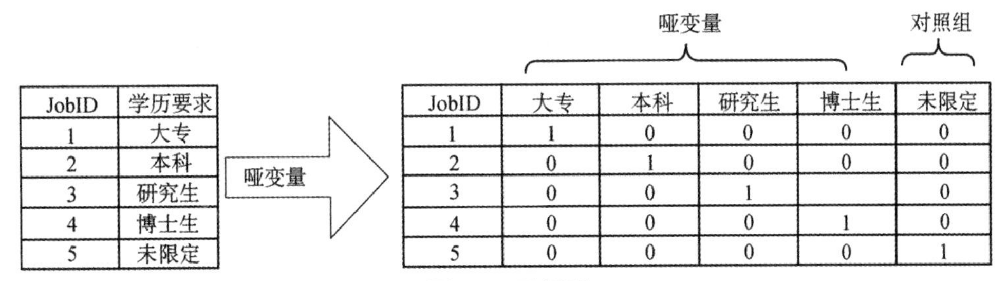

JobID	学历要求
1	大专
2	本科
3	研究生
4	博士生
5	未限定

JobID	大专	本科	研究生	博士生	未限定
1	1	0	0	0	0
2	0	1	0	0	0
3	0	0	1		0
4	0	0	0	1	0
5	0	0	0	0	1

图 5-2　示例图

示例代码：

```
# -*- coding:utf-8 -*-
import pandas as pd
df=pd.DataFrame({
       'jobID': [1,2,3,4,5],
       'education': ['大专', '本科', '研究生', '博士生', '未限定']
    })
print(df)
result=pd.get_dummies(df,prefix='列')
print('原数据：\n',df)
print('处理结果：\n',result)
```

执行结果：

```
原数据：
   jobID  education
0     1       大专
1     2       本科
2     3      研究生
3     4      博士生
4     5      未限定
处理结果：
   jobID  列_博士生  列_大专  列_未限定  列_本科  列_研究生
0     1       0       1       0       0       0
1     2       0       0       0       1       0
2     3       0       0       0       0       1
3     4       1       0       0       0       0
4     5       0       0       1       0       0
```

5. 数据规范化

标准化

数据规范化是指将属性数据按比例缩放，这样就将原来的数值映射到一个新的特定区域中，其方法分为标准化和归一化。

（1）标准化。

标准化方法应用于列，通常使用 z-score 标准化处理。

z-score 标准化利用正态分布的特点，计算一个给定分数距离平均数有多少个标准差。

它的转换公式如下：

$$x' = \frac{(x-\mu)}{\sigma}$$

公式参数说明：

- x：当前要变换的原始值。
- μ：当前特征的均值。
- σ：标准差。
- x'：变换完之后的新值。

例如，转换如表 5-5 所示数据。

表 5-5　标准化示例

ID	特征 1	特征 2	特征 3	特征 4
1	5	456	123	234
2	20	345	77	111
3	80	789	88	321

通过计算得出：

特征 1 列平均值=35，标准差值=32.40。

特征 2 列平均值=530，标准差值=188.66。

特征 3 列平均值=96，标准差值=19.61。

特征 4 列平均值=222，标准差值=86.15。

使用公式计算第一行数据如下：

对第一个数字 5 做变换：（5−35）/32.4= −0.92。

对第二个数字 456 做变换：（456−530）/188.66= −0.39。

对第三个数字 123 做变换：（123−96）/19.61=1.37。

对第四个数字 234 做变换：（234−222）/86.15=0.139。

sklearn.preprocessing.StandardScaler 类是一个用来将数据进行标准化的类。使用 StandardScaler 类完成上面的案例，代码如下：

```
from sklearn.preprocessing import StandardScaler
data = [
    [5, 456, 123,234],
    [20, 345, 77,321],
    [80, 789, 88,111]
]
# 初始化 StandardScaler 对象
scaler = StandardScaler()
# 拟合数据
scaler.fit(data)
# 输出每个特征的均值和标准差:
# mean_: 表示均值
print('均值为:\n', scaler.mean_)
```

```
# scale_：表示标准差
print('标准差为:\n', scaler.scale_)
result = scaler.transform(data)
print('变换后结果:\n', result)
```

执行结果：

```
均值为:
 [ 35. 530.  96. 222.]
标准差为:
 [ 32.40370349 188.663722    19.61292091  86.15103017]
变换后结果:
 [[-0.9258201  -0.39223227  1.3766435   0.13929027]
 [-0.46291005 -0.98058068 -0.96874913  1.1491447 ]
 [ 1.38873015  1.37281295 -0.40789437 -1.28843497]]
```

对比上面计算的第一行数据，其结果是一样的。

（2）归一化。

归一化就是获取原始数据的最大值和最小值，然后把原始值线性变换到[0,1]范围，其一般作用于行，变换公式如下：

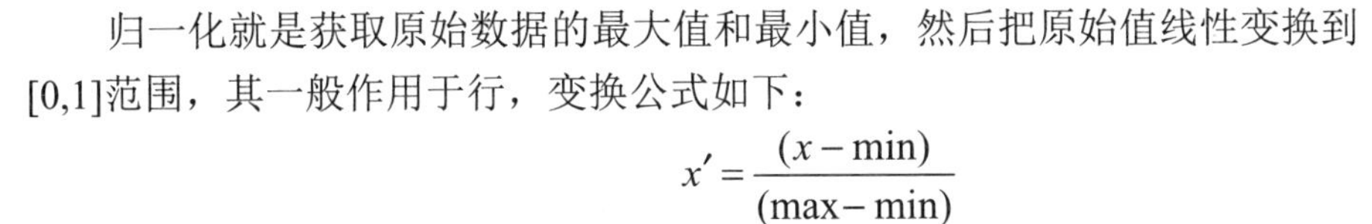

$$x' = \frac{(x - \min)}{(\max - \min)}$$

公式参数说明：

- x：当前要变换的原始值。
- min：当前特征中的最小值。
- max：当前特征中的最大值。
- x'：变换完之后的新值。

例如，转换如表 5-6 所示数据。

表 5-6　归一化示例

ID	特征 1	特征 2	特征 3	特征 4
1	5	456	123	234
2	20	345	77	111
3	80	789	88	321

通过观察得出：

特征 1 列最大值=80，最小值=5。

特征 2 列最大值=789，最小值=345。

特征 3 最大值=123，最小值=77。

特征 4 最大值=321，最小值=111。

使用公式计算第一行数据如下：

对第一个数字 5 做变换：（5−5）/（80−5）=0。

对第二个数字 456 做变换：（456−345）/（789−345）=0.25。

对第三个数字 123 做变换：（123−77）/（123−77）=1。

对第四个数字 234 做变换：（234−111）/（321−111）=0.585。

sklearn.preprocessing.MinMaxScaler 类提供了归一化处理方法，使用 MinMaxScaler 类完成上面案例，代码如下：

```
from sklearn.preprocessing import MinMaxScaler
data = [
    [5, 456, 123,234],
    [20, 345, 77,321],
    [80, 789, 88,111]
]
scaler = MinMaxScaler() # 默认将数据拟合到 [0, 1] 范围内
# 拟合数据：
scaler.fit(data)
# 特征最大值
print('特征最大值=',scaler.data_max_)
# 特征最小值
print('特征最小值=',scaler.data_min_)
# 变换所有数据：
print('变换结果:\n',scaler.transform(data))
```

执行结果：

```
特征最大值= [ 80. 789. 123. 321.]
特征最小值= [  5. 345.  77. 111.]
变换结果：
特征最大值= [ 80. 789. 123. 321.]
特征最小值= [  5. 345.  77. 111.]
变换结果：
 [[0.         0.25       1.         0.58571429]
 [0.2        0.         0.         1.        ]
 [1.         1.         0.23913043 0.        ]]
```

对比上面计算的第一行数据，其结果是一样的。

相关案例

案例讲解

案例演示

下面按照本学习情境所涉及的知识面及知识点，作为下一步工作实施的参考案例，展示项目案例“使用 Pandas+Sklearn 对学生成绩实现数据规范化”的实施过程。

按照该项目的实际开发过程，以下展示的是具体流程。

1. 确定数据源

使用统计到的某软件专业大二学生成绩“学生成绩表.csv”文件数据，如图 5-3 所示。

1	姓名	学号	Web编程基础	JavaEE应用开发	Python网络爬虫	Hadoop大数据开发	大学语文与写作
2	王佳	20182701011	68	70	70	67	68
3	曾浩	20182318040	79	68	73	78	79
4	潘康	20182701050	85	67	74	82	82
5	王丰	20182701031	86	80	78	85	85
6	王俊	20182701051	82	75	69	80	80
7	黄旭	20182701012	69	69	70	67	68
8	潘浩	20182701051	79	65	75	78	76
9	杨盛	20182701052	84	74	81	83	78
10	李波	20182701032	79	70	76	78	79
11	吴雄	20182701052	79	69	78	78	76
12	林祖一	20182701011	80	73	78	79	73
13	汤希	20182701051	85	82	86	85	87
14	罗林	20182701013	88	76	81	87	85
15	谢发	20182701050	84	75	83	83	78
16	魏云	20182701050	87	71	83	85	84
17	钟信	20182701011	81	78	70	78	78
18	钟维	20181821022	84	83	73	82	81
19	姚森	20182701032	79	71	64	77	77
20	陈林	20172701050	80	86	76	78	84
21	吴海天	20182701050	82	72	74	79	79
22	张俊	20182701030	85	66	78	84	83

图 5-3　确定数据源

2. 需求与分析设计

需求：对学生各科目成绩数据进行规范化处理。

分析设计：选择使用标准化处理。使用 Pandas 读入数据，然后把科目数据（Web 编程基础、JavaEE 应用开发、Python 网络爬虫、Hadoop 大数据开发、大学语文与写作）转换成数组形式，最后使用 StandardScaler 类对相关数据进行规范化处理。

3. 开发环境

- 操作系统：Windows 10。
- 本地语言环境：Python 3.7.3。
- 编译工具：PyCharm 2021 社区版。
- pip 包管理工具版本：21.3.1。
- Pandas 版本：1.3.4。
- NumPy 版本：1.21.3。
- scikit-learn 版本：1.0.1。

4. 项目开发

（1）创建项目。

打开 PyCharm，新建一个项目并命名为“UnitFive”，如图 5-4 所示。

（2）添加数据源。

把“学生成绩表.csv”文件添加到项目中，如图 5-5 所示。

（3）编写代码。

新建一个 Situation_1.py 可执行文件，如图 5-6 所示。

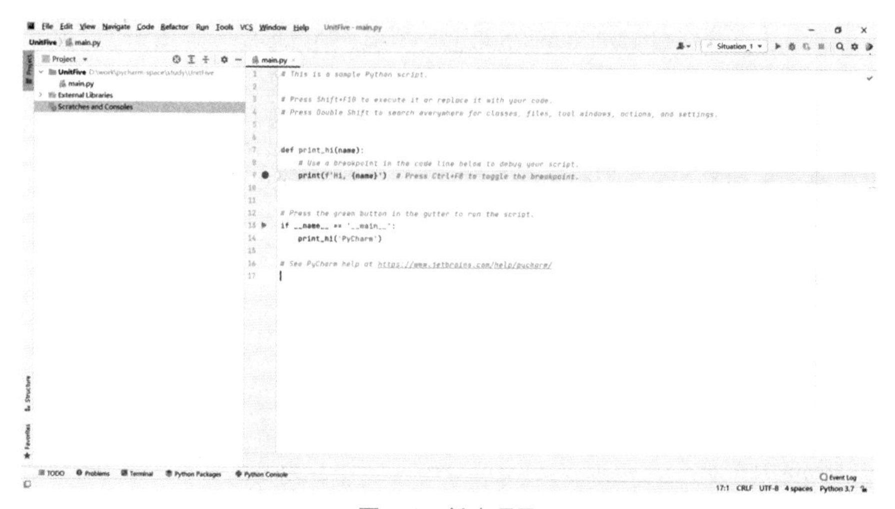

图 5-4　创建项目

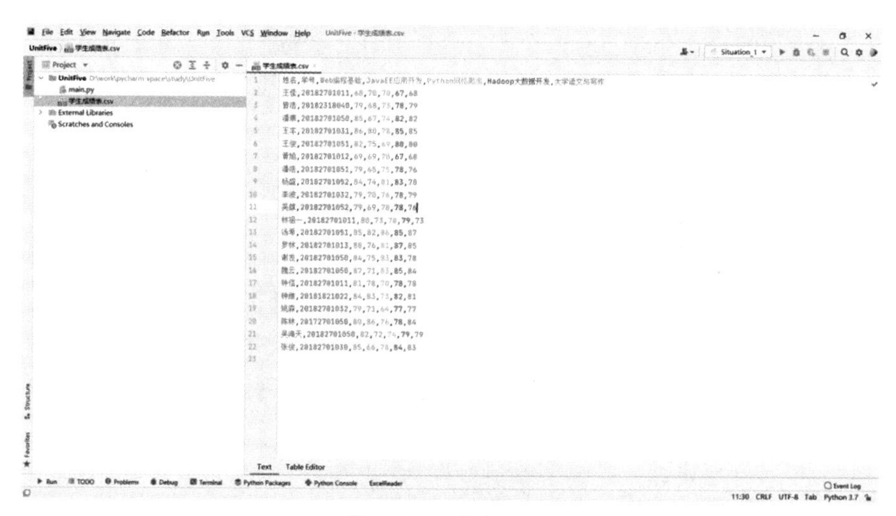

图 5-5　添加数据源

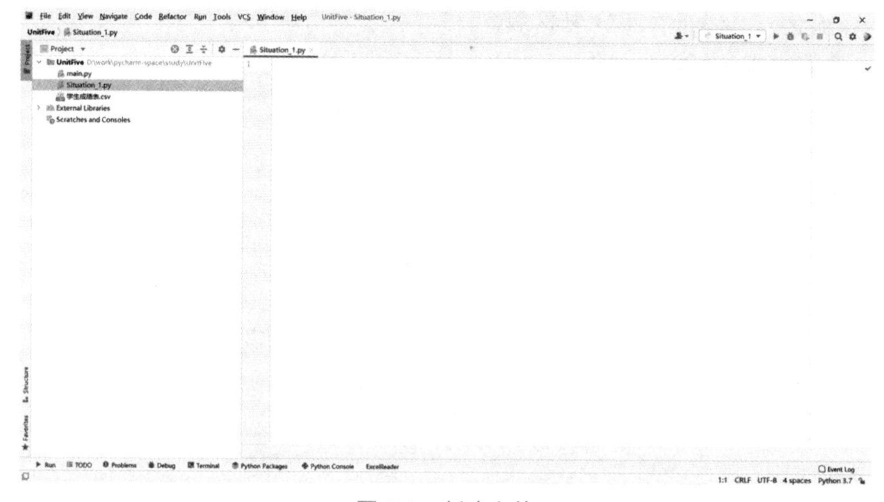

图 5-6　新建文件

添加 scikit-learn 的代码为：pip install scikit-learn。

按照分析设计编写代码，代码如下：

```
import numpy as np
import pandas as pd
from sklearn.preprocessing import StandardScaler
# 读取数据
df = pd.read_csv("学生成绩表.csv", sep=',', encoding='utf-8')
print('原数据：\n', df.head())  # 显示前 5 行数据
# 将选取的科目列的数据转化为 array
data_array = np.array(df[['Web 编程基础', 'JavaEE 应用开发', 'Python 网络爬虫',
'Hadoop 大数据开发', '大学语文与写作']])
# 然后转化为 list 形式
data_list = data_array.tolist()
# 初始化 StandardScaler 对象
scaler = StandardScaler()
# 拟合数据
scaler.fit(data_list)
# 输出每个特征的均值和标准差
# mean_：表示均值
print('均值为:\n', scaler.mean_)
# scale_：表示标准差
print('标准差为:\n', scaler.scale_)
result = scaler.transform(data_list)
print('变换后结果:\n', result)
```

（4）运行项目并查看结果。

运行项目，并在控制台中查看运行结果，结果如下：

```
原数据：
     姓名          学号  Web编程基础  JavaEE应用开发  Python网络爬虫  Hadoop大数据
开发  大学语文与写作
0  王佳  20182701011      68        70        70        67        68
1  曾浩  20182318040      79        68        73        78        79
2  潘康  20182701050      85        67        74        82        82
3  王丰  20182701031      86        80        78        85        85
4  王俊  20182701051      82        75        69        80        80
均值为:
 [81.19047619 73.33333333 75.71428571 79.66666667 79.04761905]
标准差为:
 [4.98205396 5.65965953 5.30177739 5.0552503  4.9711184 ]
变换后结果:
 [[-2.64759802 -0.58896358 -1.07780567 -2.5056458  -2.22236088]
 [-0.43967332 -0.94234173 -0.51195769 -0.32969024 -0.00957914]
```

```
[ 0.76464925 -1.1190308  -0.3233417   0.46156633  0.59390679]
[ 0.96536967  1.17792716  0.43112227  1.05500876  1.19739271]
[ 0.16248796  0.29448179 -1.26642166  0.06593805  0.19158283]
[-2.44687759 -0.76565265 -1.07780567 -2.5056458  -2.22236088]
[-0.43967332 -1.47240895 -0.13472571 -0.32969024 -0.61306507]
[ 0.56392882  0.11779272  0.99697024  0.65938047 -0.21074112]
[-0.43967332 -0.58896358  0.05389028 -0.32969024 -0.00957914]
[-0.43967332 -0.76565265  0.43112227 -0.32969024 -0.61306507]
[-0.23895289 -0.05889636  0.43112227 -0.13187609 -1.216551  ]
[ 0.76464925  1.5313053   1.9400502   1.05500876  1.59971667]
[ 1.36681053  0.47117086  0.99697024  1.45063704  1.19739271]
[ 0.56392882  0.29448179  1.37420222  0.65938047 -0.21074112]
[ 1.1660901  -0.41227451  1.37420222  1.05500876  0.99623074]
[-0.03823246  0.82454901 -1.07780567 -0.32969024 -0.21074112]
[ 0.56392882  1.70799438 -0.51195769  0.46156633  0.39274481]
[-0.43967332 -0.41227451 -2.20950161 -0.52750438 -0.41190309]
[-0.23895289  2.2380616   0.05389028 -0.32969024  0.99623074]
[ 0.16248796 -0.23558543 -0.3233417  -0.13187609 -0.00957914]
[ 0.76464925 -1.29571987  0.43112227  0.85719462  0.79506876]]
```

通过观看，运行结果正确，案例项目完成。

工作实施

按照制订的最佳方案实施计划进行项目开发，填写相应的工作流程内容。

评价反馈

各自完成学习情境的开发并展示作品，介绍任务的完成过程，作品展示前应准备阐述材料，并完成评价表 5-7、表 5-8、表 5-9。

（1）学生进行自我评价。

表 5-7　学生自评表

班级：	姓名：		学号：
学习情境 7	使用 Pandas+Sklearn 对学生成绩实现数据规范化		
评价项目	评价标准	分值	得分
环境管理	能正确、熟练使用 pip 安装管理 scikit-learn 库	10	
需求分析	能正确、熟练地对需求进行分析，并制订方案	20	
代码编写能力	根据制订的方案，独立编写对学生成绩数据进行数据规范化处理的相关代码的能力	50	
工作质量	根据开发过程及成果评定工作质量	20	
合计		100	

（2）在学生展示过程中，以个人为单位，对以上学习情境过程与结果进行互评。

表 5-8　学生互评表

学习情境 7	使用 Pandas+Sklearn 对学生成绩实现数据规范化											
评价项目	分值	等级								评价对象		
										1	2	3	4
计划合理	10	优	10	良	9	中	8	差	6				
方案准确	10	优	10	良	9	中	8	差	6				
工作质量	20	优	20	良	18	中	15	差	12				
工作效率	15	优	15	良	13	中	11	差	9				
工作完整	10	优	10	良	9	中	8	差	6				
工作规范	10	优	10	良	9	中	8	差	6				
识读报告	10	优	10	良	9	中	8	差	6				
成果展示	15	优	15	良	13	中	11	差	9				
合计	100												

（3）教师对学生工作过程和工作结果进行评价。

表 5-9　教师综合评价表

班级：		姓名：		学号：
学习情境 7		使用 Pandas+Sklearn 对学生成绩实现数据规范化		
评价项目		评价标准	分值	得分
考勤（20%）		无无故迟到、早退、旷课现象	20	
工作过程（50%）	环境管理	能正确、熟练使用 pip 工具管理开发环境	10	
	需求分析	能根据需求正确、熟练地设计对学生成绩数据进行数据规范化处理的方案	10	
	方案制作	能根据技术能力快速、准确地制订工作方案	10	
	编写代码	能根据方案正确、熟练地编写对学生成绩数据进行数据规范化处理的代码	10	
	职业素质	能做到安全、文明、合法、爱护环境	5	

（续表）

评价项目		评价标准	分值	得分
项目成果（30%）	工作完整	能按时完成任务	10	
	工作质量	能按计划完成工作任务	15	
	识读报告	能正确识读并准备成果展示的各项报告材料	5	
	成果展示	能准确表达、汇报工作成果	5	
合计			100	

拓展思考

（1）数据变换与数据规约的区别是什么？

（2）举例：一个简单的哑变量实际应用场景。

单元 6　Kettle 工具使用

Kettle 最早是一个免费开源的、可视化的、功能强大的 ETL 工具，全称为 KDE Extraction，Transportation，Transformation and Loading Environment。在 2006 年，Pentaho 公司收购了 Kettle 项目，原 Kettle 项目发起人 Matt Casters 加入了 Pentaho 团队，成为 Pentaho 套件数据集成架构师。从此，Kettle 成为企业级数据集成及商业智能套件 Pentaho 的主要组成部分，Kettle 也重命名为 Pentaho Data Integration。Pentaho 公司于 2015 年被 Hitachi Data Systems 收购。本单元教学导航如表 6-1 所示。

教学导航

表 6-1　教学导航

知识重点	1. 掌握 Kettle 工具的使用方法 2. 掌握使用 Kettle 对数据进行清洗
知识难点	1. Kettle 清洗数据的流程设计 2. 在 Kettle 中选择正确的控件清洗数据
推荐教学方式	从学习情境入手，通过“使用 ETL 工具 Kettle 对职业能力大数据分析平台学生信息数据进行清洗”案例的实施，让学生熟悉并掌握 Kettle 的使用，以及清洗数据的流程和控件的使用
建议学时	8 学时
推荐学习方法	改变思路，学习方式由“先学习全部理论知识实践项目”变成“直接实践项目，遇到不懂的再查阅相关资料”。实操动手编写代码，运行代码，得到结果，可以迅速使学生熟悉并掌握 Kettle 清洗数据的各种流程及方法
必须掌握的理论知识	Kettle 清洗数据的模型及概念
必须掌握的技能	1. Kettle 的安装与环境配置 2. Kettle 清洗数据控件的使用方法

学习情境 8　使用 ETL 工具 Kettle 对职业能力大数据分析平台学生信息数据进行清洗

学习情境描述

本学习情境的重点主要是熟悉使用 Kettle 进行数据清洗的方法。

● 教学情境描述：通过教师讲授 Kettle 数据清洗的方法和应用实例，学习使用 Kettle 对职业能力大数据分析平台学生信息数据进行清洗。

- 关键知识点：Kettle 数据清洗。
- 关键技能点：Kettle、数据清洗、环境配置、控件使用。

学习目标

- 掌握 Kettle 安装及环境搭建的流程。
- 掌握 Kettle 数据清洗的流程。
- 掌握使用 Kettle 处理缺失数据的方法。
- 掌握使用 Kettle 处理重复数据的方法。
- 掌握使用 Kettle 处理噪声数据的方法。
- 掌握使用 Kettle 处理离群点的方法。

任 务 书

- 完成 Kettle 的下载、安装及配置。
- 熟练掌握 Kettle 工具的使用方法。
- 熟练掌握 Kettle 工具中控件的使用方法。
- 完成对职业能力大数据分析平台学生信息数据的分析设计。
- 完成使用 Kettle 对职业能力大数据分析平台学生信息数据进行清洗。

获取信息

引导问题 1：了解 Kettle。

（1）Kettle 是什么？

____

____

（2）Kettle 可以做什么？

____

____

引导问题 2：了解 Kettle 清洗数据。

（1）Kettle 清洗数据的流程是什么？

____

____

（2）Kettle 清洗数据需要用到哪些控件？

____

____

工作计划

（1）制订工作方案（见表 6-2）。

表 6-2　工作方案

步骤	工作内容
1	
2	
3	
4	
5	

（2）列出工具清单（见表 6-3）。

表 6-3　工具清单

序号	名称	版本	备注
1			
2			
3			
4			
5			

（3）列出技术清单（见表 6-4）。

表 6-4　技术清单

序号	名称	版本	备注
1			
2			
3			
4			
5			

进行决策

（1）根据引导、构思、计划等，各自阐述自己的设计方案。
（2）对其他人的设计方案提出自己不同的看法。
（3）教师结合大家完成的情况进行点评，选出最佳方案，并写出最佳方案。

____

____

____

____

____

知识准备

本学习情境要学习的知识与技能图谱如图 6-1 所示。

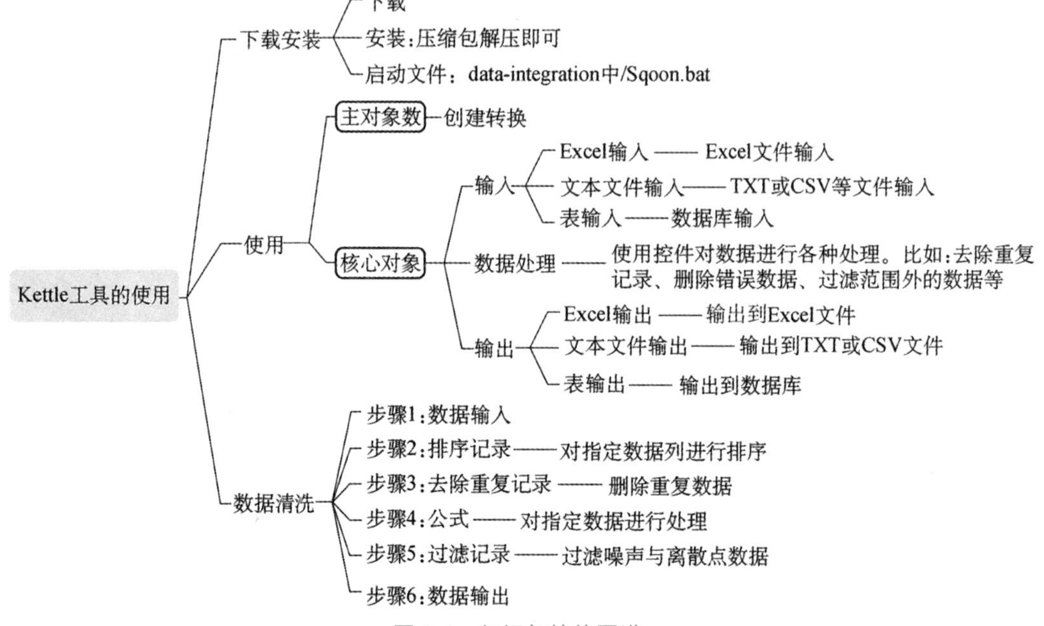

图 6-1　知识与技能图谱

1. Kettle 的主要功能

Kettle 作为一个端对端的数据集成平台，可以对多种数据源进行抽取、加载、“入湖”，对数据进行各种清洗、转换、混合，并支持多维联机分析处理和数据挖掘。

2. Kettle 的主要组件

Kettle 有三个主要组件：Spoon、Kitchen、Pan。

- Spoon：一个图形化的界面，可以让我们用图形化的方式开发、转换和作业。Windows 系统可选择 Spoon.bat；Linux 系统可选择 Spoon.sh。
- Kitchen：利用 Kitchen，可以使用命令行调用 Job。
- Pan：利用 Pan，可以用命令行的形式调用 Trans。

3. Kettle 的初步使用

（1）环境要求。

需要安装 JDK 并正确地设置环境变量。

JAVA_HOME：D:\installed\java\1.8jdk（此路径为 JDK 安装目录）。

CLASSPATH：.;%JAVA_HOME%\lib\dt.jar;%JAVA_HOME%\lib\tools.jar。

PATH：追加 %JAVA_HOME%\bin 和%JAVA_HOME%\jre\bin。

（2）下载 Kettle。

在百度中搜索“Kettle”，找到官方网站单击进入，如图 6-2 所示。

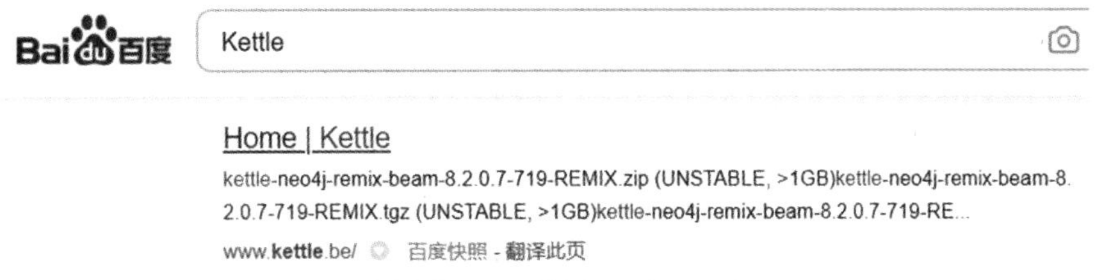

图 6-2　Kettle 官网

进入官网后，找到最新版的 zip 压缩包并单击下载，如图 6-3 所示。

图 6-3　下载压缩包

下载后的压缩包文件如图 6-4 所示。

kettle-neo4j-remix-8.2.0.7-719-REMIX.zip

图 6-4　下载后的压缩包文件

（3）安装 Kettle。

因为下载的是压缩包，所以只需要解压即可使用。

本课程解压目录为 D:\installed\data-integration，如图 6-5 所示。

电脑 › 本地磁盘 (D:) › installed › data-integration

名称	修改日期	类型	大小
.telemetry	2021/12/4 12:26	文件夹	
classes	2021/12/4 12:02	文件夹	
Data Integration.app	2021/12/4 12:02	文件夹	
Data Service JDBC Driver	2021/12/4 12:02	文件夹	
docs	2021/12/4 12:02	文件夹	
kettle-plugin-examples	2021/12/4 12:02	文件夹	
launcher	2021/12/4 12:02	文件夹	
lib	2021/12/4 15:36	文件夹	
libswt	2021/12/4 12:02	文件夹	
logs	2021/12/4 15:36	文件夹	
plugins	2021/12/4 12:02	文件夹	
pwd	2021/12/4 12:02	文件夹	
samples	2021/12/4 12:02	文件夹	
simple-jndi	2021/12/4 12:02	文件夹	
static	2021/12/4 12:02	文件夹	
system	2021/12/4 12:02	文件夹	
ui	2021/12/4 12:02	文件夹	
Carte.bat	2019/6/27 20:21	Windows 批处理...	2 KB
carte.sh	2019/6/27 20:21	Shell Script	2 KB
Encr.bat	2019/6/27 20:21	Windows 批处理...	2 KB
encr.sh	2019/6/27 20:21	Shell Script	2 KB
Import.bat	2019/6/27 20:21	Windows 批处理...	2 KB
import.sh	2019/6/27 20:21	Shell Script	2 KB
import-rules.xml	2019/6/27 20:20	XML 文件	3 KB
Kitchen.bat	2019/6/27 20:21	Windows 批处理...	2 KB
kitchen.sh	2019/6/27 20:21	Shell Script	2 KB

图 6-5　解压

由于要连接数据库，所以需要下载对应的驱动包。

进入 MySQL 数据库驱动包下载网站。

选择对应的版本及操作系统，下载 zip 压缩包文件，单击“Download”按钮下载，如图 6-6 所示。

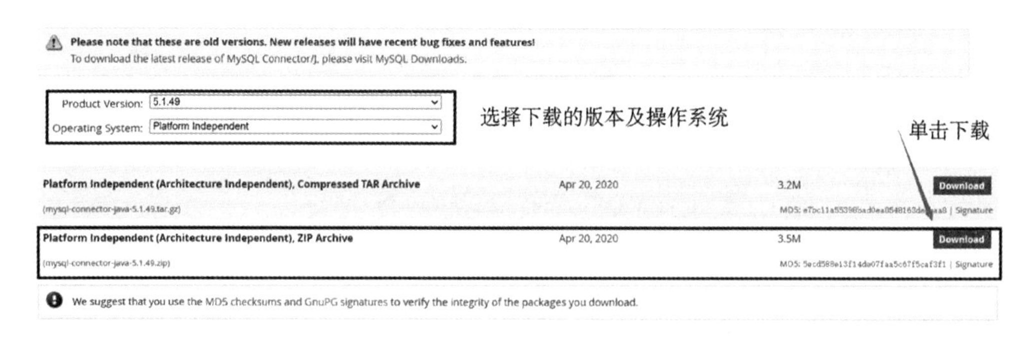

图 6-6　下载驱动包

下载完毕后，解压压缩包，将 mysql-connector-java-5.1.46-bin.jar 文件存放到\data-integration\lib\路径下，如图 6-7 所示。

此电脑 › 本地磁盘 (D:) › installed › data-integration › lib

名称	修改日期
mail-1.4.7.jar	2018/9/26 23:30
mdrapi-200507110943.jar	2018/12/15 0:56
metastore-8.2.0.7-719.jar	2019/6/27 20:23
mimepull-1.9.3.jar	2018/12/15 1:10
mof-200507110943.jar	2018/12/15 0:56
mondrian-8.2.0.7-719.jar	2019/6/27 20:23
monetdb-jdbc-2.8.jar	2018/9/26 23:30
mstor-0.9.13.jar	2018/9/26 23:31
mysql-connector-java-5.1.46-bin.jar	2018/2/26 14:28
nbmdr-200507110943-custom.jar	2018/12/15 0:56
nekohtml-1.9.15.jar	2018/9/26 23:30

图 6-7　移动 mysql-connector-java-5.1.46-bin.jar 文件

（4）启动 Kettle。

在目录 data-integration 中，找到 Spoon.bat 文件，双击该文件即可启动 Kettle，如图 6-8 所示。

电脑 › 本地磁盘 (D:) › installed › data-integration ›

名称	修改日期
kitchen.sh	2019/6/27 20:21
LICENSE.txt	2019/6/27 20:20
Maitre.bat	2021/8/11 10:01
maitre.sh	2021/8/11 10:01
Pan.bat	2019/6/27 20:21
pan.sh	2019/6/27 20:21
PentahoDataIntegration_OSS_Licens...	2019/6/24 19:47
purge-utility.bat	2019/6/27 20:21
purge-utility.sh	2019/6/27 20:21
README.txt	2019/6/27 20:20
README-spark-app-builder.txt	2019/6/27 20:20
runSamples.bat	2019/6/27 20:21
runSamples.sh	2019/6/27 20:21
set-pentaho-env.bat	2019/6/27 20:21
set-pentaho-env.sh	2019/6/27 20:21
Spark-app-builder.bat	2019/6/27 20:21
spark-app-builder.sh	2019/6/27 20:21
Spoon.bat	2019/6/27 20:21
spoon.command	2019/6/27 20:21
spoon.ico	2019/6/27 20:21

图 6-8　启动 Kettle

启动后的界面如图 6-9 所示。

4. Kettle 导入和导出 MySQL 数据库数据

Kettle 导出 MySQL 数据到 Excel 表

（1）将 MySQL 数据库数据导入 Excel 文件。

下面演示从 MySQL 服务器中，把 mydb 数据库里面的 student 表转换输出到一个 Excel 表中的步骤。

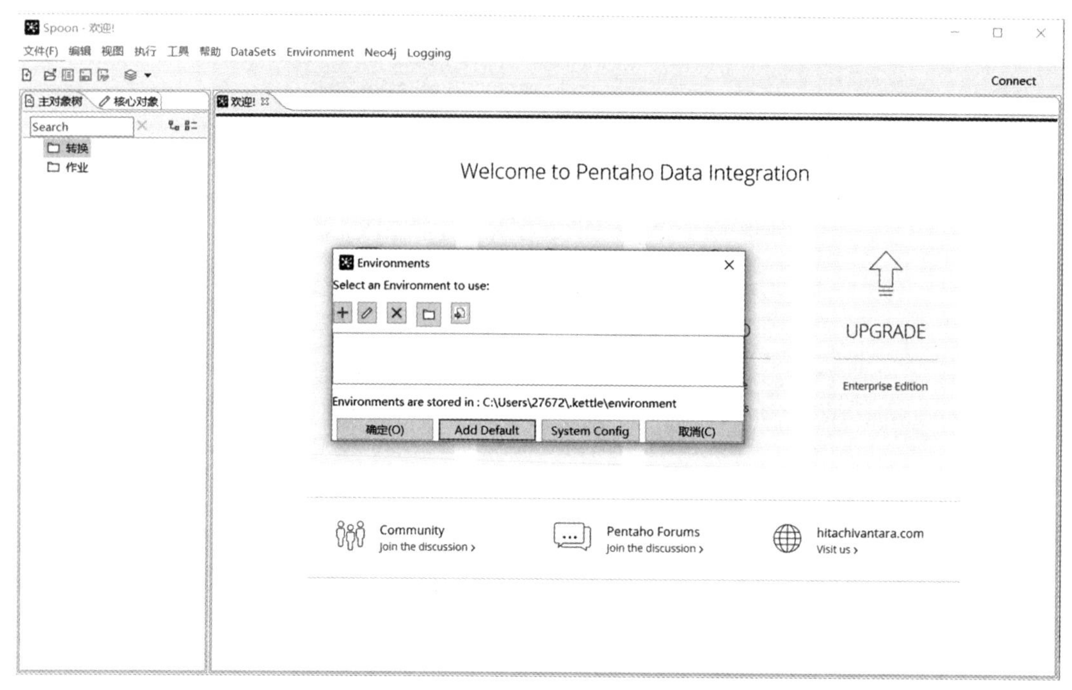

图 6-9　启动后的界面

①新建转换项目。

在主界面中，选择“主对象树”栏，如图 6-10 所示。

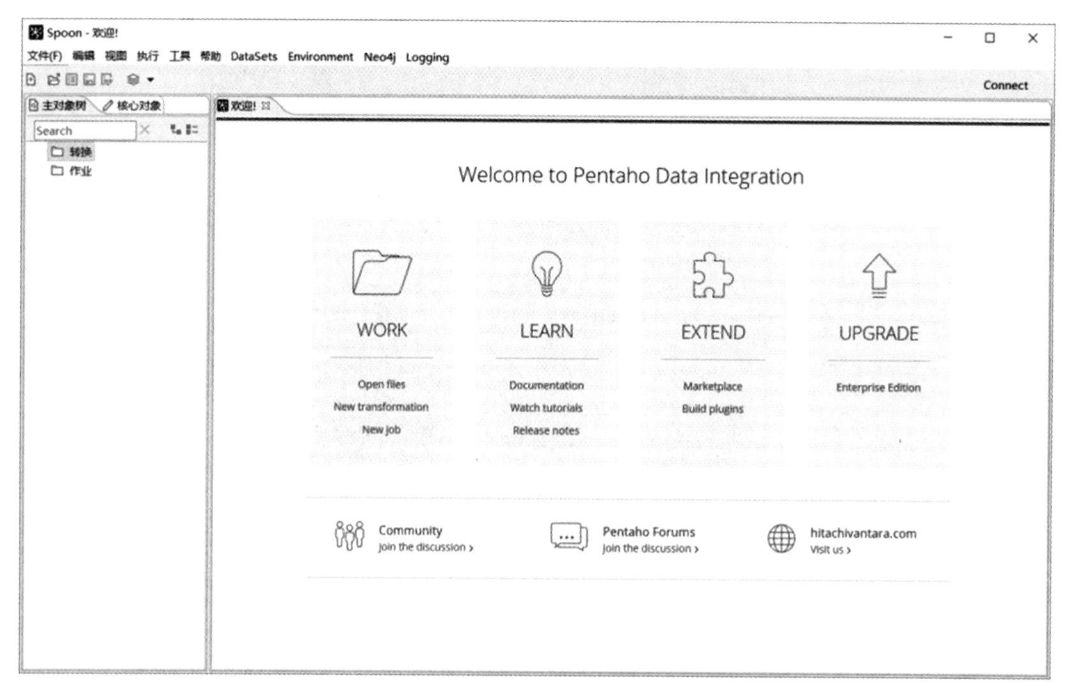

图 6-10　选择“主对象树”栏

然后选中“转换”选项→单击右键后选择“新建”选项，就会新建一个窗口，如图 6-11 所示。

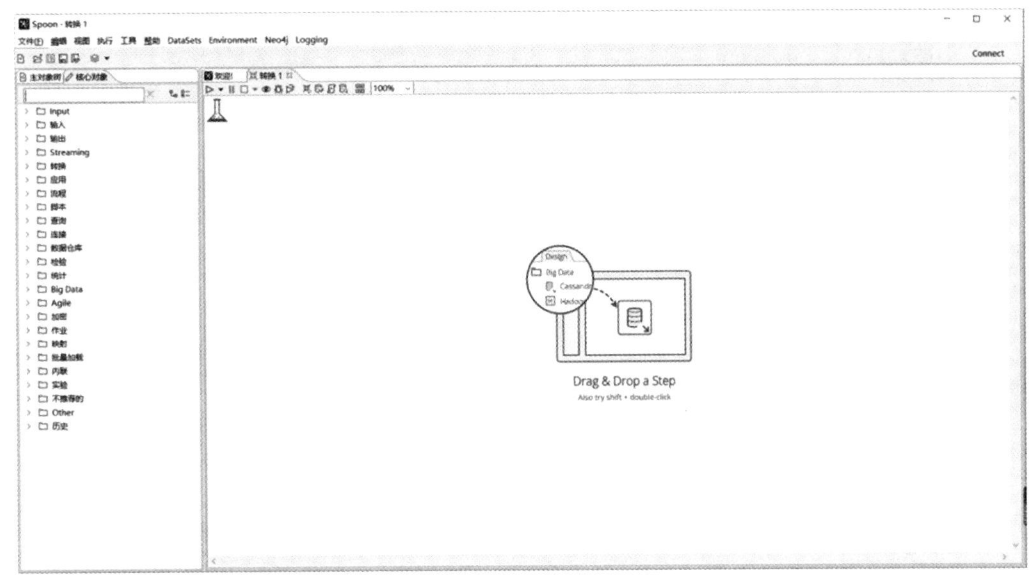

图 6-11　新建转换项目窗口

单击“保存”按钮，在弹出的对话框中设置保存项目的路径及文件名，如图 6-12 所示。

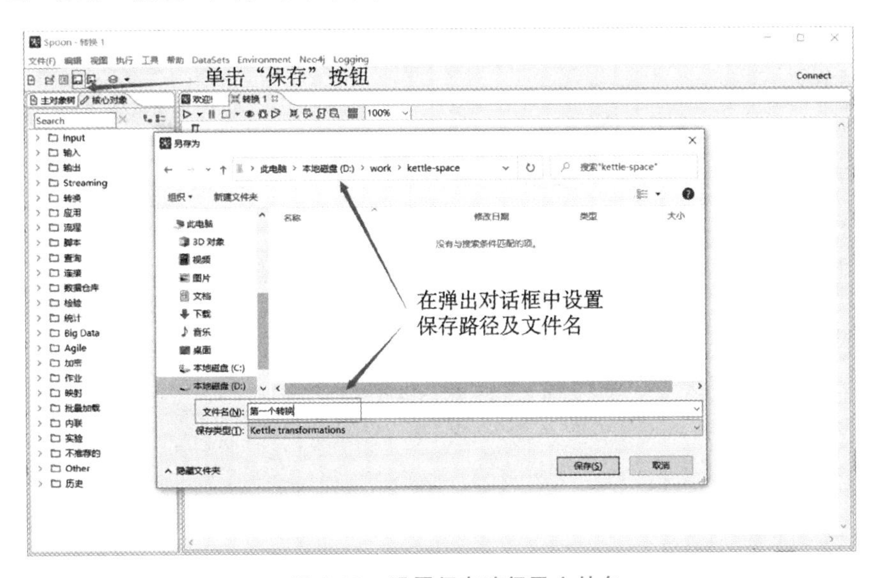

图 6-12　设置保存路径及文件名

新建项目“第一个转换”完成，查看项目框架结构：核心对象、状态栏、画布，如图 6-13 所示。

②添加表输入。

选择“核心对象”→“输入”→“表输入”选项，然后选中“表输入”控件，按住鼠标拖曳其图标到画布中，如图 6-14 所示。

③添加 Excel 输出。

同上，依次选择“核心对象”→“输出”→“Excel 输出”选项，选中“Excel 输出”控件后，按住鼠标拖曳其图标到画布中，如图 6-15 所示。

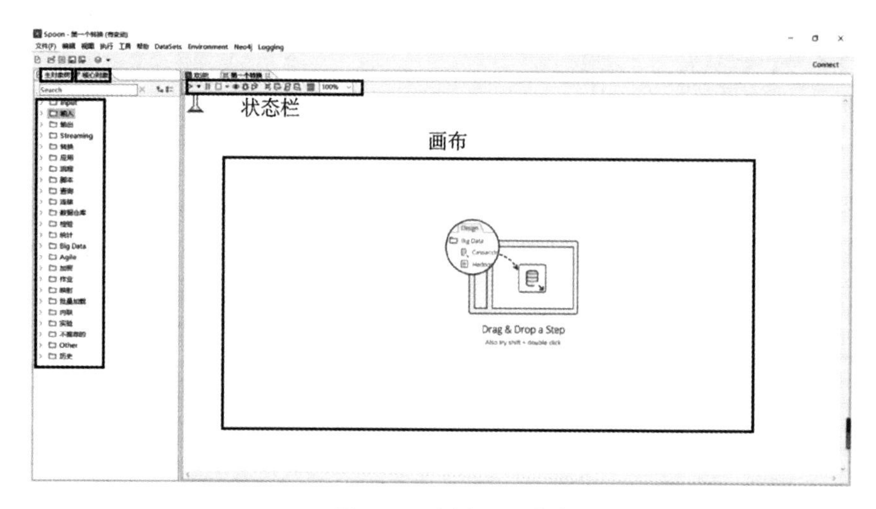

图 6-13　新建项目完成

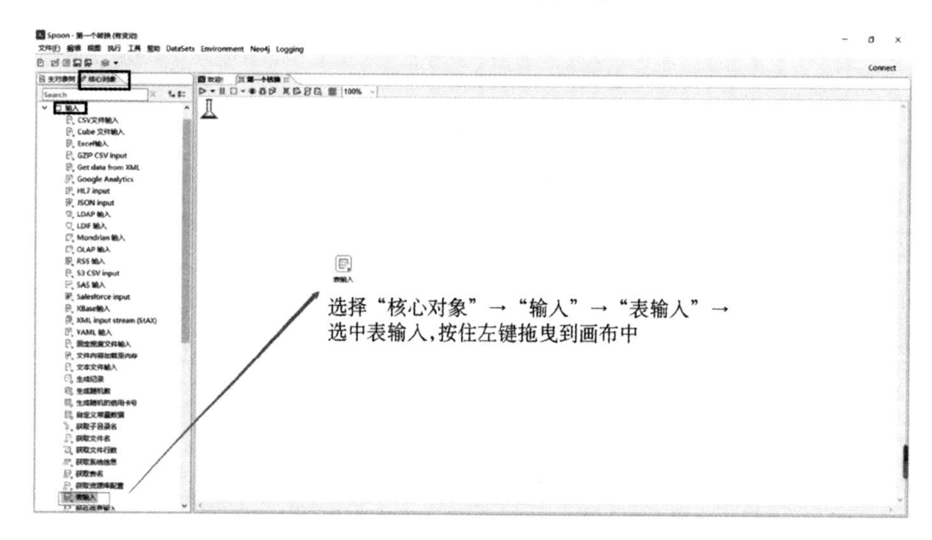

图 6-14　添加表输入

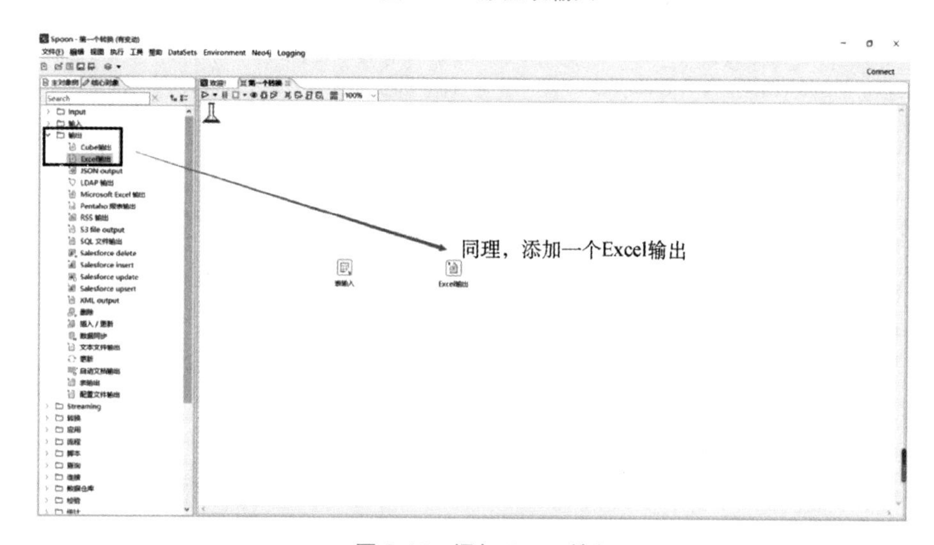

图 6-15　添加 Excel 输入

④添加单项通道连接。

将鼠标指针放在“表输入”控件上，在其下方弹出的连接属性框中单击第四个图标（输出连接图标），然后把鼠标指针移动到“Excel 输出”控件上，注意此时会出现一带箭头蓝色的连接线，从“表输入”控件连接到“Excel 输出”控件，然后松开鼠标，完成添加单项通道连接，如图 6-16、图 6-17 所示。

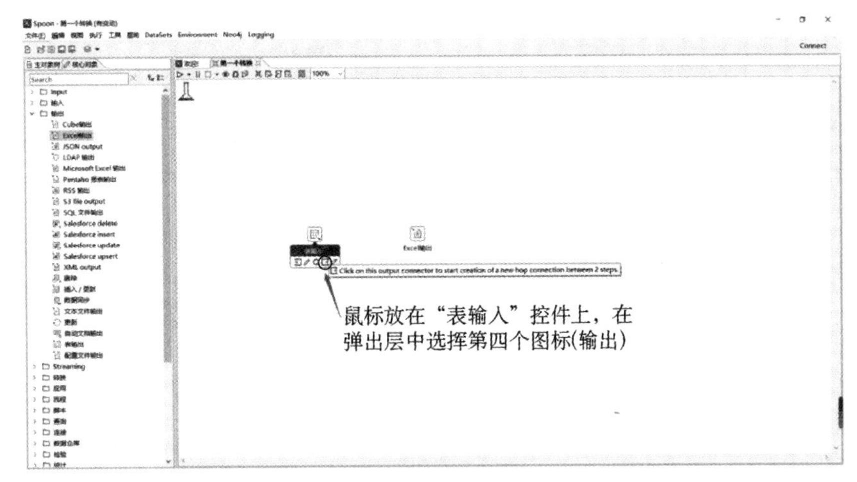

图 6-16　单击输出连接图标

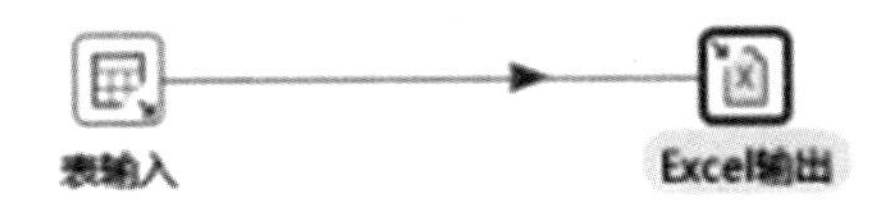

图 6-17　添加单项通道连接

⑤配置“表输入”控件。

双击画布中的“表输入”控件，弹出一个“表输入”对话框，然后单击“数据库连接”后面的“新建”按钮，如图 6-18 所示。

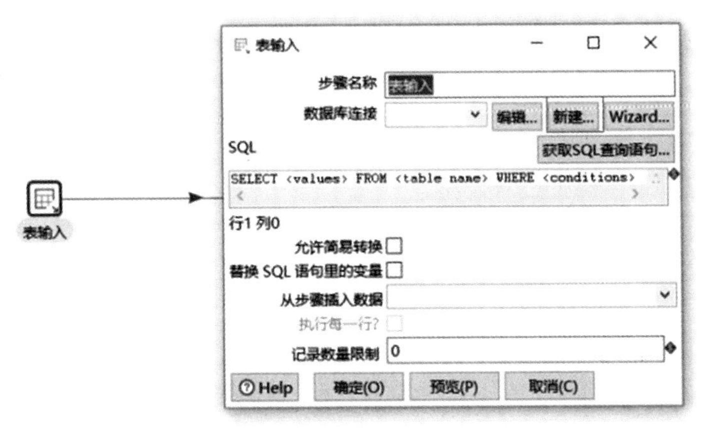

图 6-18　新建数据库连接

在弹出的“数据库连接”对话框中，添加正确的连接数据库的信息，如图 6-19 所示。

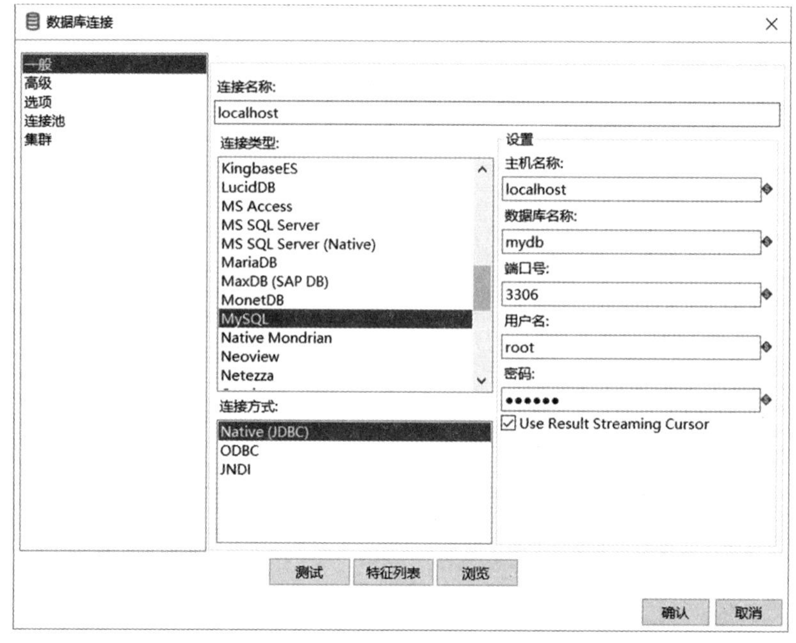

图 6-19　添加连接数据库的信息

添加完成后，单击“测试”按钮进行测试，如果弹出“Connection tested successf...”对话框，则表示连接成功，否则连接失败。然后单击“确认”按钮，如图 6-20 所示。

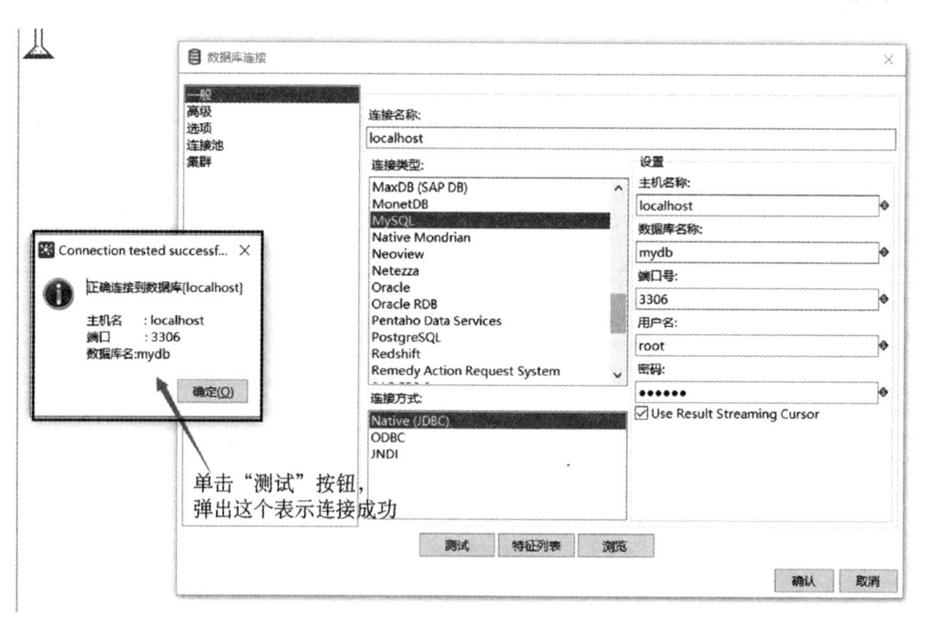

图 6-20　测试连接是否成功

单击“表输入”对话框中的“获取 SQL 查询语句”按钮，如图 6-21 所示。在打开的“数据库浏览器”对话框中，选择 student 表，单击“确定”按钮，如图 6-22 所示。

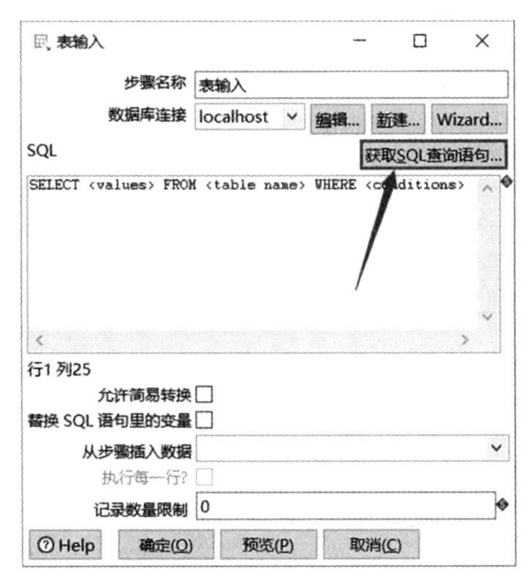

图 6-21　单击“获取 SQL 查询语句”按钮

图 6-22　选择数据表

在“问题？”弹出框中单击“是”按钮，如图 6-23 所示。

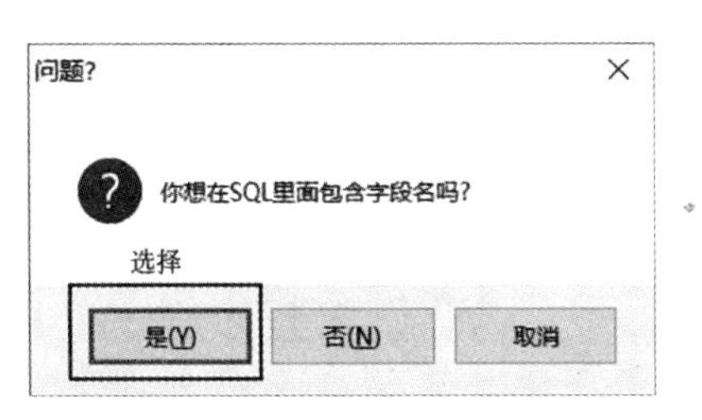

图 6-23　单击“是”按钮

在“表输入”对话框中就会显示所查询 student 的 SQL 语句信息，如图 6-24 所示。

⑥配置“Excel 输出”控件。

双击画布中的“Excel 输出”控件，弹出“Excel 输出”对话框，在“文件”选项卡中设置文件名，即文件输出存储的路径及文件名，这里保存到 D:\work\kettle-space 目录下，文件名为 out_student_file，使用默认的 xls 扩展名，如图 6-25 所示。

图 6-24　显示所查询 SQL 语句

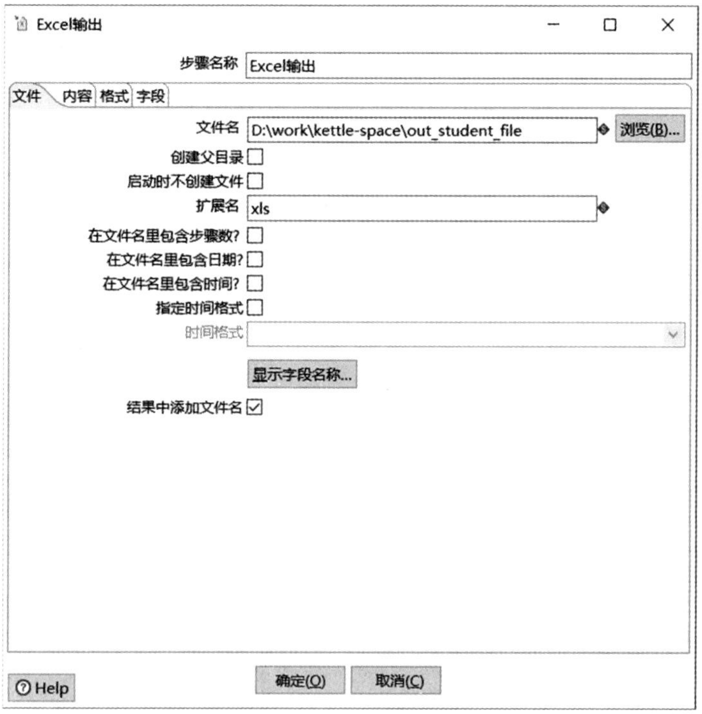

图 6-25　“Excel 输出”对话框

选择“字段”选项卡，单击“获取字段”按钮，即可查看输出的字段信息，如图 6-26 所示。

⑦进行转换。

单击“状态栏”上的▷启动图标（快捷键 F9），在弹出的对话框中，单击“启动”按钮进行转换，如图 6-27 所示。

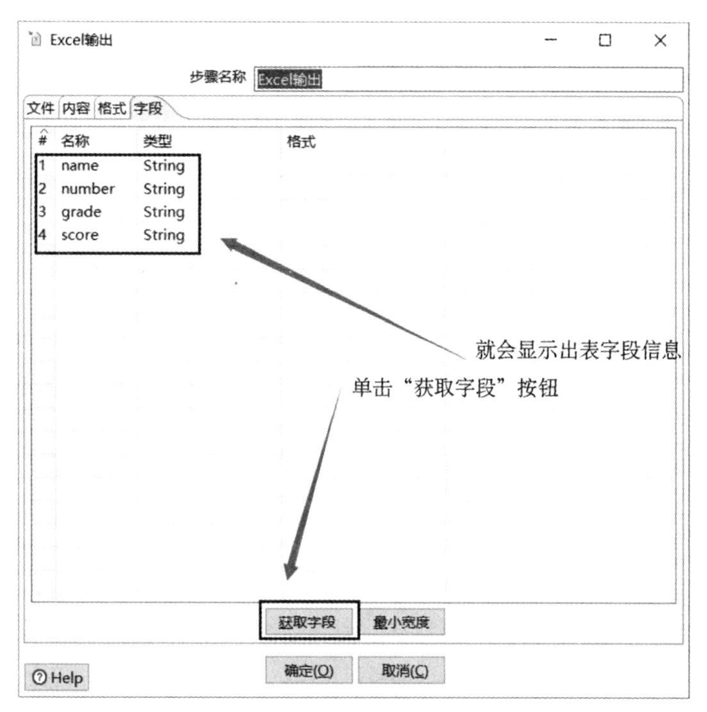

图 6-26　查看字段信息

图 6-27　进行转换

⑧查看转换过程信息。

在执行结果窗口中有日志、执行历史、步骤度量、性能图、Metrics、Previwe data 标签，可以查看转换过程的信息。如果转换失败，也可以在这里检查失败的信息，从而排除错误。

- 日志标签，其展示了该转换的时间执行过程，如图 6-28 所示。

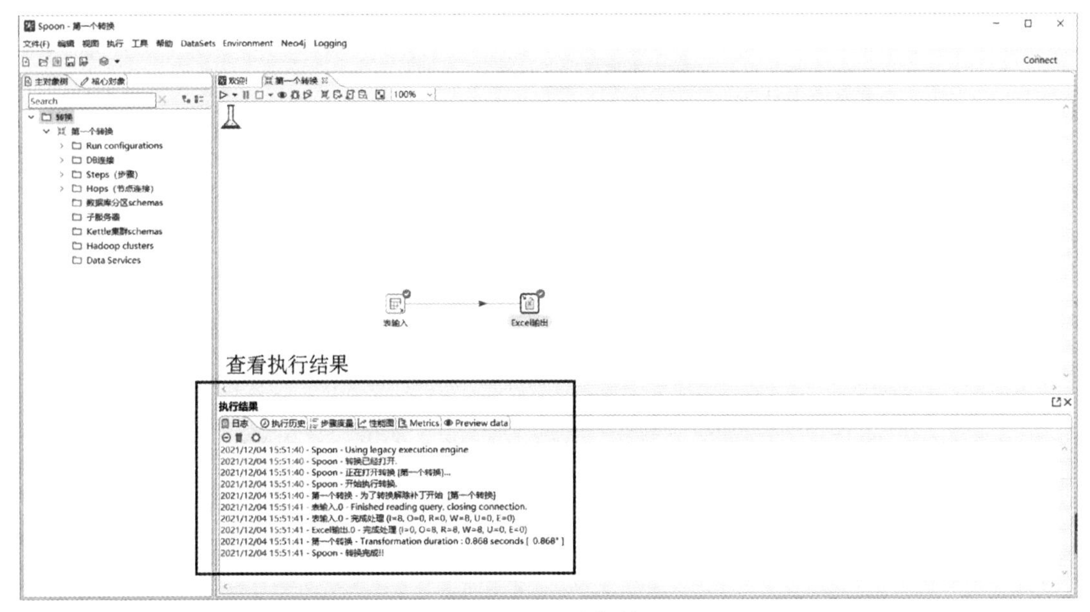

图 6-28　日志标签

● 步骤度量标签，其主要展示了该转换执行过程中每一个步骤所耗费的时间和数据在每一个步骤中的输入/输出流程，如图 6-29 所示。

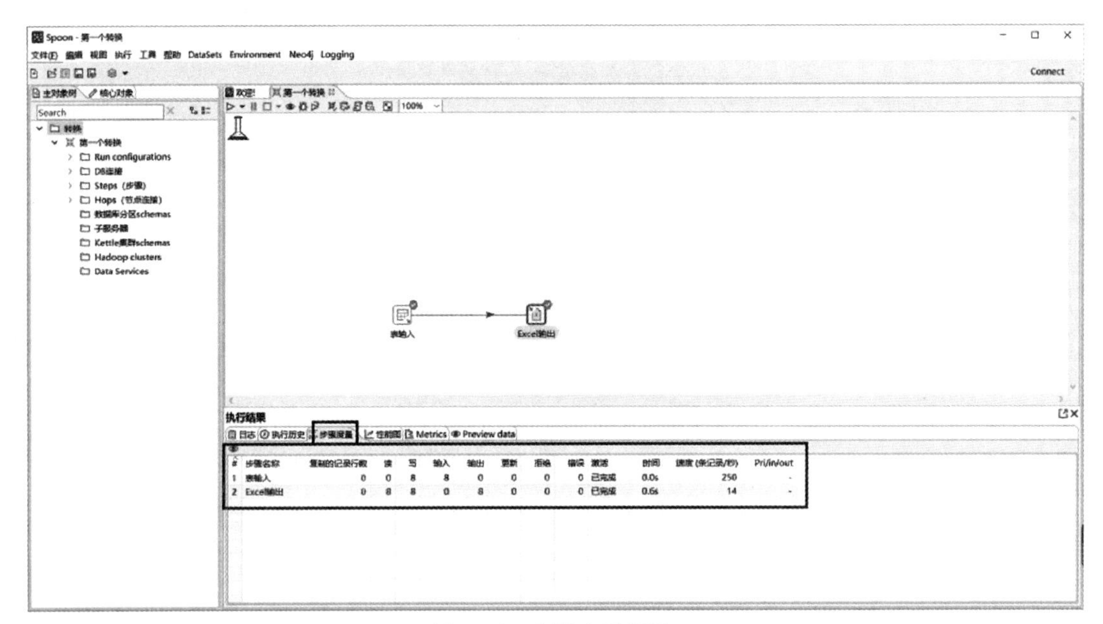

图 6-29　步骤度量标签

● Metrics 标签，其主要展示了该转换执行过程中每一个步骤所耗费的时间，如图 6-30 所示。

● Previwe data 标签，其主要用于查看转换过程中的输出结果，如图 6-31 所示。

⑨查看转换结果。

在输出目录下，自动生成了转换的 Excel 输出文件 out_student_file.xls，如图 6-32 所示。

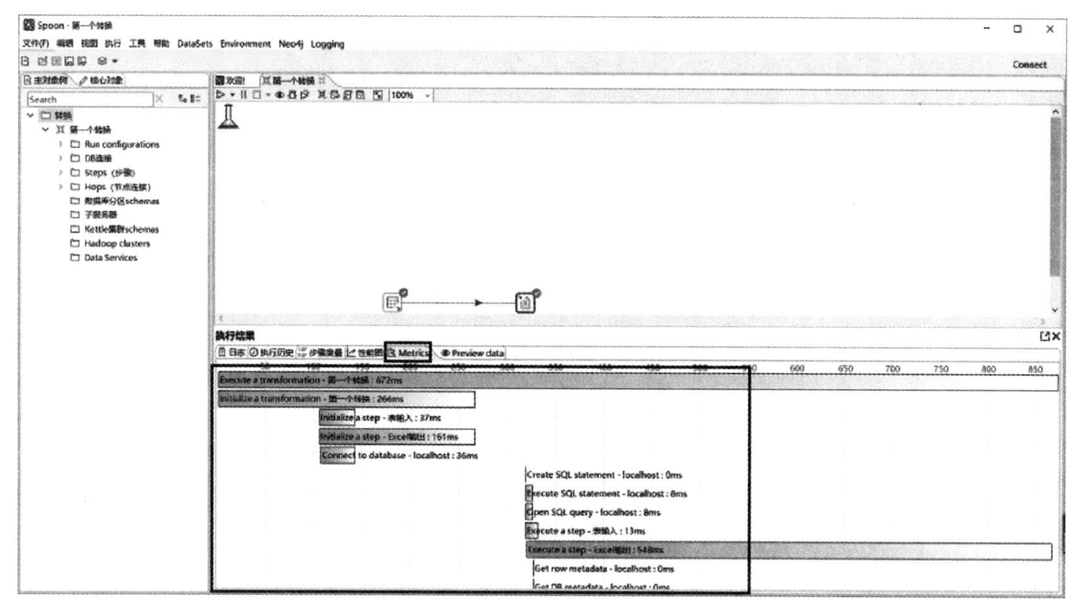

图 6-30　Metrics 标签

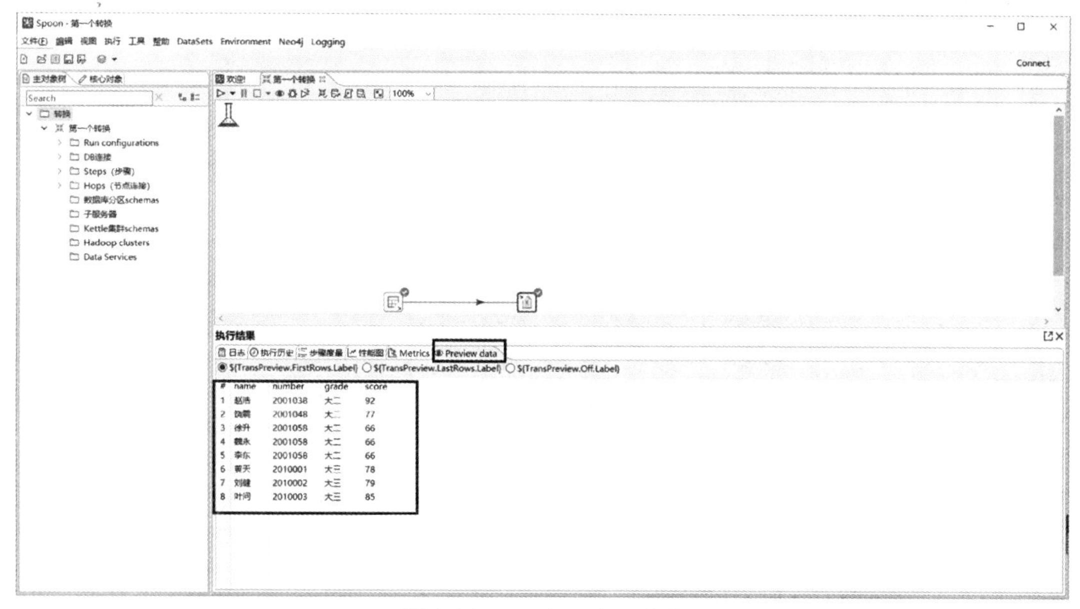

图 6-31　Previwe data 标签

图 6-32　生成转换文件

其内容如图 6-33 所示。

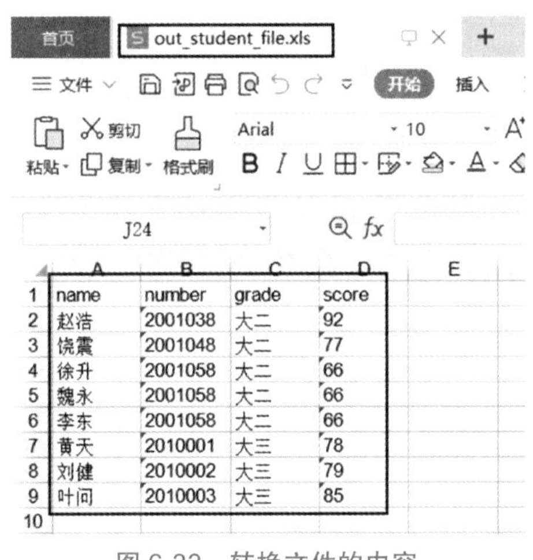

	A	B	C	D
1	name	number	grade	score
2	赵浩	2001038	大二	92
3	饶震	2001048	大二	77
4	徐升	2001058	大二	66
5	魏永	2001058	大二	66
6	李东	2001058	大二	66
7	黄天	2010001	大三	78
8	刘健	2010002	大三	79
9	叶问	2010003	大三	85

图 6-33　转换文件的内容

Kettle 导入 Excel 数据到 MySQL 数据库表

（2）将 Excel 文件导入 MySQL 数据库表。

①Excel 数据源。读取“bigdata_job_skill.xlsx”文件内容，并导入 MySQL 数据库 bigdata_job_skill 表中。“bigdata_job_skill.xlsx”部分文件内容如图 6-34 所示。

	A	B	C	D	E	F
1	jobskill_id	job_id	title	job_skill	major_ids	create_time
2	1	30267782	自动控制	组态,编制,电	16280	2021/7/27 0:00:00
3	2	30267699	FirmwareE	量产,产品,vc,	16282	2021/7/27 0:00:00
4	3	30266990	软件部经	互联网协议,	16282	2021/7/27 0:00:00
5	4	30264292	制程工程	物流园,良率,	16282	2021/7/27 0:00:00
6	5	30264290	资深嵌入	layout,altium	16284	2021/7/27 0:00:00
7	6	30263217	制程工程	ents,跨部门,a	16282	2021/7/27 0:00:00
8	7	30262961	硬件测试	基础知识,驱	16284	2021/7/27 0:00:00
9	8	30262434	项目经理/	保持,me,设计	16282	2021/7/27 0:00:00
10	9	30259069	产品工程	测试数据,现	16282	2021/7/27 0:00:00
11	10	30258612	电器总工	理解,电机,标	16282	2021/7/27 0:00:00
12	11	3727301	Java	ad,ed,li,dom,s	16283	2021/9/14 0:00:00
13	12	3727346	Java	ad,ed,li,dom,s	16283	2021/9/14 0:00:00
14	13	3728828	Java开发	软件开发,多	16283	2021/9/14 0:00:00
15	14	3728830	中高级Jav	学习,le,灵活,	16283	2021/9/14 0:00:00
16	15	3728839	Java高级	mvc,多线程,	16282,162	2021/9/14 0:00:00
17	16	3728856	JAVA后端	mvc,概要,ser	16283	2021/9/14 0:00:00
18	17	3728862	GIS开发工	bs,学习,设计	16282	2021/9/14 0:00:00
19	18	3729968	Java	ad,ed,li,dom,s	16283	2021/9/14 0:00:00
20	19	3730026	Java	ad,ed,li,dom,s	16283	2021/9/14 0:00:00
21	20	3730810	Java	ad,ed,li,dom,s	16283	2021/9/14 0:00:00
22	21	3732860	Java	ad,ed,li,dom,s	16283	2021/9/14 0:00:00
23	22	3733088	java开发	沟通交流,软	16283	2021/9/14 0:00:00
24	23	3733214	大数据开	以上学历,hd	16283	2021/9/14 0:00:00

图 6-34　“bigdata_job_skill.xlsx”部分文件内容

②MySQL 数据库表。把读取的数据导入 bigdata_job_skill 表中，其表结果如图 6-35 所示。

③创建项目。创建一个项目，并命名为 Excel 转 MySQL 表。然后在“核心对象”栏下面的“输入”中选择“Excel 输入”控件并拖曳到画布中，在“核心对象”栏下面的“输出”中选择“表输出”控件并拖曳到画布中，最后添加单项通道连接，如图 6-36 所示。

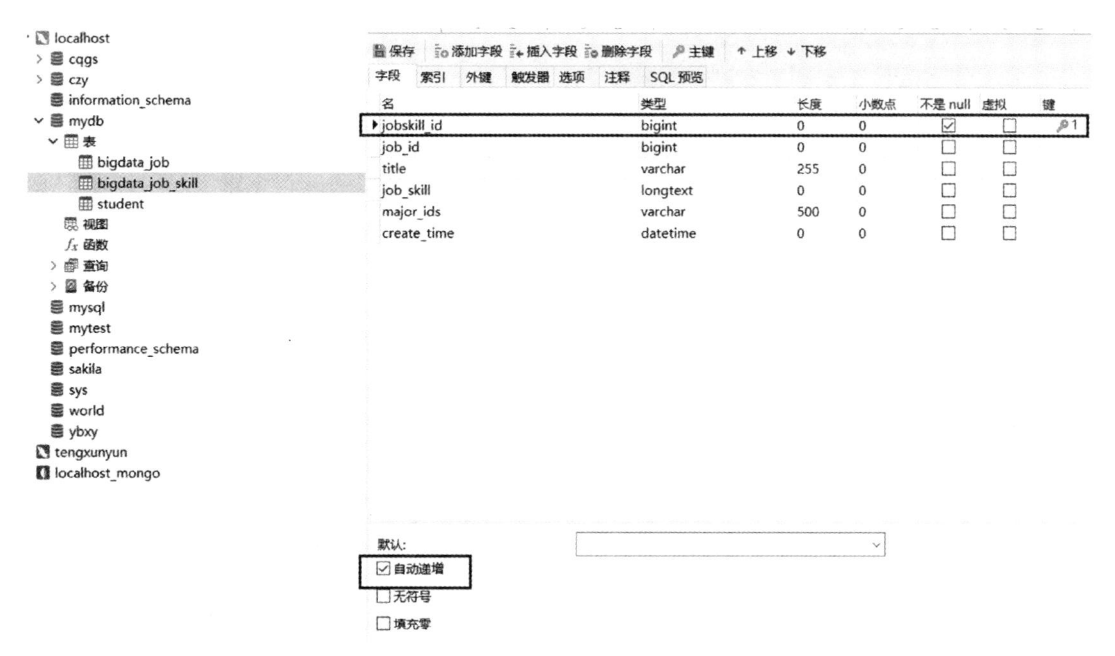

图 6-35　导入数据库表

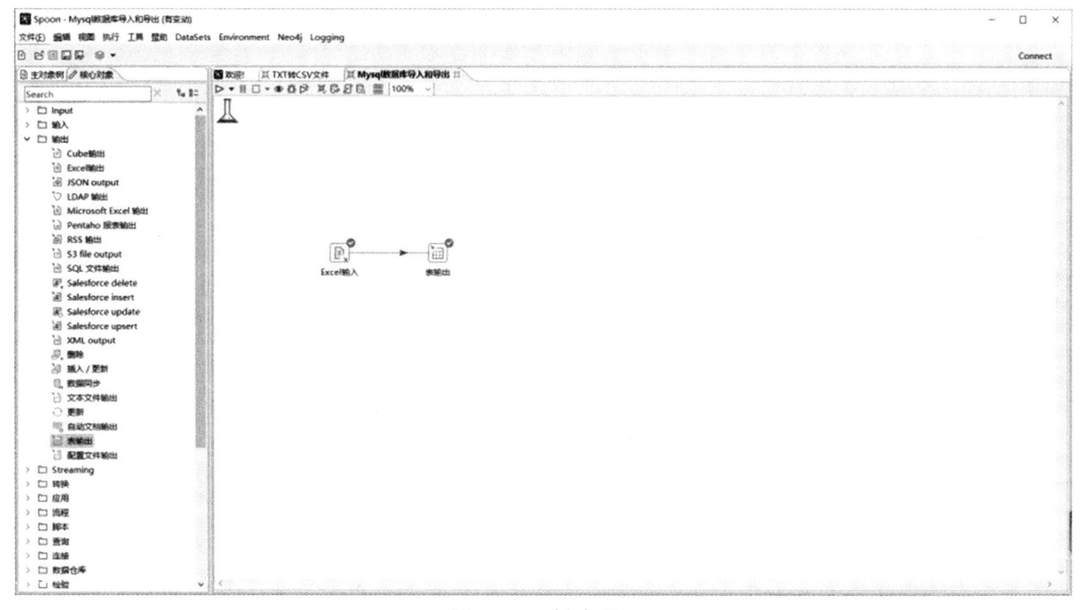

图 6-36　创建项目

④设置 Excel 输入。

首先打开“Excel 输入”对话框，在“文件”标签中选择 Excel 输入文件，并添加到“选中的文件”列表中，如图 6-37 所示。

然后在“工作表”标签中单击“获取工作表名称”按钮，添加 bigdata_job_skill 文件到“要读取的工作表列表”中，如图 6-38 所示。

最后选择“字段”标签，单击“获取来自头部数据的字段”按钮，添加字段信息，如图 6-39 所示。

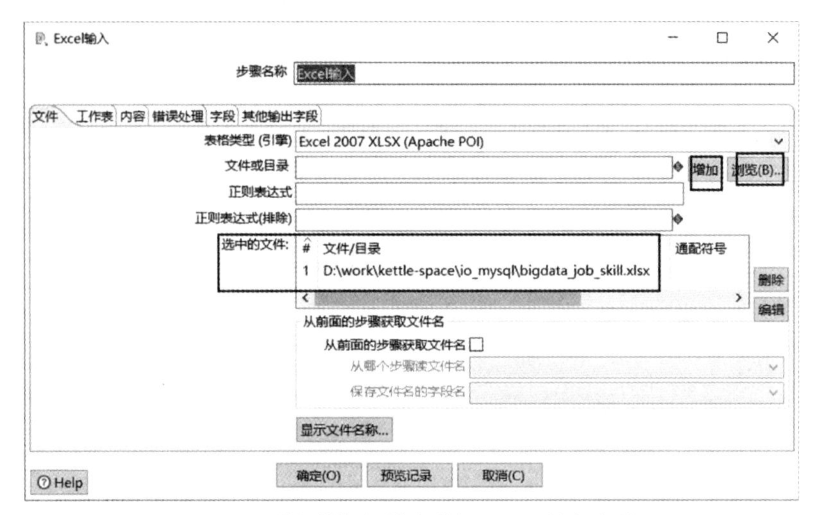

图 6-37 “文件”标签中选择 Excel 输入文件

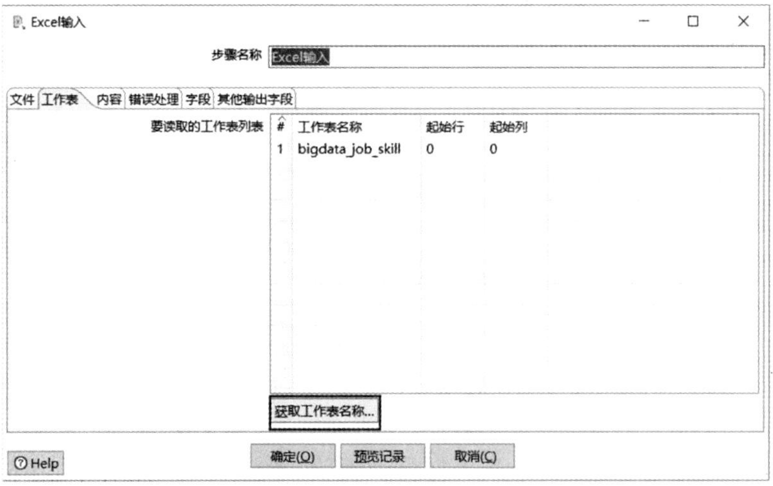

Excel输入

步骤名称 Excel输入

文件 工作表 内容 错误处理 字段 其他输出字段

要读取的工作表列表

#	工作表名称	起始行	起始列
1	bigdata_job_skill	0	0

获取工作表名称...

Help 确定(O) 预览记录 取消(C)

图 6-38 “工作表”标签中添加 bigdata_job.skill 文件

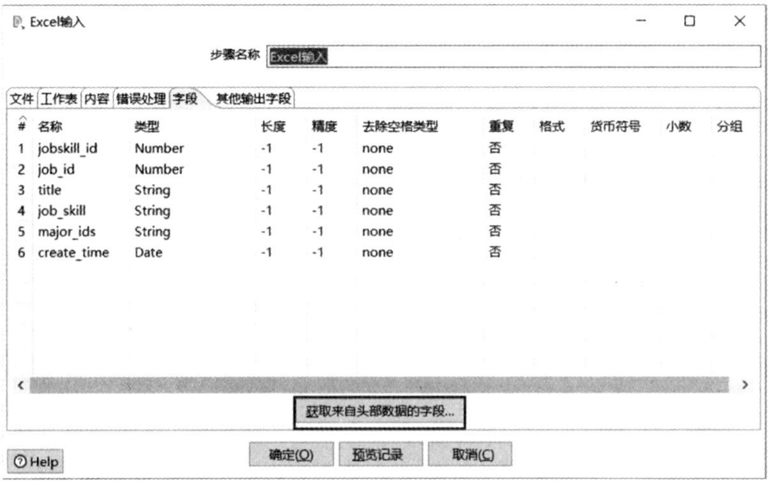

Excel输入

步骤名称 Excel输入

文件 工作表 内容 错误处理 字段 其他输出字段

#	名称	类型	长度	精度	去除空格类型	重复	格式	货币符号	小数	分组
1	jobskill_id	Number	-1	-1	none	否				
2	job_id	Number	-1	-1	none	否				
3	title	String	-1	-1	none	否				
4	job_skill	String	-1	-1	none	否				
5	major_ids	String	-1	-1	none	否				
6	create_time	Date	-1	-1	none	否				

获取来自头部数据的字段...

Help 确定(O) 预览记录 取消(C)

图 6-39 “字段”标签中添加字段信息

⑤设置 MySQL 数据表输出。

首先打开“表输出”对话框，单击“新建”按钮，设置“数据库连接”为 mysql。然后单击“目标表”后面的“浏览”按钮选择目标表，如图 6-40 所示。

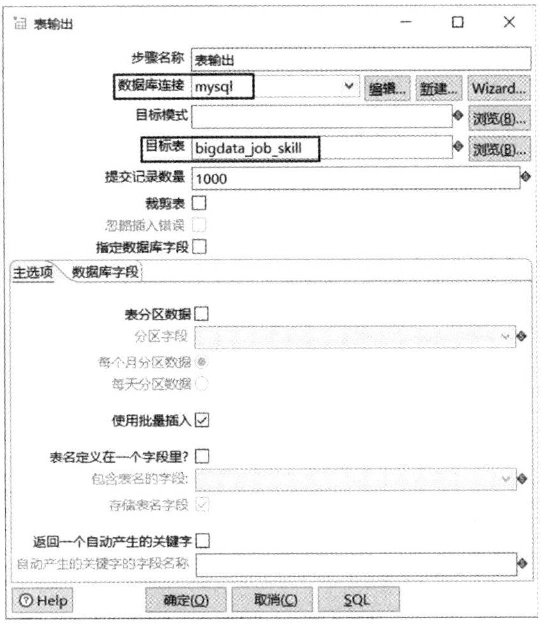

图 6-40　设置数据表输出

其次勾选“指定数据库字段”复选框，选择“数据库字段”标签，单击“获取字段”按钮，然后在“插入的字段”列表中显示要插入 bigdata_job_skill 表对应的所有字段信息，如图 6-41 所示。

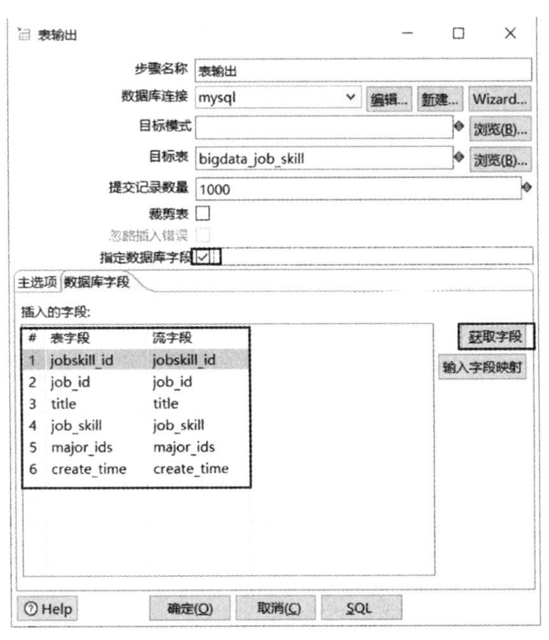

图 6-41　选择数据库字段

因为 bigdata_job_skill 表里面的 jobskill_id 列是自增的，所以不需要添加这列数据。在插入的字段列表中，选择 jobskill_id 列，单击右键，选择“删除选中的行”选项把 jobskill_id 列删除，如图 6-42 所示。

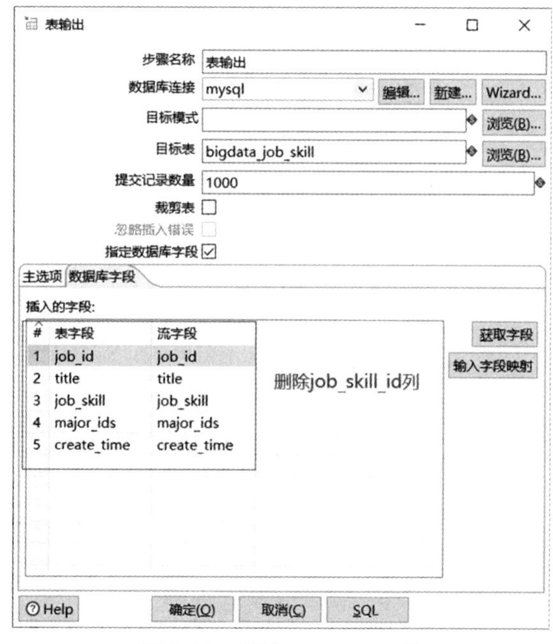

图 6-42　删除 jobskill_id 列

⑥运行转换并查看结果。

设置完成后，运行项目并在数据库中刷新 bigdata_job_skill 列表查看数据，整个项目运行成功，转换存储成功，如图 6-43 和图 6-44 所示。

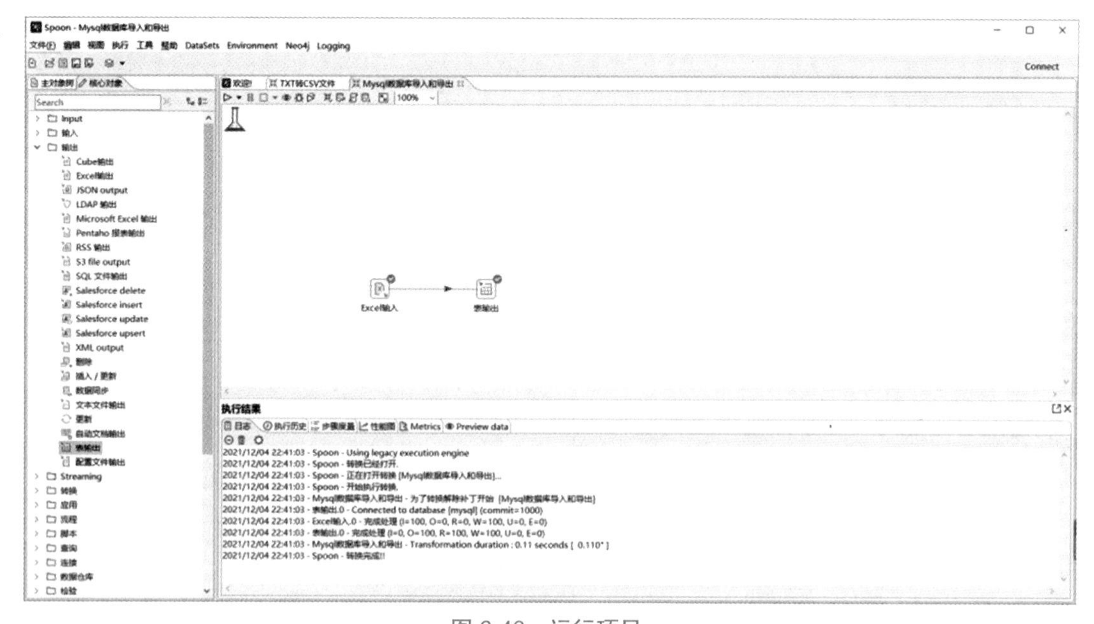

图 6-43　运行项目

图 6-44　查看结果

5. Kettle 导入和导出文件

Kettle 导入 TXT 文件转换到 CSV 文件

（1）导入/导出 TXT 和 CSV 文件。

①导入数据源。

导入 bigdata_job.txt 文件，注意分隔符是“+!+”，其内容格式如图 6-45 所示。

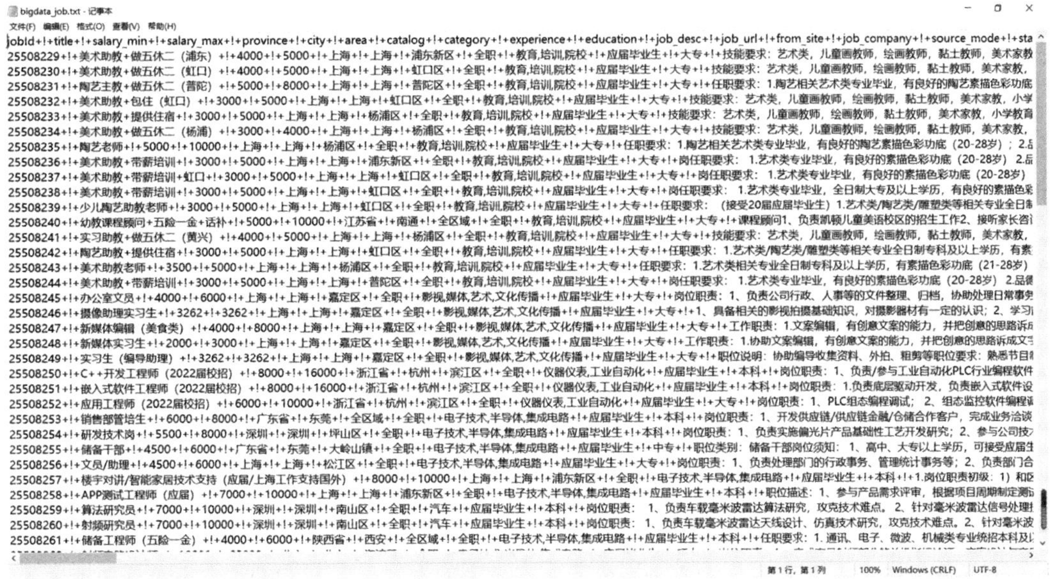

图 6-45　导入数据源

②创建项目。

创建一个项目，名称为 TXT 转 CSV 文件。首先在“核心对象”栏下面的“输入”中选择“文本文件输入”控件并拖曳到画布中，然后在“核心对象”栏下面的“输出”中选择“文本文件输出”控件并拖曳到画布中，最后添加单项通道连接，如图 6-46 所示。

③设置 TXT 文件输入。

双击“文本文件输入”选项，在弹出的“文本文件输入”对话框中进行设置。在“文件”标签中可以修改“步骤名称”和输出步骤以示区别，单击“浏览”按钮选择要输入的文件，如图 6-47 所示。

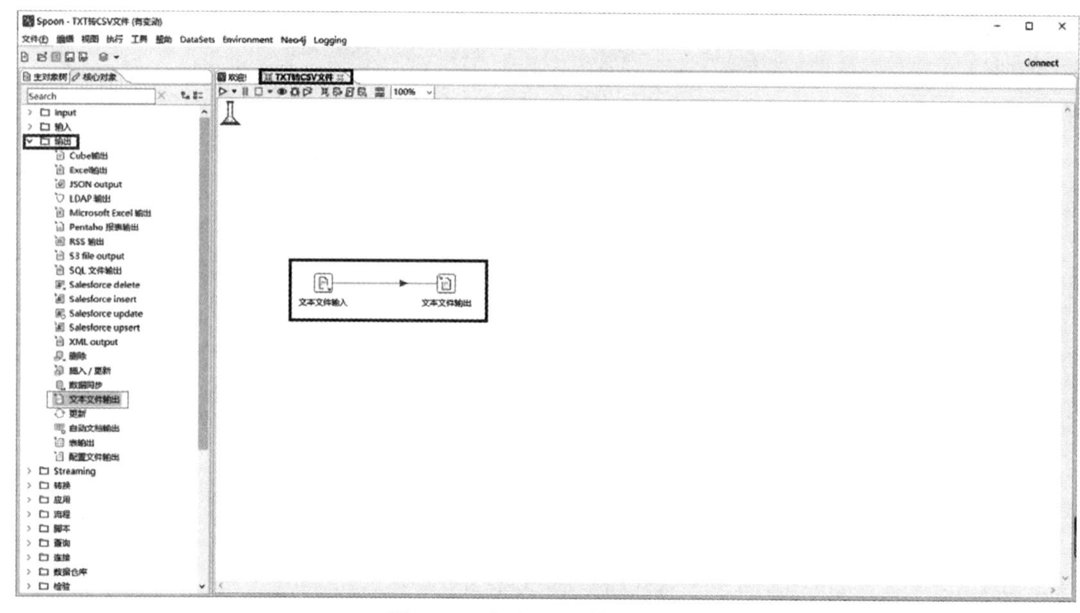

图 6-46　创建 TXT 转 csv 文件

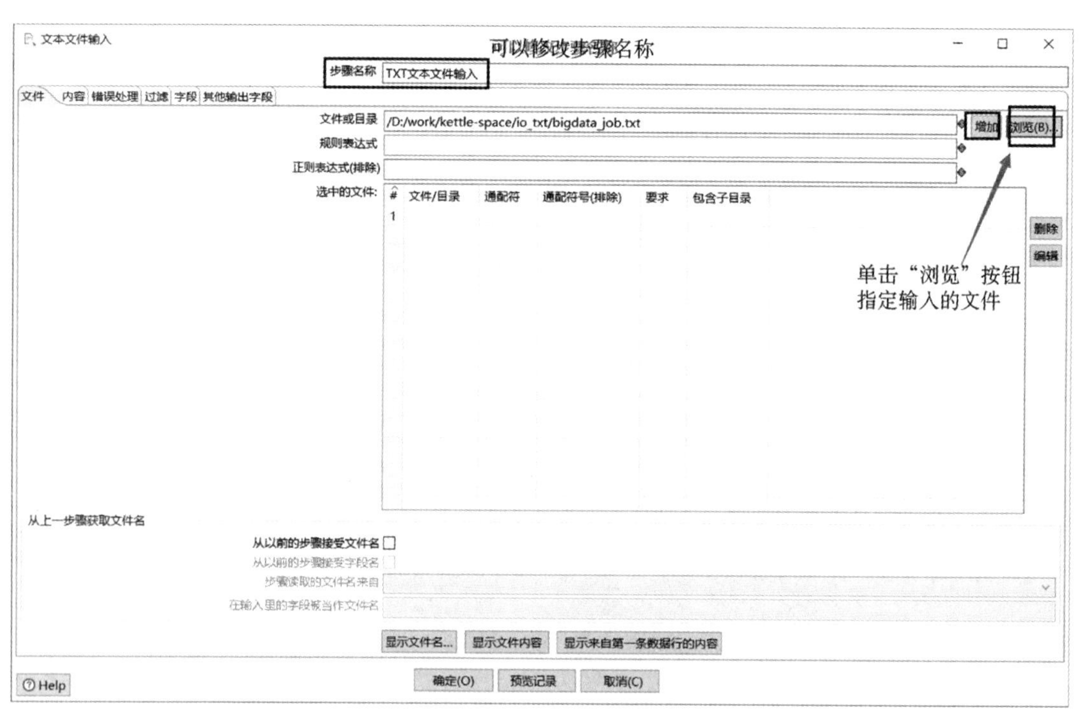

图 6-47　设置文件输入

单击“增加”按钮，把选择的输入文件添加到“选中的文件”列表中，转换过程只会处理这个列表下的文件，如图 6-48 所示。

选择“内容”标签，设置“文件类型”为默认的 CSV，分隔符使用数据源里面的分隔符“+!+”,“文本限定符”设置为空，“编码方式”选择“UTF-8”，如图 6-49 所示。

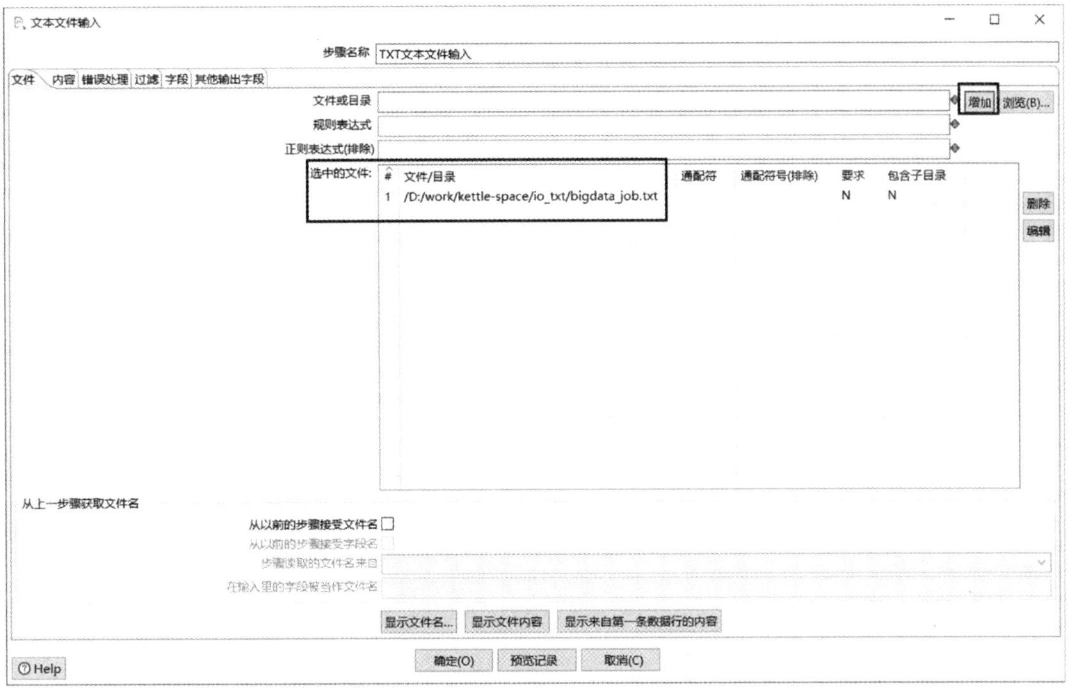

图 6-48　添加要转换的文件

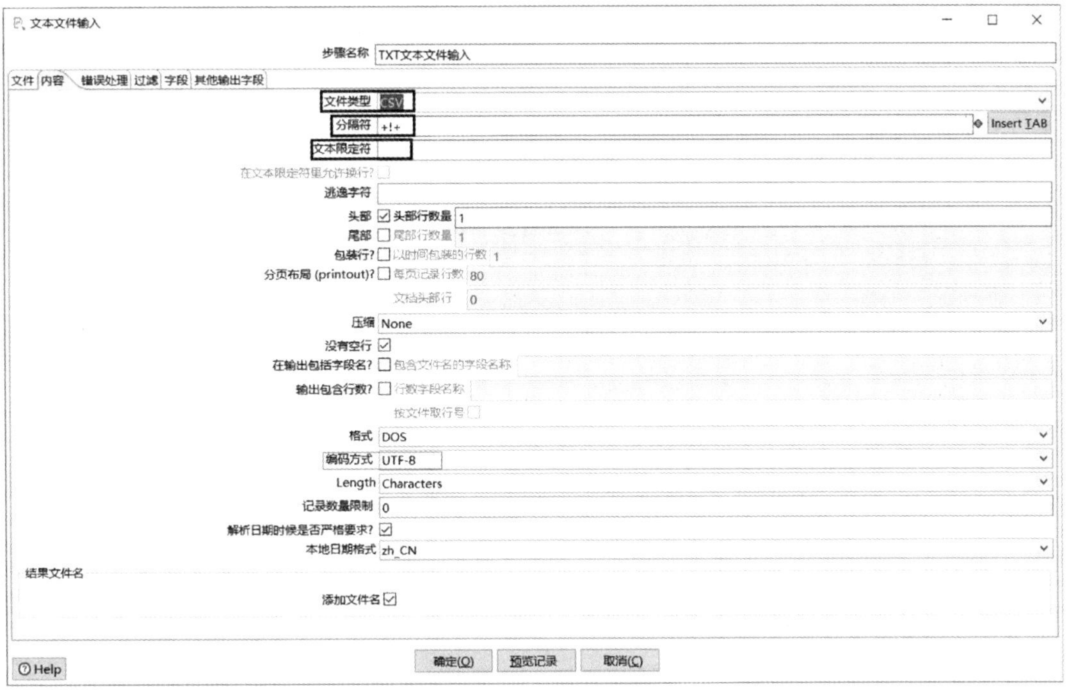

图 6-49　设置“内容”标签下的栏目

选择“字段”标签，单击“获取字段”按钮，如图 6-50 所示。

选择“文件”标签，单击“显示来自第一条数据行的内容”按钮，在弹出的对话框中输入 5，单击“确定”按钮，就会在弹出层预览前 5 行数据内容，如图 6-51 所示。

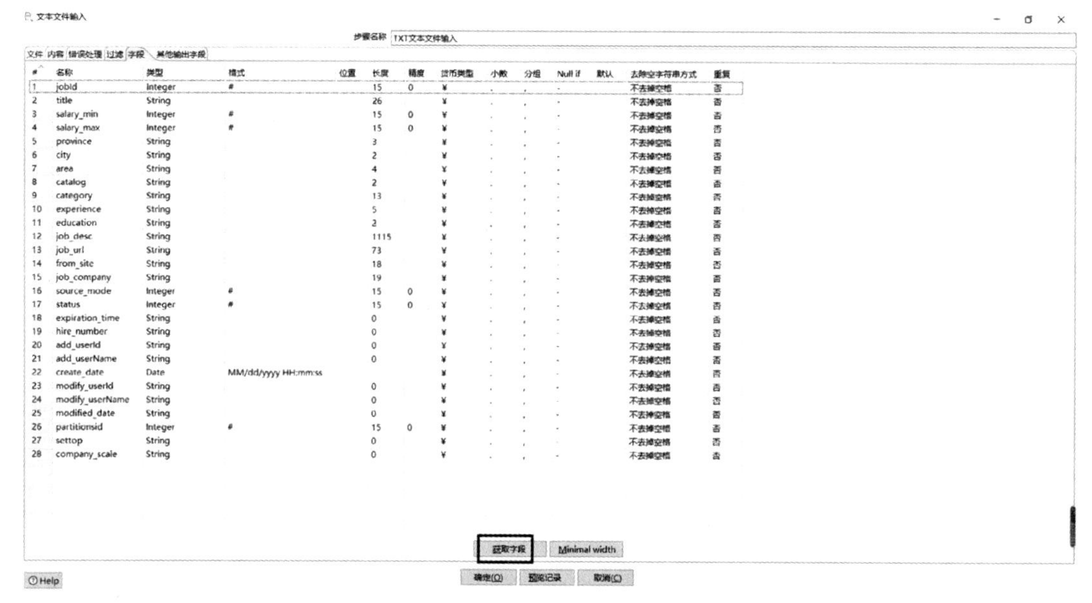

图 6-50　获取字段

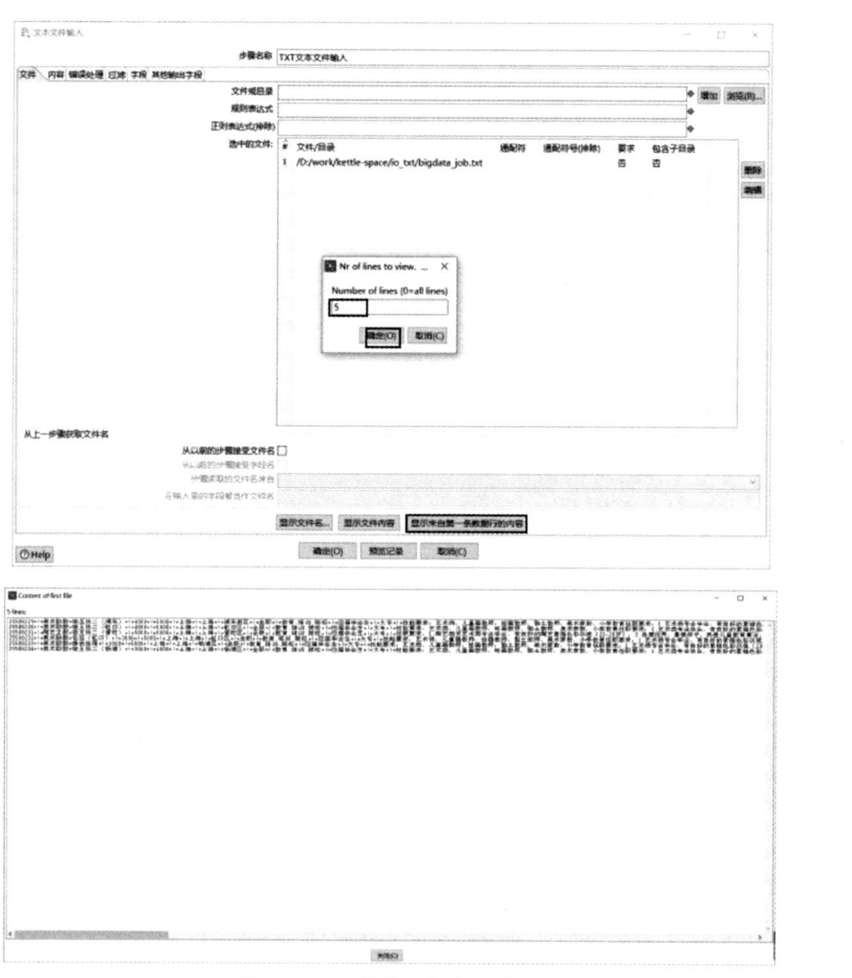

图 6-51　预览前 5 行数据内容

④设置 CSV 文件输入。

双击画布上的“文本文件输入”图标，在弹出的对话框中选择“文件”标签，修改“步骤名称”为“CSV 文本文件输出”，“文件名称”设置为输出的文件路径加保存的文件名称，“扩展名”设置为“csv”，如图 6-52 所示。

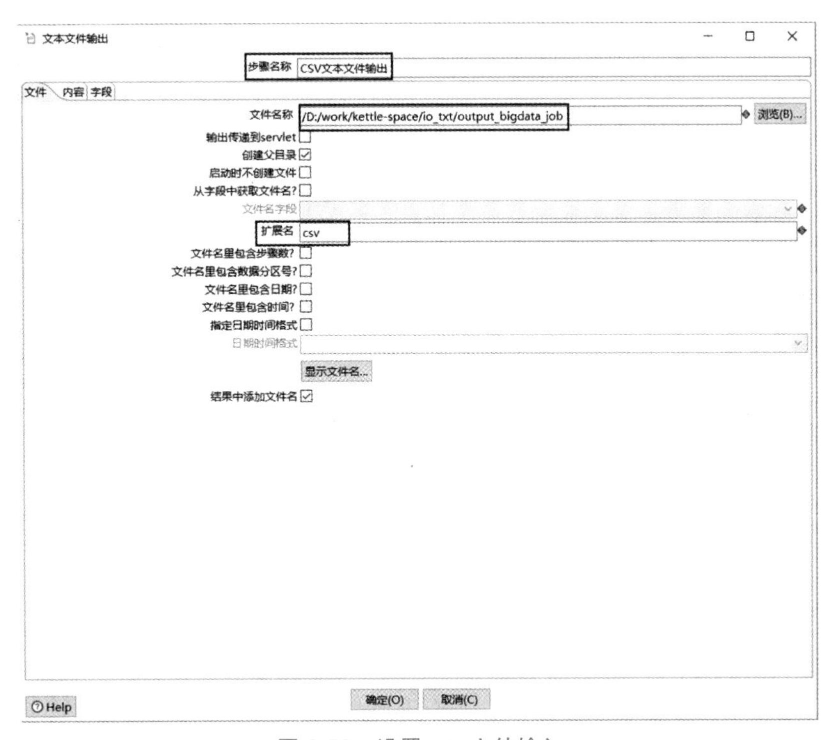

图 6-52　设置 csv 文件输入

选择“内容”标签，设置分隔符为逗号，如图 6-53 所示。

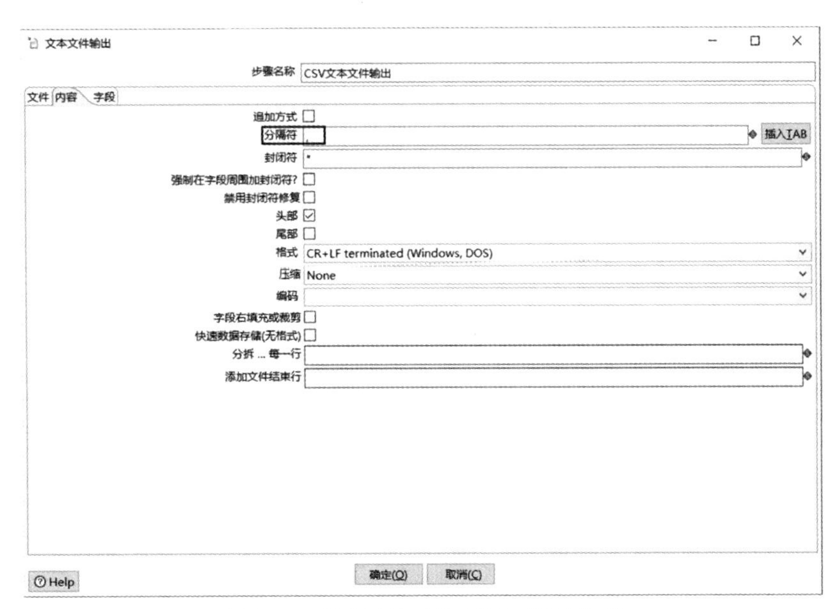

图 6-53　设置“内容”标签下的分隔符

选择“字段”标签，单击“获取字段”按钮，获得字段信息，如图 6-54 所示。

文本文件输出

步骤名称 CSV文本文件输出

文件 内容 字段

#	名称	类型	格式	长度	精度	货币	小数	分组	去除空字符串方式
1	jobId	Integer	#	15	0	¥	.	,	不去掉空格
2	title	String		26					不去掉空格
3	salary_min	Integer	#	15	0	¥	.	,	不去掉空格
4	salary_max	Integer	#	15	0	¥	.	,	不去掉空格
5	province	String		3					不去掉空格
6	city	String		2					不去掉空格
7	area	String		4					不去掉空格
8	catalog	String		2					不去掉空格
9	category	String		13					不去掉空格
1..	experience	String		5					不去掉空格
1..	education	String		2					不去掉空格
1..	job_desc	String		1115					不去掉空格
1..	job_url	String		73					不去掉空格
1..	from_site	String		18					不去掉空格
1..	job_company	String		19					不去掉空格
1..	source_mode	Integer	#	15	0	¥	.	,	不去掉空格
1..	status	Integer	#	15	0	¥	.	,	不去掉空格
1..	expiration_time	String		0					不去掉空格
1..	hire_number	String		0					不去掉空格
2..	add_userId	String		0					不去掉空格
2..	add_userName	String		0					不去掉空格

获取字段　最小宽度

Help　确定(O)　取消(C)

图 6-54　获取字段

⑤运行转换并查看结果。

单击“状态栏”上的▷启动图标（快捷键 F9），在弹出的对话框中单击“启动”按钮进行转换，转换成功后查看输出文件 output_bigdata_job.csv 内容，如图 6-55 和图 6-56 所示。

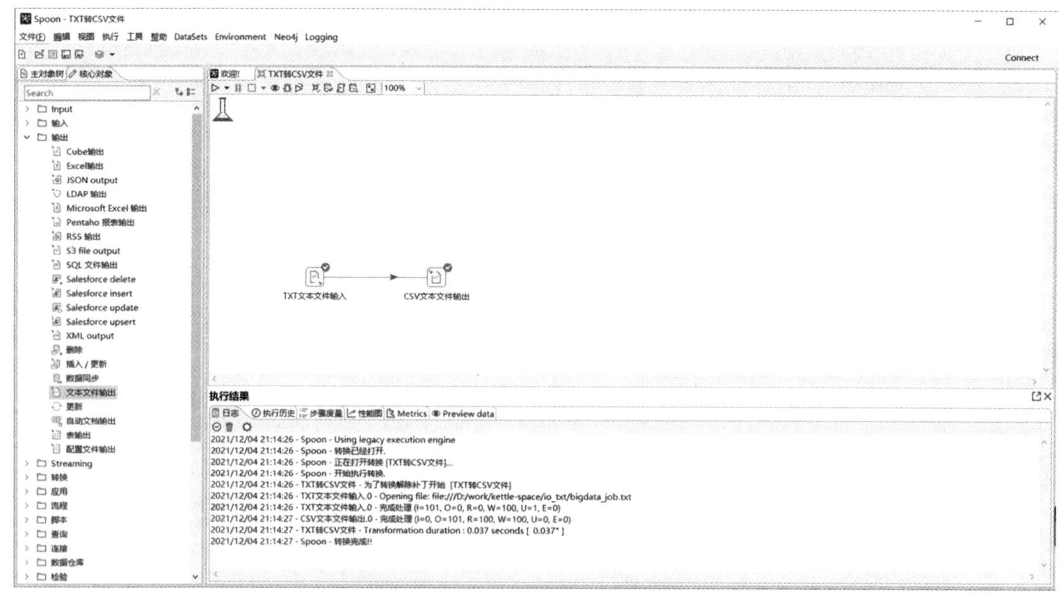

图 6-55　运行转换

	A	B	C	D	E	F	G	H	I	J	K	L	M	N	O	P
1	jobId	title	salary_mi	salary_ma	province	city	area	catalog	category	experienc	education	job_desc	job_url	from_site	job_compar	source_
2	25508229	美术助教+	4000	5000	上海	上海	浦东新区	全职	教育，培训，	应届毕业生	大专	技能要求：	https://j	www.51job.	上海泽熙文	
3	25508230	美术助教+	4000	5000	上海	上海	虹口区	全职	教育，培训，	应届毕业生	大专	技能要求：	https://j	www.51job.	上海泽熙文	
4	25508231	陶艺主教+	5000	8000	上海	上海	普陀区	全职	教育，培训，	应届毕业生	大专	任职要求：	https://j	www.51job.	上海泽熙文	
5	25508232	美术助教+	3000	5000	上海	上海	虹口区	全职	教育，培训，	应届毕业生	大专	技能要求：	https://j	www.51job.	上海泽熙文	
6	25508233	美术助教+	3000	5000	上海	上海	杨浦区	全职	教育，培训，	应届毕业生	大专	技能要求：	https://j	www.51job.	上海泽熙文	
7	25508234	美术助教+	3000	4000	上海	上海	杨浦区	全职	教育，培训，	应届毕业生	大专	技能要求：	https://j	www.51job.	上海泽熙文	
8	25508235	陶艺老师	5000	10000	上海	上海	杨浦区	全职	教育，培训，	应届毕业生	大专	任职要求：	https://j	www.51job.	上海泽熙文	
9	25508236	美术助教+	3000	5000	上海	上海	浦东新区	全职	教育，培训，	应届毕业生	大专	岗任职要求	https://j	www.51job.	上海泽熙文	
10	25508237	美术助教+	3000	5000	上海	上海	虹口区	全职	教育，培训，	应届毕业生	大专	岗任职要求	https://j	www.51job.	上海泽熙文	
11	25508238	美术助教+	3000	5000	上海	上海	虹口区	全职	教育，培训，	应届毕业生	大专	岗任职要求	https://j	www.51job.	上海泽熙文	
12	25508239	少儿陶艺助	3000	5000	上海	上海	虹口区	全职	教育，培训，	应届毕业生	大专	任职要求：	https://j	www.51job.	上海泽熙文	
13	25508240	幼教课程顾	5000	10000	江苏省	南通	全区域	全职	教育，培训，	应届毕业生	大专	课程顾问1、	https://j	www.51job.	上海泽熙文	
14	25508241	实习助教+	4000	5000	上海	上海	杨浦区	全职	教育，培训，	应届毕业生	大专	技能要求：	https://j	www.51job.	上海泽熙文	
15	25508242	陶艺助教+	3000	5000	上海	上海	虹口区	全职	教育，培训，	应届毕业生	大专	任职要求：	https://j	www.51job.	上海泽熙文	
16	25508243	美术助教老	3500	5000	上海	上海	杨浦区	全职	教育，培训，	应届毕业生	大专	任职要求：	https://j	www.51job.	上海泽熙文	
17	25508244	美术助教+	3000	5000	上海	上海	普陀区	全职	教育，培训，	应届毕业生	大专	岗任职要求	https://j	www.51job.	上海泽熙文	
18	25508245	办公室文员	4000	6000	上海	上海	嘉定区	全职	影视，媒体，	应届毕业生	大专	岗位职责：	https://j	www.51job.	上海日欣文	
19	25508246	摄像助理实	3262	3262	上海	上海	嘉定区	全职	影视，媒体，	应届毕业生	大专	1、具备相	https://j	www.51job.	上海日欣文	
20	25508247	新媒体编辑	4000	8000	上海	上海	嘉定区	全职	影视，媒体，	应届毕业生	大专	工作职责：	https://j	www.51job.	上海日欣文	
21	25508248	新媒体实习	2000	3000	上海	上海	嘉定区	全职	影视，媒体，	应届毕业生	大专	工作职责：	https://j	www.51job.	上海日欣文	
22	25508249	实习生（编	3262	3262	上海	上海	嘉定区	全职	影视，媒体，	应届毕业生	大专	职位说明：	https://j	www.51job.	上海日欣文	
23	25508250	C++开发工	8000	16000	浙江省	杭州	滨江区	全职	仪器仪表，	应届毕业生	本科	岗位职责：	https://j	www.51job.	浙江中控研	
24	25508251	嵌入式软件	8000	16000	浙江省	杭州	滨江区	全职	仪器仪表，	应届毕业生	本科	岗位职责：	https://j	www.51job.	浙江中控研	
25	25508252	应用工程师	6000	10000	浙江省	杭州	滨江区	全职	仪器仪表，	应届毕业生	大专	岗位职责：	https://j	www.51job.	浙江中控研	
26	25508253	销售部管培	6000	8000	广东省	东莞	全区域	全职	电子技术，	应届毕业生	本科	岗位职责：	https://j	www.51job.	深圳中电港	
27	25508254	研发技术岗	5500	8000	深圳	深圳	坪山区	全职	电子技术，	应届毕业生	本科	岗位职责：	https://j	www.51job.	深圳市盛波	
28	25508255	储备干部	4500	6000	广东省	东莞	大岭山镇	全职	电子技术，	应届毕业生	中专	职位类别：	https://j	www.51job.	东莞市平洋	
29	25508256	文员/助理	4500	6000	上海	上海	松江区	全职	电子技术，	应届毕业生	大专	岗位职责：	https://j	www.51job.	欧科佳（上	
30	25508257	楼宇对讲/	8000	10000	上海	上海	浦东新区	全职	电子技术，	应届毕业生	本科	1. 岗位职责	https://j	www.51job.	深圳天地宽	

output_bigdata_job

图 6-56　查看结果

观察图 6-56 可以发现，数据导出成功。其他类型的文本文件转换类似，这里就不一一列举。

相关案例

下面按照本学习情境所涉及的知识面及知识点，作为下一步工作实施的参考案例，展示项目案例“使用 ETL 工具 Kettle 对职业能力大数据分析平台学生信息数据进行清洗”的实施过程。

按照该项目的实际开发过程，以下展示的是具体流程。

1. 确定数据源

下面是一份职业能力大数据分析平台学生信息表“student.xlsx”的部分内容，为了确保清洗过程直观呈现，对截图部分数据做了调整，确保存在缺失值、重复、偏离、错误等数据。第一行为表头：name（姓名）、number（学号）、grade（班级）、age（年龄），如图 6-57 所示。

1	name	number	grade	age
2	赵浩	2001038	大二	20
3	饶震		大二	19
4	赵浩	2001038	大三	22
5	徐升	2001058	大二	-21
6	魏永	2001059	大二	-5
7	刘星	2001078	大二	-500

图 6-57　部分数据内容

2. 需求与分析设计

需求：对“student.xlsx”文件数据进行数据清洗。

分析设计：

第一行数据为表头。

第二行数据为正确数据。

第三行数据为缺失值数据，其学号不存在，做删除处理。

第四行数据为重复数据，与第一行数据重复（学生信息在 name 和 number 相同的情况下，就判定为重复数据），做删除处理。

第五行数据为异常数据，其年龄值为负数，去掉负号可能就是正确的数据，因此取绝对值。

第六行数据为离群点数据，其年龄值为−5，去掉负号后其值也远远地偏离正常数据，因此取绝对值，然后做过滤删除处理。

第七行数据为错误数据，其年龄值为−500，去掉负号后其值也是错误的数据，因此取绝对值，然后做过滤删除处理。

通过对数据源数据的分析，需要在这份数据中删除缺失值和重复数据；对年龄列数据去掉负号后保留正常年龄数值的数据。

3. 开发环境

- 操作系统：Windows 10。
- JDK 版本：1.8.0_101。
- MySQL 数据库版本:8.0.20。
- Kettle 版本：8.2。

4. 项目开发

（1）创建项目。

新建一个项目，命名为“表数据清洗”并保存。

（2）数据输入。

在项目中添加“Excel 输入”控件，并导入数据，要注意正确导入 student.xlsx 表数据，如图 6-58 所示。

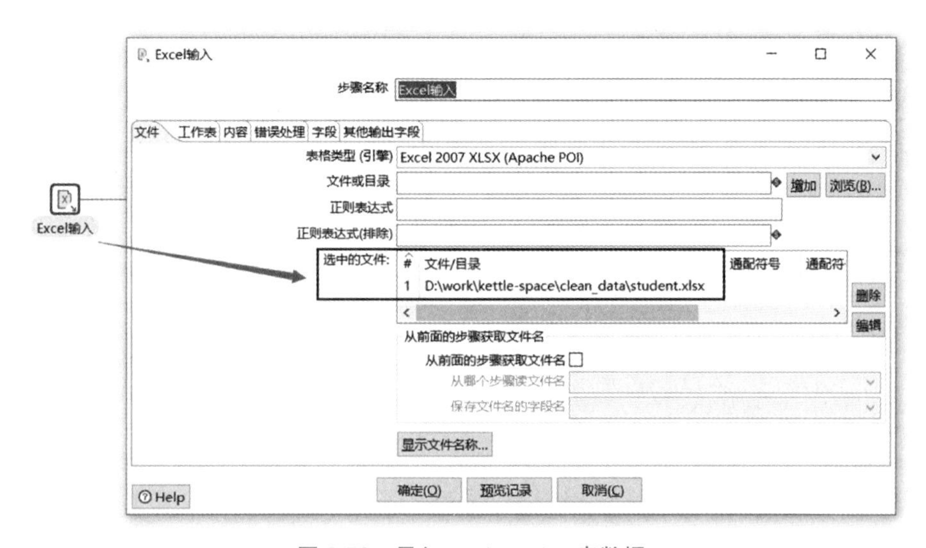

图 6-58　导入 student.xlsx 表数据

（3）删除重复数据。

①删除重复数据前，需要给数据排序。首先添加“排序记录”(选择“核心对象”→“转换”→“排序记录”)；然后添加“去除重复记录”(选择“核心对象”→“转换”→“去除重复记录”)；最后把“Excel 输入”连接到“排序记录”，再连接到“去除重复记录”，如图 6-59 所示。

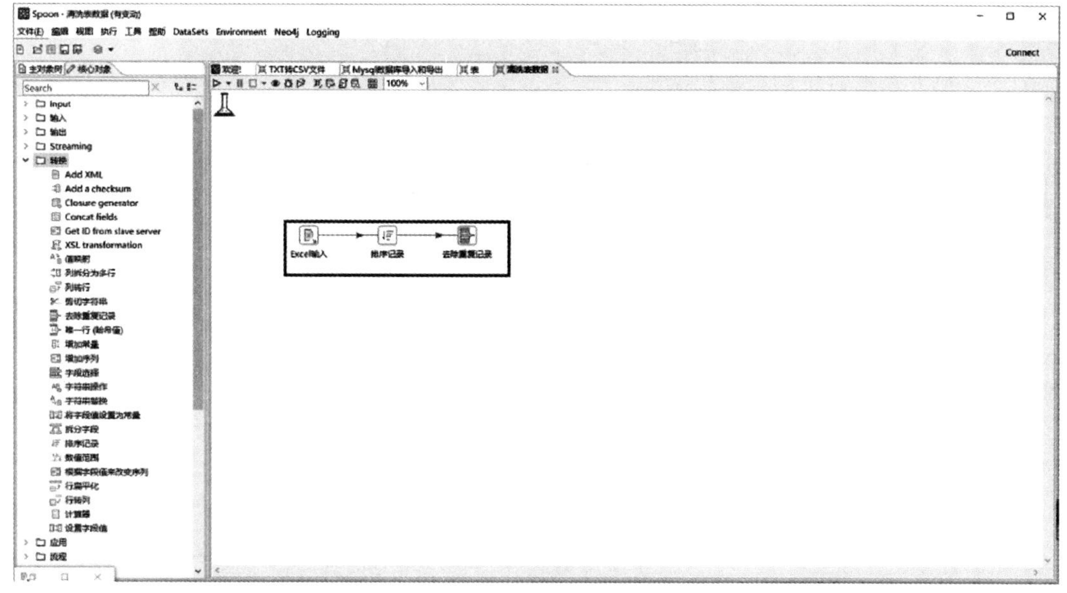

图 6-59　添加“排序记录”和“去除重复记录”

②双击“排序记录”打开其设置对话框，由于只需要判断 name 和 number 列是否重复即可，所以在“字段”栏下的“字段名称”中选择 name 和 number 列，其他使用默认设置，如图 6-60 所示。

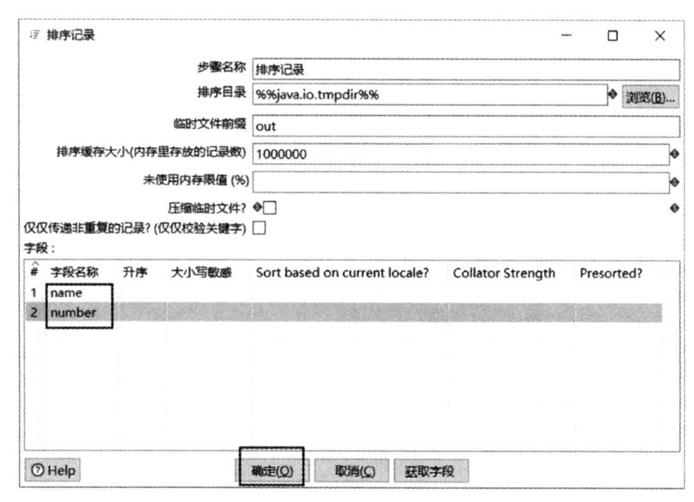

图 6-60　设置“排序记录”对话框

③双击“去除重复记录”打开其设置对话框，由于只需要判断 name 和 number 列是否重复即可，所以在“字段名称”列表中选择 name 和 number 列，其他使用默认设置，如图

6-61 所示。

图 6-61　设置“去除重复记录”对话框

（4）取绝对值。

①需要使用公式对 age 列的负数取绝对值。首先添加“公式”（选择“核心对象”→“转换”→“公式”）。然后打开“公式”对话框，在“新字段”列表里面添加一个自定义的新字段名称，用作公式计算，替换值选择要处理的 age 列，如图 6-62 所示。

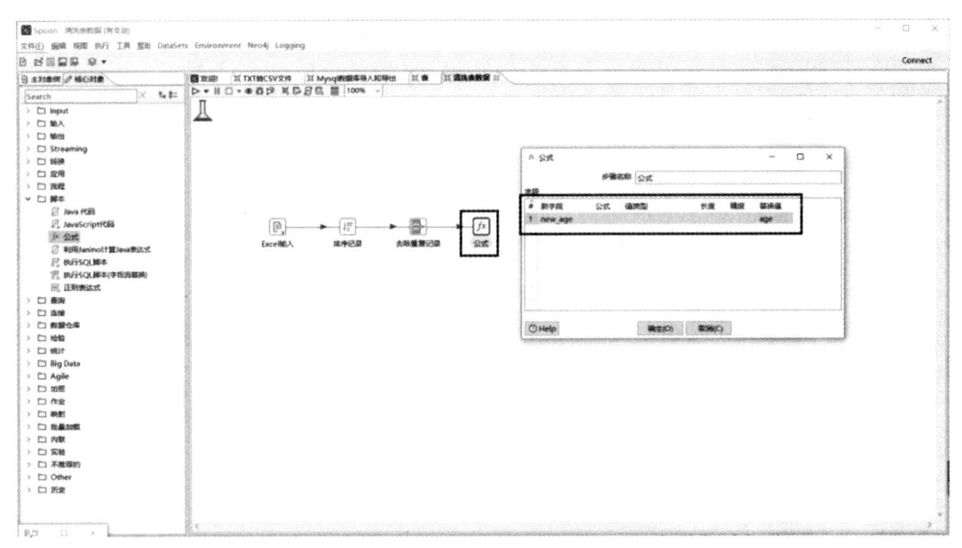

图 6-62　选择新字段添加公式

②将光标放在第一行公式列上，单击鼠标左键打开公式设置对话框。在公式输入框里输入公式：ABS([age])，其中 ABS()是取绝对值公式，age 是公式作用的字段名称，注意字段名称需要使用中括号括起来。然后单击“OK”按钮，如图 6-63 所示。

③给 age 列添加取绝对值公式，如图 6-64 所示。

（5）过滤记录。

接下来需要删除 number 为空值的数据、删除 age 值错误的数据、删除 age 值不在正常范围内的数据，这里使用过滤记录。

①首先添加“过滤记录”（选择“核心对象”→“流程”→“过滤记录”），然后双击“过

滤记录”图标打开其设置对话框，如图 6-65 所示。

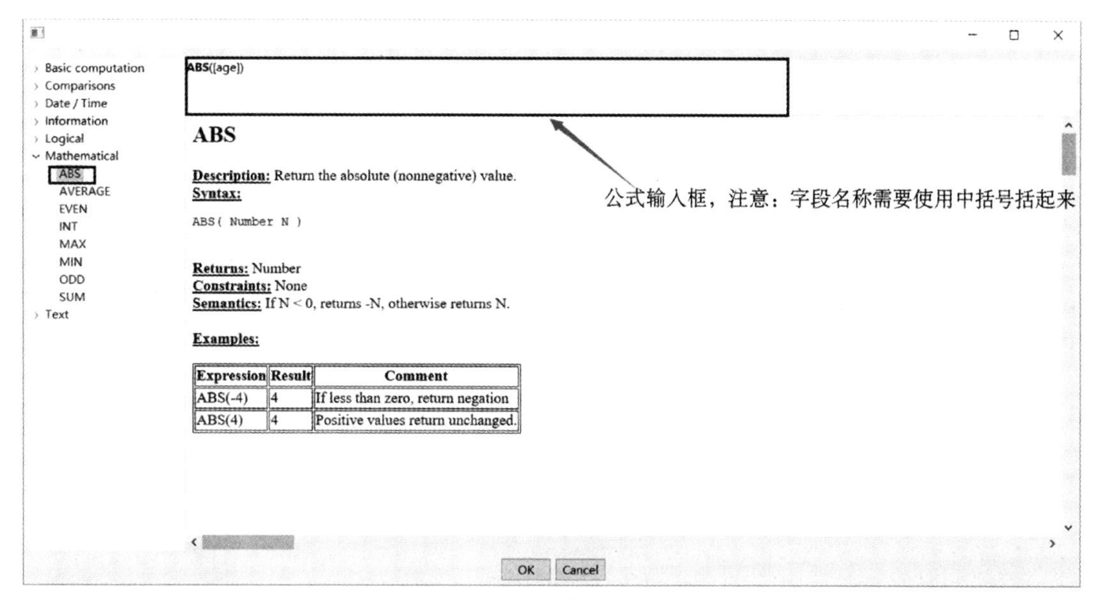

图 6-63　输入公式

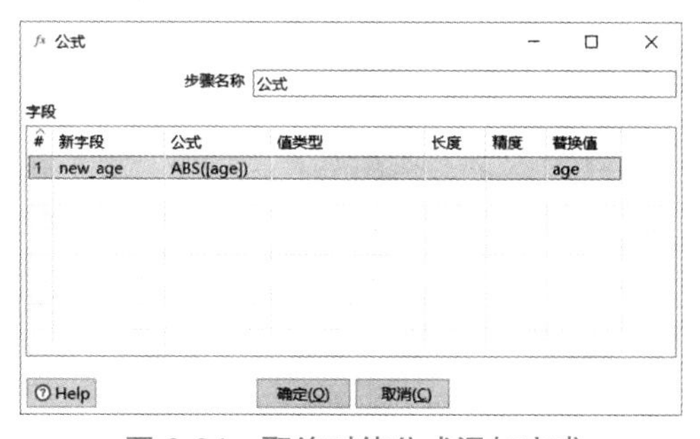

图 6-64　取绝对值公式添加完成

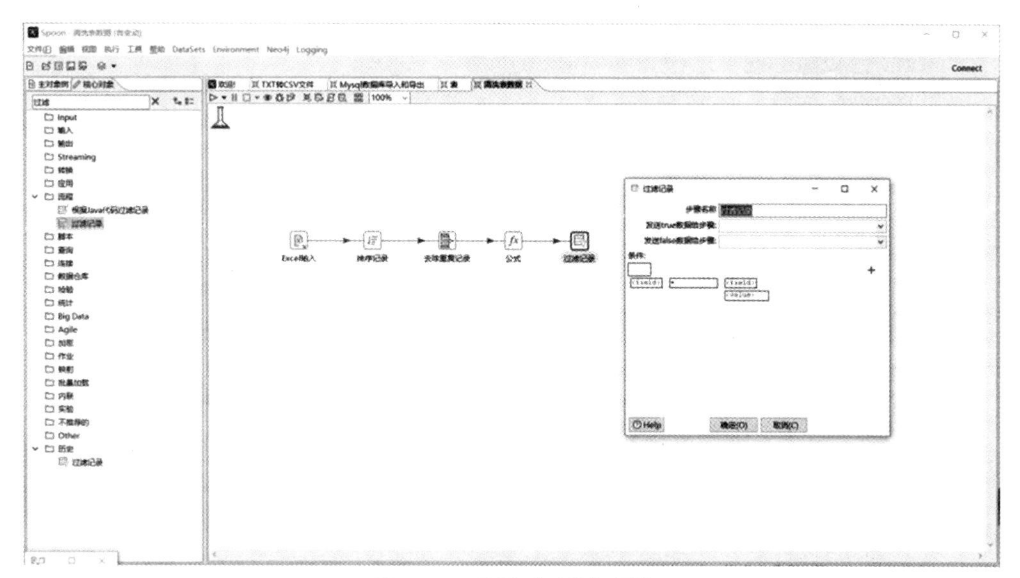

图 6-65　设置“过滤记录”

②单击“field”输入框，在左边弹出框中选择“number”列后单击“确定”按钮，如图 6-66 所示。

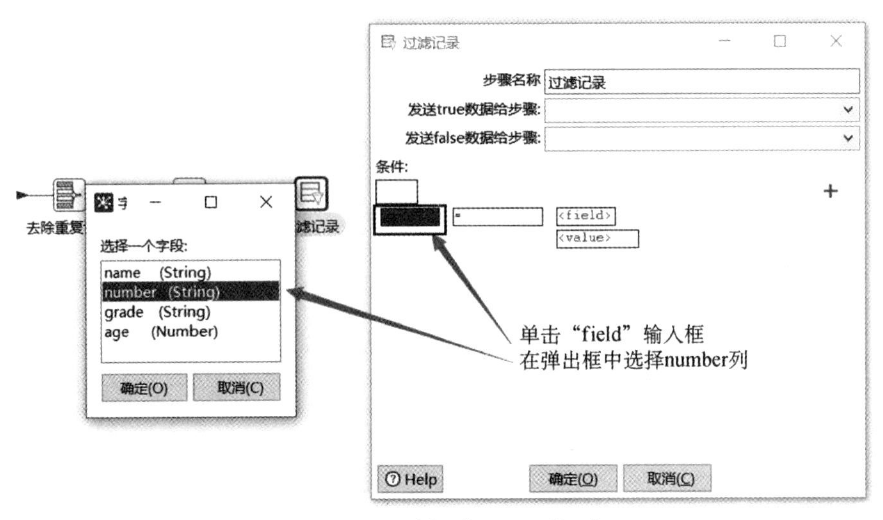

图 6-66 选择“number”列

③单击“=”输入框，在左边弹出框中选择“IS NOT NULL”后单击“确定”按钮，如图 6-67 所示。

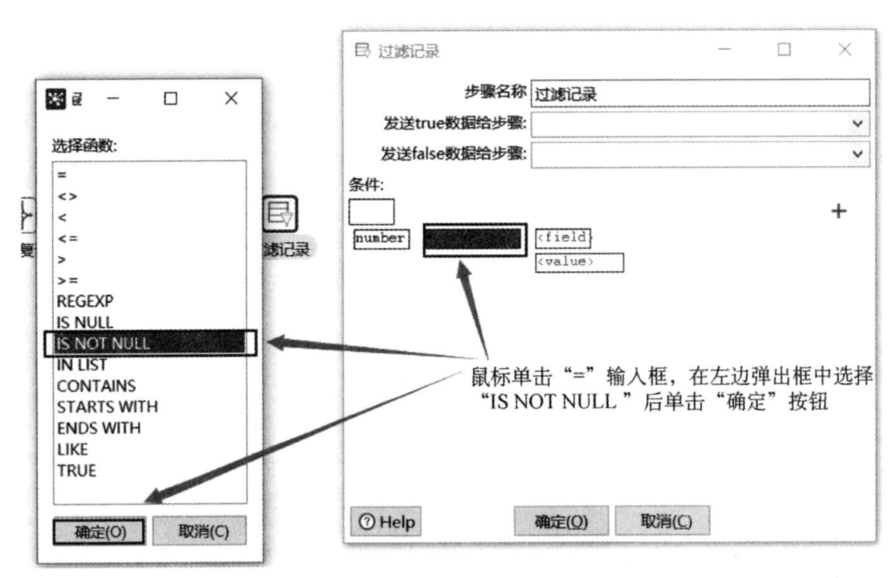

图 6-67 选择函数 IS NOT NULL

④单击右边的“+”符号，再另外添加一个过滤条件，如图 6-68 所示。

在 AND 下面单击“null=[]”输入框添加第二个过滤条件的内容，如图 6-69 所示。

同上，单击“field”输入框选择“age”字段列，单击“=”输入框选择“>=”运算符，在“value”输入框中设置值为 12，然后单击“确定”按钮，这样就设置好了一个过滤条件：age>= 12，如图 6-70 所示。

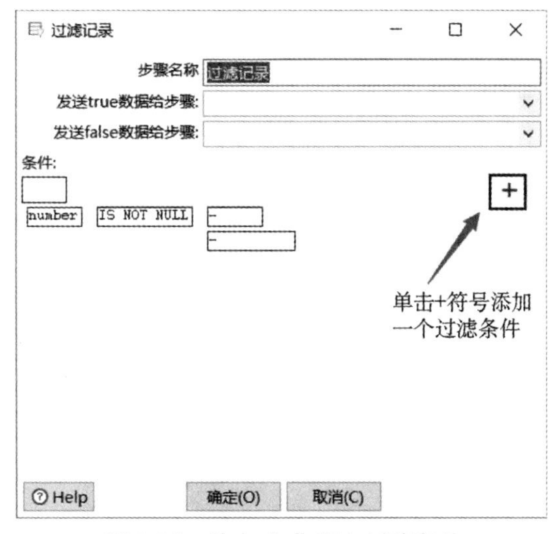

图 6-68　单击“+”添加过滤条件

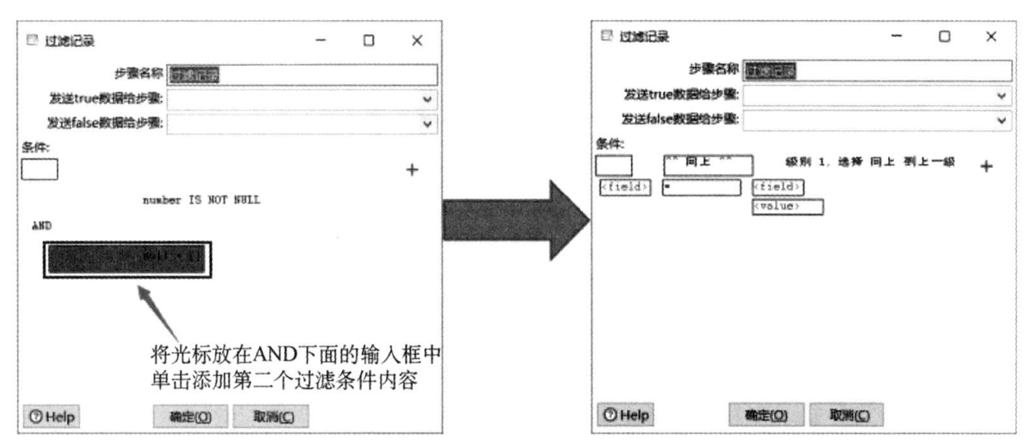

图 6-69　添加第二个过滤条件

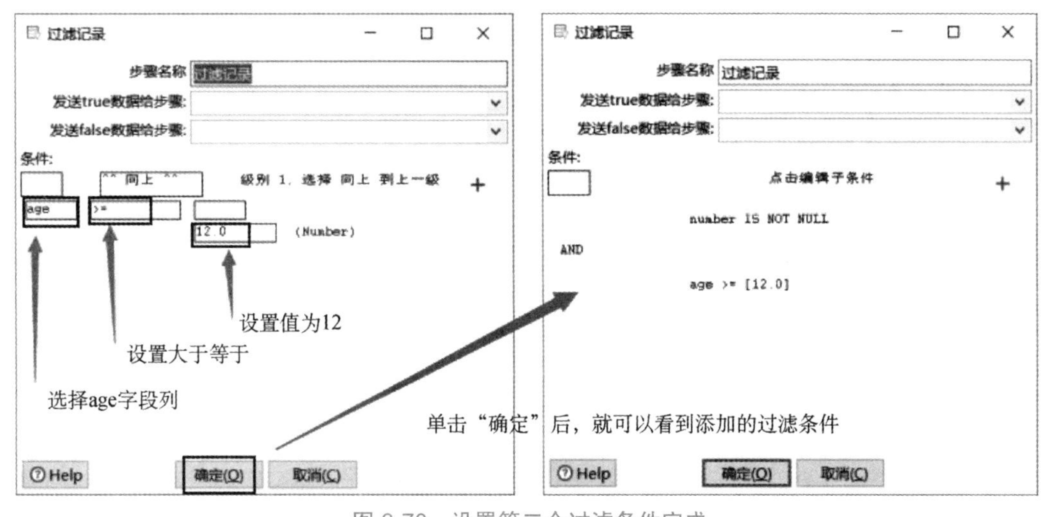

图 6-70　设置第二个过滤条件完成

同上，单击“+”符号，添加 age<=35 的过滤条件，如图 6-71 所示。

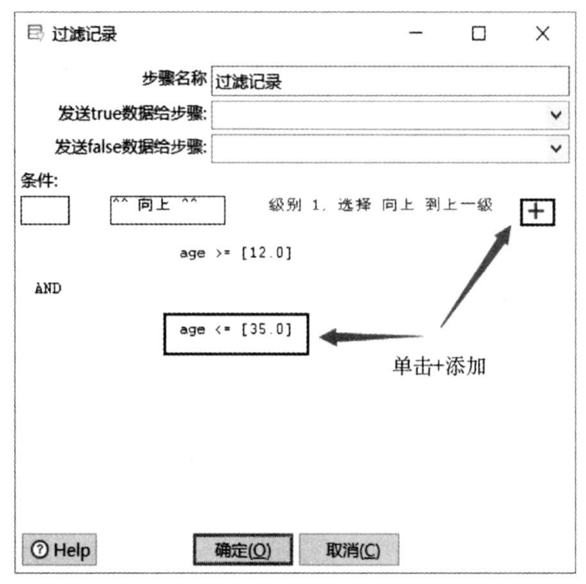

图 6-71　添加第三个过滤条件

单击“确定”按钮后，查看设置的全部过滤条件，如图 6-72 所示。

图 6-72　全部过滤条件

（6）添加 Excel 输入。

首先添加 Excel 输入，选择“核心对象”→“输入”→“Excel 输入”，注意在“过滤记录”连接“Excel 输入”时，需要选择“Result is TRUE”选项，如图 6-73 所示。

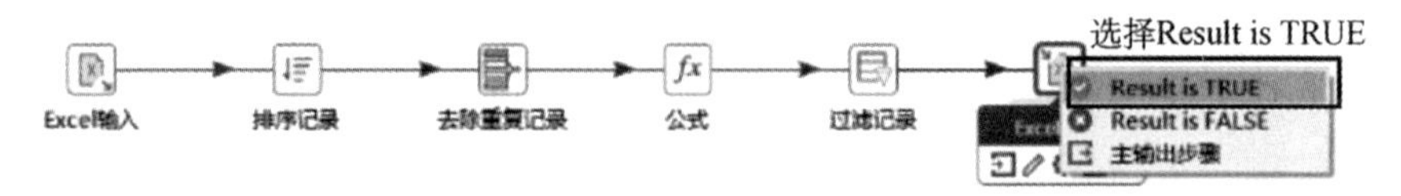

图 6-73　添加 Excel 输入

然后设置 Excel 输出，注意在“字段”标签里面将 number 和 age 列的数据类型设置为 Number，“格式”设置为 0，防止输出的数值保留 2 位小数，如图 6-74 所示。

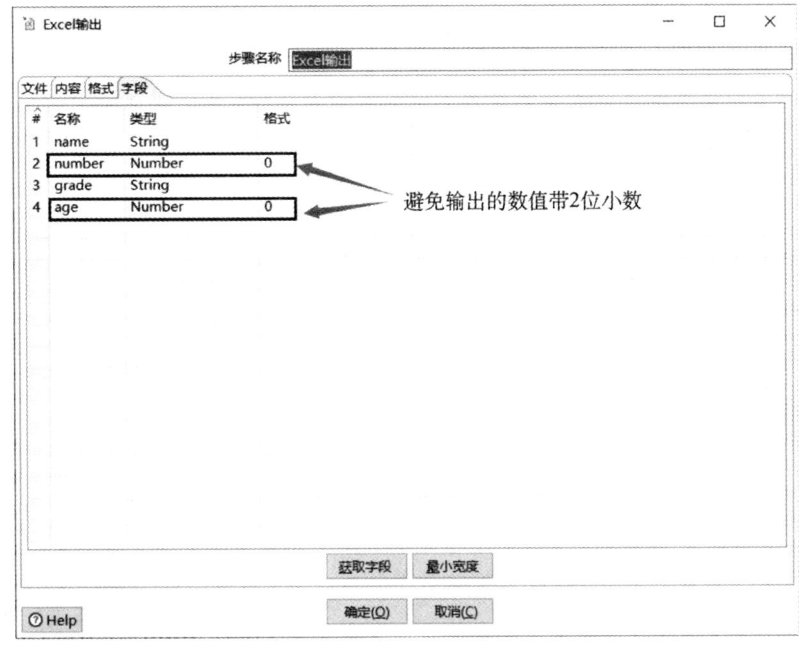

图 6-74　设置 Excel 输出

（7）运行项目并查看结果。

启动运行转换，执行结果显示转换正确，如图 6-75 所示。

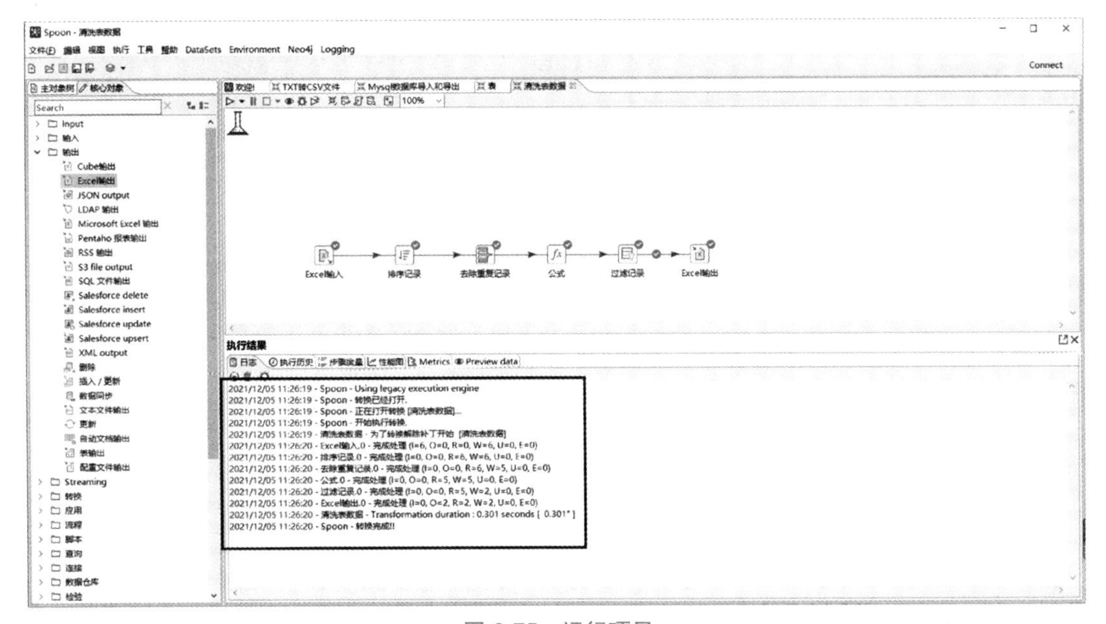

图 6-75　运行项目

查看输出文件，输出转换正确的数据，项目完成，如图 6-76 所示。

1	name	number	grade	age
2	徐升	2001058	大二	21
3	赵浩	2001038	大二	20

图 6-76　输出文件内容

工作实施

按照制订的最佳方案实施计划进行项目开发，填写相应的工作流程内容。

评价反馈

各自完成学习情境的开发并展示作品，介绍任务的完成过程，作品展示前应准备阐述材料，并完成评价表 6-5、表 6-6、表 6-7。

（1）学生进行自我评价。

表 6-5　学生自评表

班级：	姓名：	学号：	
学习情境 8	使用 ETL 工具 Kettle 对职业能力大数据分析平台学生信息数据进行清洗		
评价项目	评价标准	分值	得分
Kettle 安装	能正确、熟练地完成 Kettle 下载、安装及配置	10	
Kettle 工具的使用	能正确、熟练使地用 Kettle 工具	10	
控件的使用	能正确、熟练使用 Kettle 工具中的控件	10	
数据清洗	能正确、熟练使用 Kettle 进行数据清洗	50	
工作质量	根据开发过程及成果评定工作质量	20	
合计		100	

（2）在学生展示过程中，以个人为单位，对以上学习情境过程与结果进行互评。

表 6-6　学生互评表

学习情境 8	使用 ETL 工具 Kettle 对职业能力大数据分析平台学生信息数据进行清洗											
评价项目	分值	等级							评价对象			
									1	2	3	4
计划合理	10	优	10	良	9	中	8	差	6				
方案准确	10	优	10	良	9	中	8	差	6				
工作质量	20	优	20	良	18	中	15	差	12				
工作效率	15	优	15	良	13	中	11	差	9				
工作完整	10	优	10	良	9	中	8	差	6				
工作规范	10	优	10	良	9	中	8	差	6				
识读报告	10	优	10	良	9	中	8	差	6				
成果展示	15	优	15	良	13	中	11	差	9				
合计	100												

（3）教师对学生工作过程和工作结果进行评价。

表 6-7　教师综合评价表

班级：		姓名：	学号：	
学习情境 8		使用 ETL 工具 Kettle 对职业能力大数据分析平台学生信息数据进行清洗		
评价项目		评价标准	分值	得分
考勤（20%）		无无故迟到、早退、旷课现象	20	
工作过程（50%）	Kettle 安装	能正确、熟练地完成 Kettle 下载、安装及配置	10	
	Kettle 工具的使用	能正确、熟练使地用 Kettle 工具	10	
	控件的使用	能正确、熟练使用 Kettle 工具中的控件	10	
	数据清洗	能正确、熟练使用 Kettle 进行数据清洗	10	
	职业素质	能做到安全、文明、合法，爱护环境	5	
项目成果（30%）	工作完整	能按时完成任务	10	
	工作质量	能按计划完成工作任务	15	
	识读报告	能正确识读并准备成果展示的各项报告材料	5	
	成果展示	能准确表达、汇报工作成果	5	
合计			100	

拓展思考

（1）Kettle 如何处理数据集成？

（2）Kettle 如何处理数据规约？

（3）Kettle 如何处理数据变换？

（4）Kettle 与前面 5 个单元学习的数据预处理方法相比，哪个更方便？

单元 7　MapReduce 数据处理

MapReduce 是一种编程模型，用于大规模数据集（大于 1TB）的并行运算。MapReduce 最早是由 Google 公司研究提出的一种面向大规模数据处理的并行计算模型和方法。Google 公司设计 MapReduce 的初衷主要是为了解决其搜索引擎中大规模网页数据的并行化处理。Google 公司设计了 MapReduce 之后首先用其重新改写了其搜索引擎中的 Web 文档索引处理系统。但由于 MapReduce 可以普遍应用于很多大规模数据的计算问题，因此自设计 MapReduce 以后，Google 公司内部进一步将其广泛应用于很多大规模数据处理问题。本单元教学导航如表 7-1 所示。

教学导航

表 7-1　教学导航

知识重点	1. MapReduce 工作原理及流程 2. Map 函数的使用 3. Reduce 函数的使用
知识难点	1. MapReduce 任务设计 2. MapReduce 任务中使用封装类 3. Reducer 阶段输出方式
推荐教学方式	从学习情境入手，通过“使用 MapReduce 合并职业能力大数据分析平台【技能】数据”案例的实施，让学生熟悉并掌握使用 MapReduce 编程的原理及流程
建议学时	8 学时
推荐学习方法	改变思路，学习方式由“先学习全部理论知识实践项目”变成“直接实践项目，遇到不懂的再查阅相关资料”。实操动手编写代码，运行代码，得到结果，可以迅速使学生熟悉并掌握 MapReduce 编程的流程及实现方法
必须掌握的理论知识	1. MapReduce 任务模型及概念 2. Mapper 工作模型 3. Reducer 工作模型
必须掌握的技能	1. Windows 下 Hadoop 开发环境的安装与配置 2. 正确添加 MapReduce 依赖包 3. 设计 MapReduce 的编码流程 4. 使用 Maven 管理项目包及构建项目

学习情境 9　使用 MapReduce 合并职业能力大数据分析平台【技能】数据

学习情境描述

本学习情境的重点主要是熟悉 MapReduce 合并数据的处理流程及方法。

- 教学情境描述：通过教师讲授 MapReduce 的方法和应用实例，学习使用 MapReduce 合并数据，掌握 MapReduce 的工作原理及工作流程。
- 关键技能点：MapReduce、Hadoop、数据合并、Maven。

学习目标

- 掌握 Windows 下 Hadoop 开发环境的安装与配置。
- 掌握使用 Maven 管理项目依赖包及构建项目。
- 掌握 MapReduce 编程流程的设计方法。
- 掌握 Mapper 端的开发方法。
- 掌握 Reducer 端的开发方法。
- 掌握驱动端的开发方法。
- 掌握使用 MapReduce 合并数据的方法。

任 务 书

- 完成 Windows 下 Hadoop 开发环境的安装与配置。
- 完成 MapReduce 任务项目的创建。
- 完成使用 Maven 正确添加依赖包。
- 完成对职业能力大数据分析平台【技能】数据的分析设计。
- 完成使用 MapReduce 合并职业能力大数据分析平台【技能】数据。

获取信息

引导问题 1：了解 MapReduce。

（1）MapReduce 是什么？

____

____

（2）MapReduce 可以做什么？

____

____

引导问题 2：了解自定义 Writable。

（1）什么是自定义 Writable？

____

____

（2）自定义 Writable 的好处是什么？

____

____

（3）使用自定义 Writable 时有哪些注意事项？

____

____

工作计划

（1）制订工作方案（见表 7-2）。

表 7-2　工作方案

步骤	工作内容
1	
2	
3	
4	
…	

（2）列出工具清单（见表 7-3）。

表 7-3　工具清单

序号	名称	版本	备注
1			
2			
3			
4			
…			

（3）列出技术清单（见表 7-4）。

表 7-4　技术清单

序号	名称	版本	备注
1			
2			
3			
4			
…			

进行决策

（1）根据引导、构思、计划等，各自阐述自己的设计方案。
（2）对其他人的设计方案提出自己不同的看法。
（3）教师结合大家完成的情况进行点评，选出最佳方案，并写出最佳方案。

知识准备

MapReduce
开发环境搭建

本学习情境要学习的知识与技能图谱如图 7-1 所示。

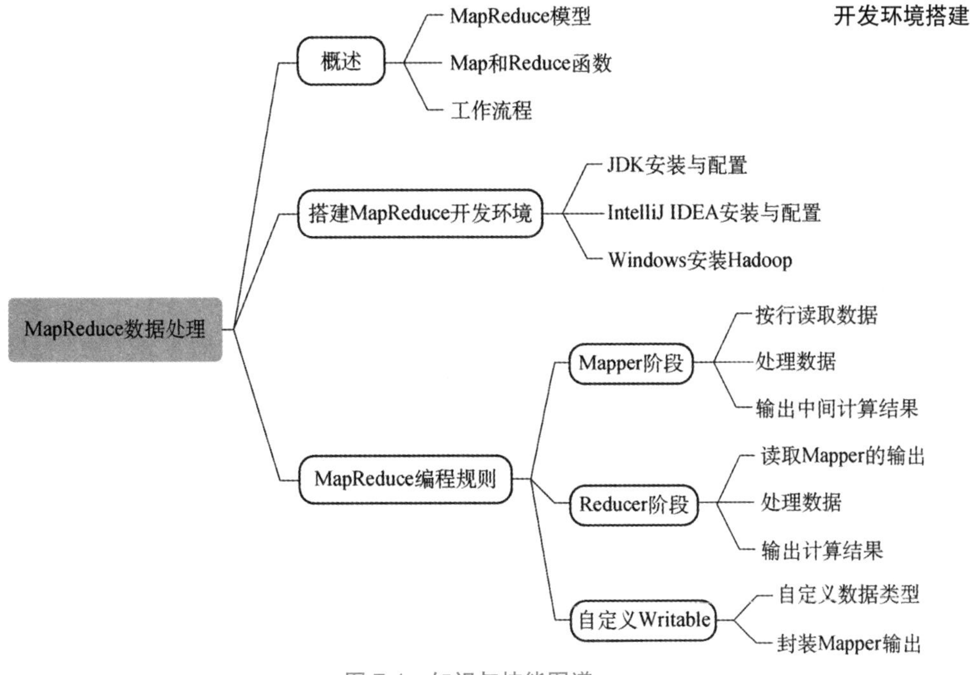

图 7-1　知识与技能图谱

1. MapReduce 模型介绍

MapReduce 是一个并行程序设计模型与方法。它借助于函数式程序设计语言 Lisp 的设计思想，提供了一种简便的并行程序设计方法，用 Map 和 Reduce 两个函数编程实现基本的并行计算任务，提供了抽象操作和并行编程接口，以简单方便地完成大规模数据的编程和计算处理。

2. Map 和 Reduce 函数

Map 和 Reduce 函数说明如表 7-5 所示。

表 7-5 Map 和 Reduce 函数说明

函数	输入	输出	描述
Map	<key1,value1> 比如： <行偏移量，"a b c a">	List<(key2,value2)> 比如： ("a"，1), ("b"，1), ("c"，1), ("a"，1)	1. 将小数据集进一步解析成一批 Key-Value 对，按行输入 Map 函数中进行处理； 2. 输出的内容可以作为中间计算结果交给 Reduce 处理
Reduce	<key2,List(value2)> 比如： <"a",(1,1)>	<key3,value3> 比如： <"a 的个数：",2>	输入的是 Map 的中间计算结果，并按照key进行分组和比较；同一个key的 value 放在同一组

3. MapReduce 工作流程

一个 MapReduce 作业经过了 Input、Map、Combine、Reduce、Output 五个阶段，其中 Combine 阶段并不一定发生，Map 输出的中间结果被分到 Reduce 的过程称为 shuffle（数据清洗），如图 7-2 所示。

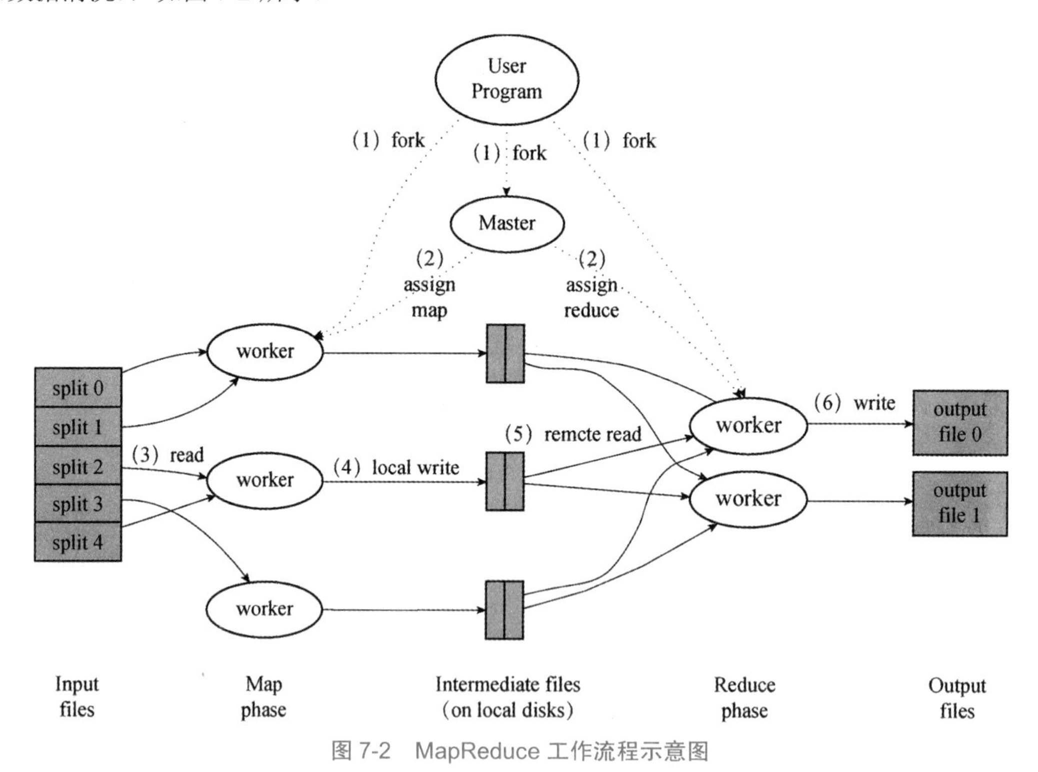

图 7-2 MapReduce 工作流程示意图

4. 搭建 MapReduce 开发环境

MapReduce 是一种分布式计算框架。MapReduce 的核心功能是将用户编写的业务逻辑代码和自带默认组件整合成一个完整的分布式运算程序，并发运行在一个 Hadoop 集群上。一般测试和学习直接在 Windows 系统下搭建其开发环境即可。

Windows 操作系统安装 Hadoop 的步骤如下。

（1）下载 Hadoop。

Hadoop 可从官方网站进行下载。

本书使用的是 hadoop-3.2.1 的二进制版本，下载 hadoop-3.2.1.tar.gz 压缩包，如图 7-3 所示。

Index of /dist/hadoop/common/hadoop-3.2.1

Name	Last modified	Size	Description
Parent Directory		-	
CHANGELOG.md	2019-09-23 05:16	89K	
CHANGELOG.md.asc	2019-09-23 05:16	819	
CHANGELOG.md.sha512	2019-09-23 05:16	184	
RELEASENOTES.md	2019-09-23 05:16	3.6K	
RELEASENOTES.md.asc	2019-09-23 05:16	819	
RELEASENOTES.md.sha512	2019-09-23 05:16	187	
hadoop-3.2.1-rat.txt	2019-09-23 05:16	1.8M	
hadoop-3.2.1-rat.txt.asc	2019-09-23 05:16	819	
hadoop-3.2.1-rat.txt.sha512	2019-09-23 05:16	192	
hadoop-3.2.1-site.tar.gz	2019-09-23 05:16	41M	
hadoop-3.2.1-site.tar.gz.asc	2019-09-23 05:16	819	
hadoop-3.2.1-site.tar.gz.sha512	2019-09-23 05:16	196	
hadoop-3.2.1-src.tar.gz	2020-07-03 04:37	30M	
hadoop-3.2.1-src.tar.gz.asc	2020-07-03 04:36	819	
hadoop-3.2.1-src.tar.gz.mds	2020-07-03 04:36	1.1K	
hadoop-3.2.1-src.tar.gz.sha512	2020-07-03 04:36	195	
hadoop-3.2.1.tar.gz	2020-07-03 04:38	343M	点击下载
hadoop-3.2.1.tar.gz.asc	2020-07-03 04:37	819	
hadoop-3.2.1.tar.gz.mds	2020-07-03 04:38	958	
hadoop-3.2.1.tar.gz.sha512	2020-07-03 04:36	191	

图 7-3　下载 Hadoop

（2）解压。

下载好 hadoop-3.2.1.tar.gz 压缩包后，直接解压即可，如图 7-4 所示。

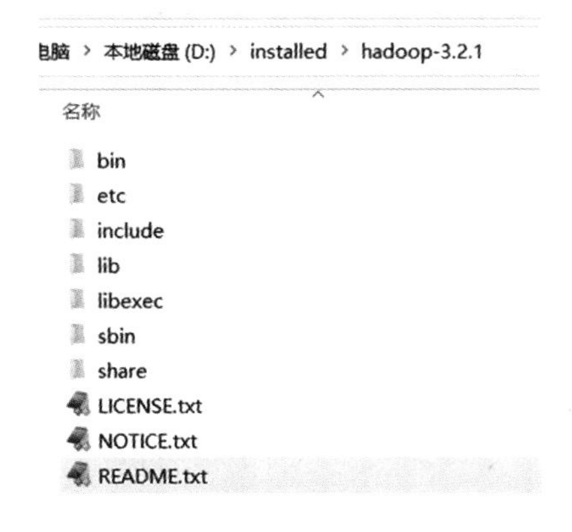

图 7-4　解压

（3）配置环境变量。

新建系统环境变量，HADOOP_HOME 即解压的目录，在 Path 里面添加%HADOOP_HOME%\bin，如图 7-5 所示。

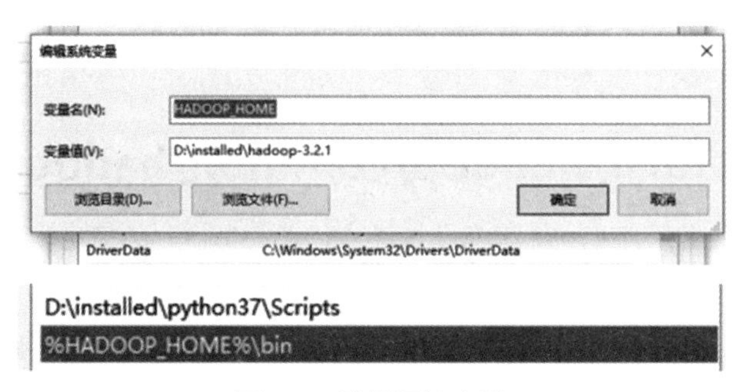

图 7-5　配置环境变量

（4）下载 winutils 并配置。

winutils 里面提供了 Windows 支持 Hadoop 的依赖文件。

在浏览器中打开下载网站，选择“克隆”，单击“zip”按钮进行下载，如图 7-6 所示。

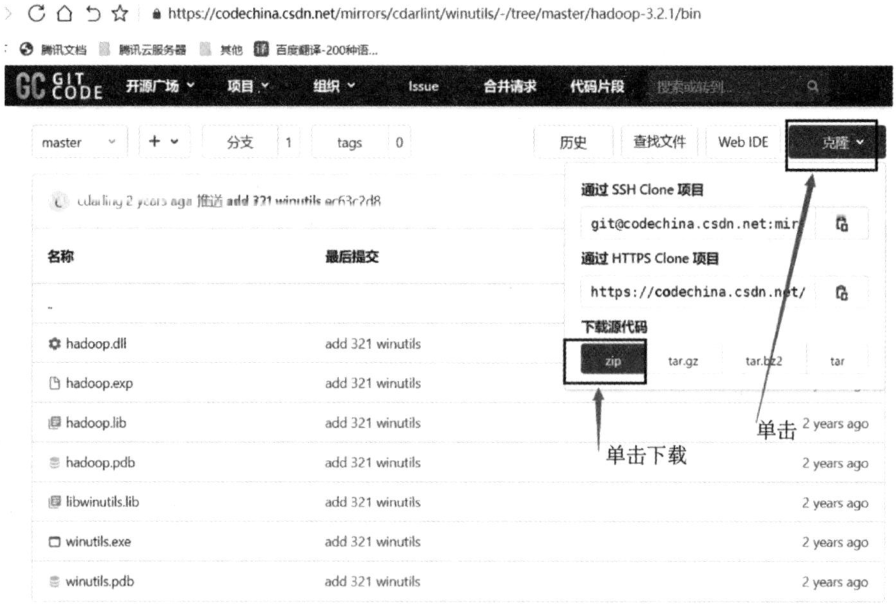

图 7-6　下载 winutils

下载后得到 winutils-master.zip 压缩包，解压进入 winutils-master\hadoop-3.2.2\bin 目录，复制 bin 目录下的所有文件到 hadoop-3.2.1\bin 目录下。

（5）验证。

在命令提示符里面输入 hadoop version，看到出现 Hadoop 版本信息，说明安装成功，如图 7-7 所示。

```
C:\Users\27672>hadoop version
Hadoop 3.2.1
Source code repository https://gitbox.apache.org/repos/asf/hadoop.git -r b3cbbb467e22ea829b3808f4b7b01d07e0bf3842
Compiled by rohithsharmaks on 2019-09-10T15:56Z
Compiled with protoc 2.5.0
From source with checksum 776eaf9eee9c0ffc370bcbc1888737
This command was run using /D:/installed/hadoop-3.2.1/share/hadoop/common/hadoop-common-3.2.1.jar

C:\Users\27672>
```

图 7-7　验证

（6）问题处理。

如果验证时遇到如下问题：

```
系统找不到指定的路径。
Error: JAVA_HOME is incorrectly set.
       Please update C:\hadoop-3.2.1\etc\hadoop\hadoop-env.cmd
'-Xmx512m' 不是内部或外部命令，也不是可运行的程序或批处理文件。
```

可能是由于 JDK 安装路径中存在空格导致的，比如：C:\Program Files\Java\jdk1.8.0_101。这里的“Program Files”路径中有空格，需要修改为 C:\PROGRA~1\Java\jdk1.8.0_101。当然，也可以把 JDK 移动到没有空格的路径下，然后重新配置环境变量，重启计算机解决问题。

5. IntelliJ IDEA

IntelliJ IDEA 简称 IDEA，是 Java 编程语言开发的集成环境。IntelliJ 在业界被公认为是最好的 Java 开发工具，尤其是在智能代码助手、代码自动提示、重构、JavaEE 支持、各类版本工具（git、svn 等）、JUnit、CVS 整合、代码分析、创新的 GUI 设计等方面的功能可以说是超常的。

IDEA 分专业版本（收费）和社区版本（免费），专业版本可以免费试用 30 天，并且在校学生可以申请免费使用。请下载专业版本并正确安装，以备接下来学习使用。本书使用 IDEA 专业版 2020。

6. MapReduce 的编程规则

MapReduce 的程序编写规则如下。

（1）Mapper 阶段。

①用户自定义的 Mapper 类继承 MapReduce 下的 Mapper 类。

②Mapper 的输入数据采用的是 key-value 的形式。

③Mapper 中的业务逻辑写在 map()方法中。

④Mapper 的输出数据采用的是 key-value 对的形式。

⑤map()方法（maptask 进程）对每一个<key,value>调用一次。

（2）Reducer 阶段。

①用户自定义的 Reducer 类继承 MapReduce 下的 Reducer 类。

②Reducer 的输入数据类型对应 Mapper 的输出数据类型。

③Reducer 的业务逻辑写在 reduce()方法中。

④ReduceTask 进程对每一组相同 key 的<key,value>组调用一次 reduce()方法。

（3）驱动阶段。

整个程序需要使用一个驱动来进行提交，提交的是一个描述了各种必要信息的 job 对象。

第一个 MapReduce 项目

7. 第一个 MapReduce 项目

下面通过使用 MapReduce 实现统计词频给大家讲解其使用方法。

（1）创建项目。

创建 MapReduce 项目步骤如下。

①打开 IDEA，选择“File”→“New Project”，在打开的对话框中选择“Maven”选项构建项目，然后单击“Next”按钮，如图 7-8 所示。

图 7-8　新建项目

②输入项目名称“demo-countword”和存储的路径，如图 7-9 所示。

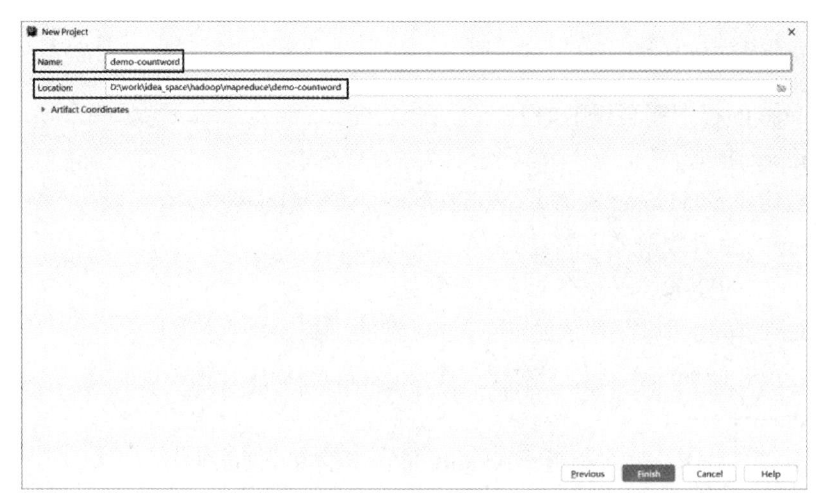

图 7-9　输入名称和路径

单击“Finish”按钮，完成创建项目，新建项目结构如图 7-10 所示。

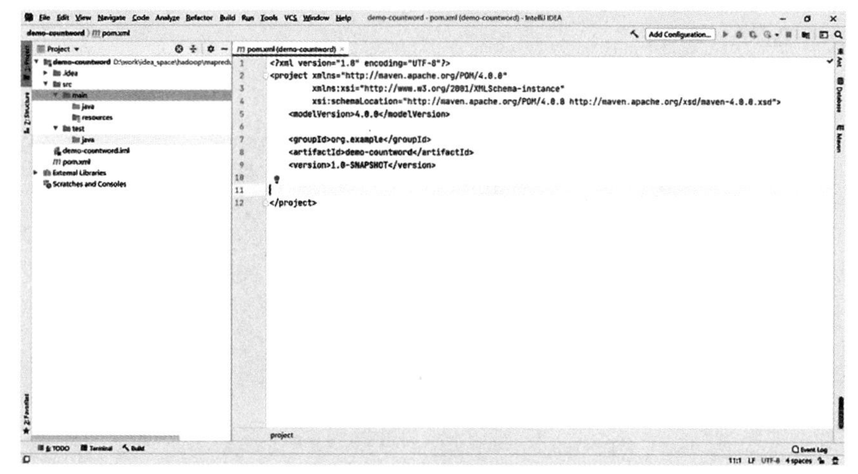

图 7-10　新建项目结构

（2）添加依赖包。

在 pom.xml 里面添加如下依赖：

```
<dependencies>
    <dependency>
        <groupId>org.apache.hadoop</groupId>
        <artifactId>hadoop-common</artifactId>
        <version>3.2.1</version>
    </dependency>
    <dependency>
        <groupId>org.apache.hadoop</groupId>
        <artifactId>hadoop-client</artifactId>
        <version>3.2.1</version>
    </dependency>
</dependencies>
```

刷新导入的依赖包，如图 7-11 所示。

图 7-11　刷新导入的依赖包

（3）添加数据源。

在项目根目录下添加一个 words.txt 文件，其内容如图 7-12 所示。

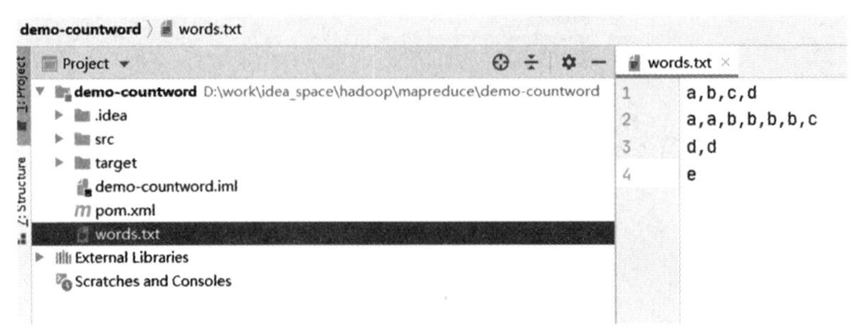

图 7-12 添加数据源

（4）创建 Mapper 端。

首先在 java 目录下创建 com.study 包路径，然后添加 CountWordMapper 文件，如下所示：

```
package com.study;
import org.apache.hadoop.io.IntWritable;
import org.apache.hadoop.io.LongWritable;
import org.apache.hadoop.io.Text;
import org.apache.hadoop.mapreduce.Mapper;
import java.io.IOException;
/**
 * LongWritable:读取文件的 key 的数据类型
 * Text：读取文件 value 的数据类型
 * Text：输出 key 的数据类型
 * IntWritable：输出 value 的数据类型
 */
public class CountWordMapper extends Mapper<LongWritable, Text,Text,
IntWritable> {
    @Override
    protected void map(LongWritable key, Text value, Context context) throws
IOException, InterruptedException {
        String line = value.toString();       //读入的每行数据
        String[] words = line.split(",");     //分割每行数据内容
        for(String word:words){
            context.write(new Text(word),new IntWritable(1));
        }
    }
}
```

（5）创建 Reducer 端。

同上，新建 CountWordReducer 文件，代码如下：

```
package com.study;
import org.apache.hadoop.io.IntWritable;
```

```
import org.apache.hadoop.io.Text;
import org.apache.hadoop.mapreduce.Reducer;
import java.io.IOException;
/**
 * 1. Reducer 端的读入是 Mapper 端的输出
 * 2. Reducer 端读取数据时，会把数据按 key 分组，相同的 key 分在同一个组中(分组时会使
用到比较器)
 */
public class CountWordReducer extends Reducer<Text,IntWritable,Text,
IntWritable> {
    @Override
    protected void reduce(Text key, Iterable<IntWritable> values, Context
context)
            throws IOException, InterruptedException {
        int count=0;
        for(IntWritable value:values){
            count=count+value.get();  //累加 value
        }
        //输出结果
        context.write(key,new IntWritable(count));
    }
}
```

（6）创建驱动器。

添加 CountWordDriver 文件，代码如下：

```
package com.study;
import org.apache.hadoop.conf.Configuration;
import org.apache.hadoop.fs.Path;
import org.apache.hadoop.io.IntWritable;
import org.apache.hadoop.io.Text;
import org.apache.hadoop.mapreduce.Job;
import org.apache.hadoop.mapreduce.lib.input.FileInputFormat;
import org.apache.hadoop.mapreduce.lib.output.FileOutputFormat;
import java.io.IOException;
public class CountWordDriver {
    public static void main(String[] args) throws IOException,
ClassNotFoundException, InterruptedException {
        //创建配置对象
        Configuration configuration = new Configuration();
        Job job = Job.getInstance(configuration, "mywordcount");
        job.setJarByClass(CountWordDriver.class);    //设置 jar 的 class
```

```
        job.setMapperClass(CountWordMapper.class);   //设置 mapper 类
        job.setReducerClass(CountWordReducer.class); //设置 reducer 类

        job.setMapOutputKeyClass(Text.class);        //设置 map 输出的 key 的数
据类型
        job.setMapOutputValueClass(IntWritable.class); //设置 map 输出的 value
的数据类型

        job.setOutputKeyClass(Text.class);          //设置输出的 key 的数据类型
        job.setOutputValueClass(IntWritable.class); //设置输出的 value 的数据类
型
        //设置为 0 表示没有 Reducer 阶段，Mapper 阶段直接输出结果到文件
        job.setNumReduceTasks(1);  //设置 ReduceTask 的个数

        //输入文件的路径
        String
inputPath="D:\\work\\idea_space\\hadoop\\mapreduce\\demo-countword\\words.tx
t";
        //输出结果的目录，注意：这个目录不能存在，执行代码会自动创建这个目录，并把结果
存储在这个目录中
        String
outputPath="D:\\work\\idea_space\\hadoop\\mapreduce\\demo-countword\\output_
countword";

        FileInputFormat.setInputPaths(job,new Path(inputPath));  //设置输入
文件路径
        FileOutputFormat.setOutputPath(job,new Path(outputPath));//设置输出
的目录路径

        boolean completion = job.waitForCompletion(true); //等待 job 完成
        if (completion){
            System.out.println("CountWordDriver successfully");
        }else{
            System.out.println("CountWordDriver error");
        }
    }
}
```

（7）启动测试。

①启动之前需要设置使用 IDE 自带的 Maven 编译运行项目。选择“File”→“Settings”→“Runner”选项，勾选“Delegate IDE build/run actions to Maven”选项，如图 7-13 所示。

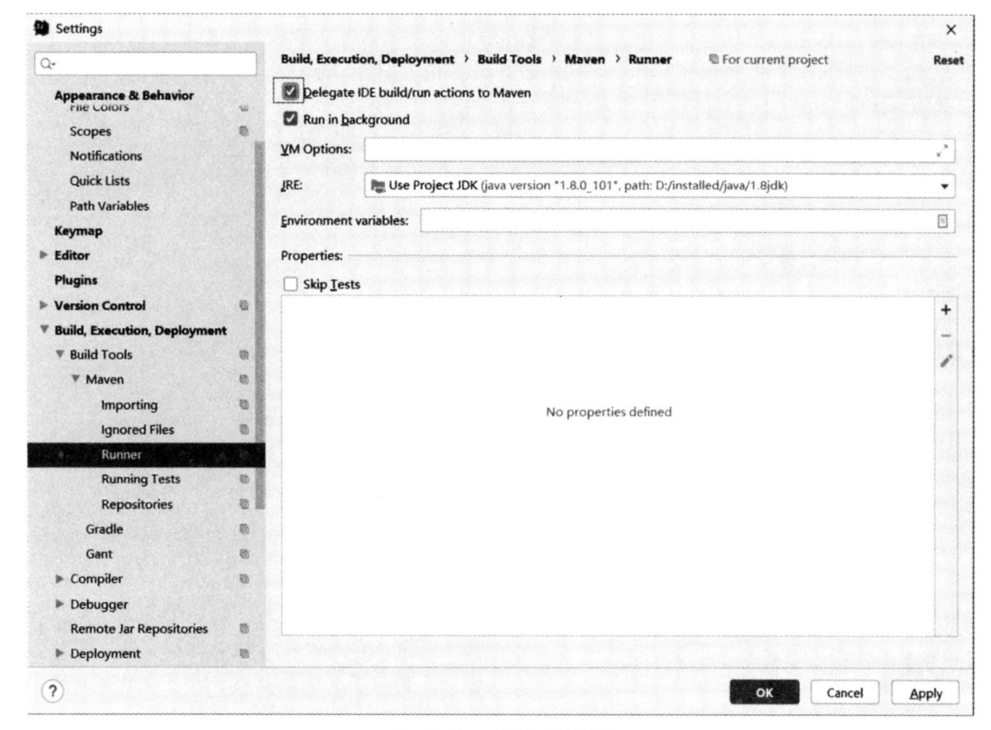

图 7-13　启动前设置

②在“CountWordDriver”文件中，单击右键选择运行文件，如图 7-14 所示。

图 7-14　运行项目

在输出文件中查看结果，统计单词个数结果正确，如图 7-15 所示。

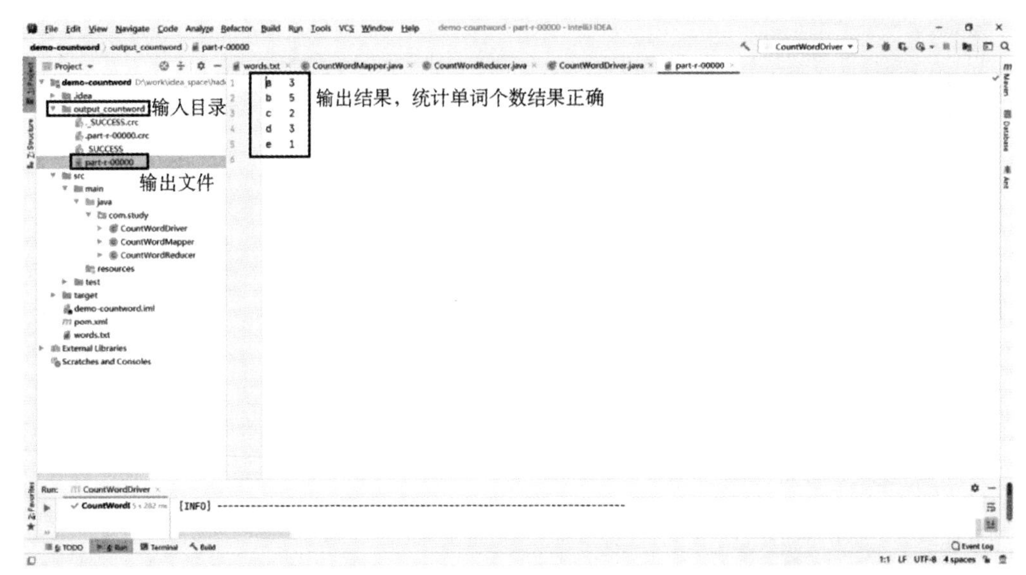

图 7-15　查看结果

相关案例

下面按照本学习情境所涉及的知识面及知识点，作为下一步工作实施的参考案例，展示项目案例“使用 MapReduce 合并职业能力大数据分析平台【技能】数据”的实施过程。

按照该项目的实际开发过程，以下展示的是具体流程。

1. 确定数据源

下面有 2 份职业能力大数据分析平台【技能】数据相关的文件。

文件“bigdata_job_skill_file1.txt”的内容如图 7-16 所示。

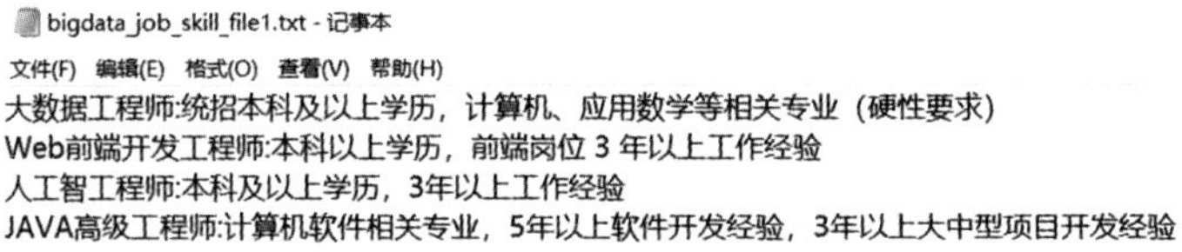

bigdata_job_skill_file1.txt - 记事本
文件(F)　编辑(E)　格式(O)　查看(V)　帮助(H)
大数据工程师:统招本科及以上学历，计算机、应用数学等相关专业（硬性要求）
Web前端开发工程师:本科以上学历，前端岗位 3 年以上工作经验
人工智工程师:本科及以上学历，3年以上工作经验
JAVA高级工程师:计算机软件相关专业，5年以上软件开发经验，3年以上大中型项目开发经验

图 7-16　“bigdata_job_skill_file1.txt”文件内容

其内容为岗位名称+任职要求，比如“大数据工程师:统招本科及以上学历，计算机、应用数学等相关专业（硬性要求）”中，“大数据工程师”为岗位名称，“统招本科及以上学历，计算机、应用数学等相关专业（硬性要求）”为任职要求，中间使用冒号分割。

文件“bigdata_job_skill_file2.txt”的内容如图 7-17 所示。

bigdata_job_skill_file2.txt - 记事本
文件(F)　编辑(E)　格式(O)　查看(V)　帮助(H)
Web前端开发工程师:熟练掌握 JavaScript，CSS，html 等前端基础技术，会使用ES6 + 语法
JAVA高级工程师:熟悉J2EE技术体系及主流的开源框架(Spring)，能熟练使用SpringBoot+Mybatis或者Spring+SpringMVC+Mybatis框架进行系统开发
大数据工程师:对Hadoop/Hive/Spark/hbase/flink/es 等大数据常用技术有深刻理解，能够带领团队进行技术攻坚
人工智工程师:具有实际机器学习研发背景，熟悉至少一种深度学习框架，如：TensorFlow、Keras、Caffe、Theano、ConvNet等

图 7-17　“bigdata_job_skill_file2.txt”文件内容

其内容为岗位名称+技能要求，比如“大数据工程师：对 Hadoop/Hive/Spark/hbase/flink/es 等大数据常用技术有深刻理解，能够带领团队进行技术攻坚”中，“大数据工程师”为岗位名称，“对 Hadoop/Hive/Spark/hbase/flink/es 等大数据常用技术有深刻理解，能够带领团队进行技术攻坚”为技能要求，中间使用冒号分割。

2. 需求及分析

需求：要求读取上面 2 个文件内容，根据岗位名称，把对应的任职要求和技能要求连接在一起，比如把“大数据工程师：统招本科及以上学历，计算机、应用数学等相关专业（硬性要求）”与“大数据工程师：对 Hadoop/Hive/Spark/hbase/flink/es 等大数据常用技术有深刻理解，能够带领团队进行技术攻坚”连接合并在一起，组合成“大数据工程师：统招本科及以上学历，计算机、应用数学等相关专业（硬性要求）；对 Hadoop/Hive/Spark/hbase/flink/es 等大数据常用技术有深刻理解，能够带领团队进行技术攻坚”。

分析：首先在 Mapper 端通过截取字符串分别获得“岗位名称”和“任职要求”，“岗位名称”和“技能要求”；然后在 Reducer 端读取 Mapper 端的输出内容时，会按照 Key 分组，这样就把相同“岗位名称”的“任职要求”与“技能要求”分在同一组中；最后把“任职要求”与“技能要求”合并起来后输出即可。

3. 开发环境

- 操作系统：Windows 10。
- JDK 版本：1.8。
- IntelliJ IDEA：2020 专业版。
- Hadoop 版本：3.2.1。

4. 项目开发

（1）创建项目。

创建 MapReduce 项目的步骤如下。

①打开 IDEA，选择“File”→“New Project”，在打开的对话框中选择“Maven”选项构建项目，然后单击“Next”按钮，如图 7-18 所示。

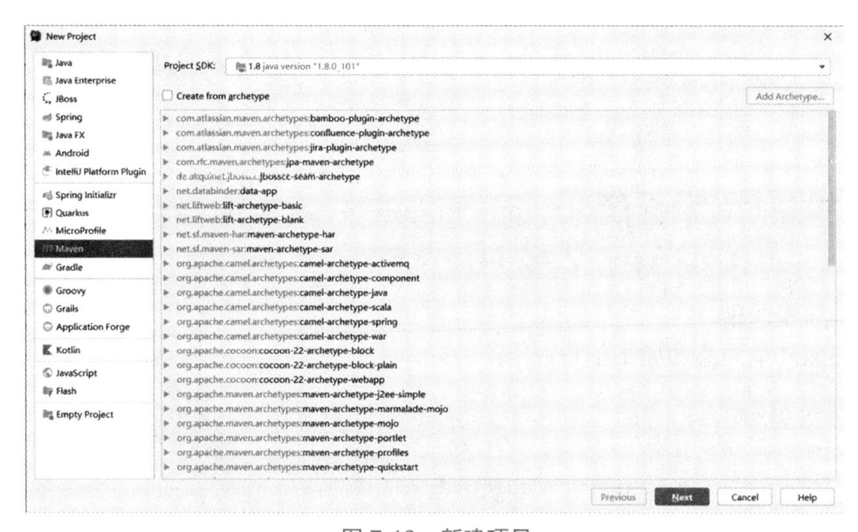

图 7-18　新建项目

②输入项目名称“UnitServen”和存储的路径，如图 7-19 所示。

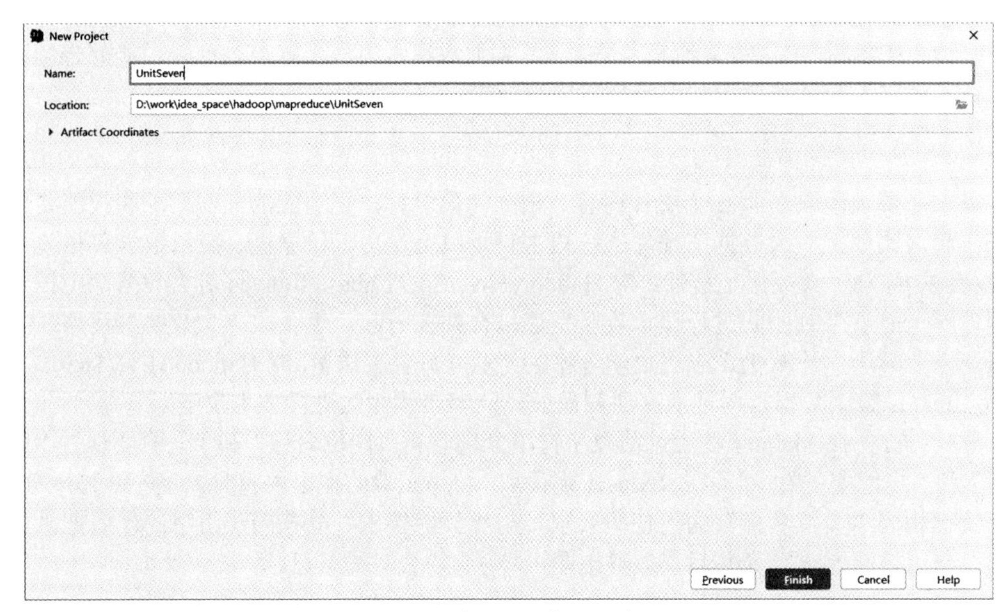

图 7-19　输入项目名称和路径

单击“Finish”按钮，完成创建项目，新建项目结构如图 7-20 所示。

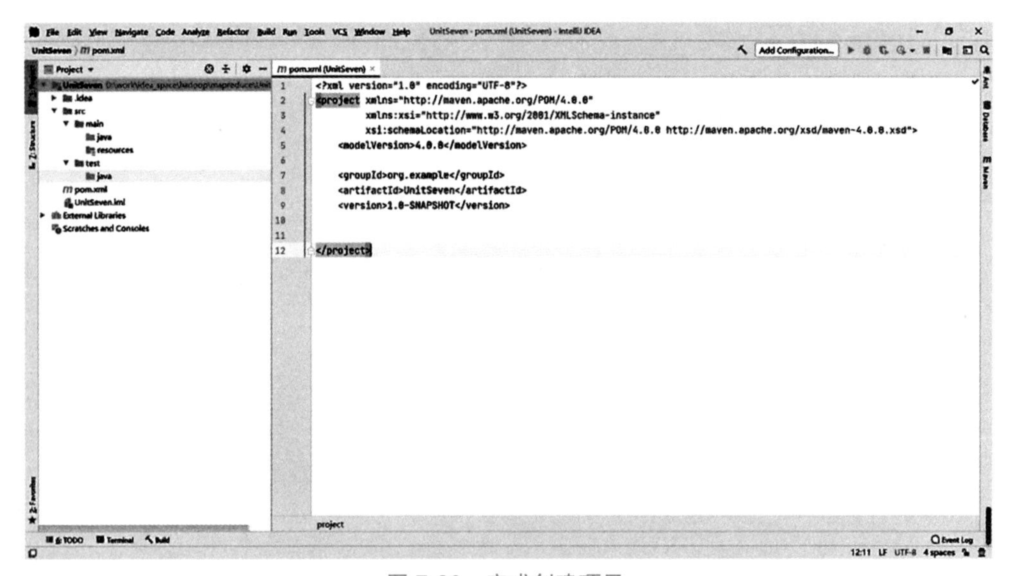

图 7-20　完成创建项目

（2）添加依赖包。

在 pom.xml 里面添加如下依赖：

```
<dependencies>
    <dependency>
        <groupId>org.apache.hadoop</groupId>
        <artifactId>hadoop-common</artifactId>
```

```
            <version>3.2.1</version>
        </dependency>
        <dependency>
            <groupId>org.apache.hadoop</groupId>
            <artifactId>hadoop-client</artifactId>
            <version>3.2.1</version>
        </dependency>
    </dependencies>
```

刷新导入的依赖包，如图 7-21 所示。

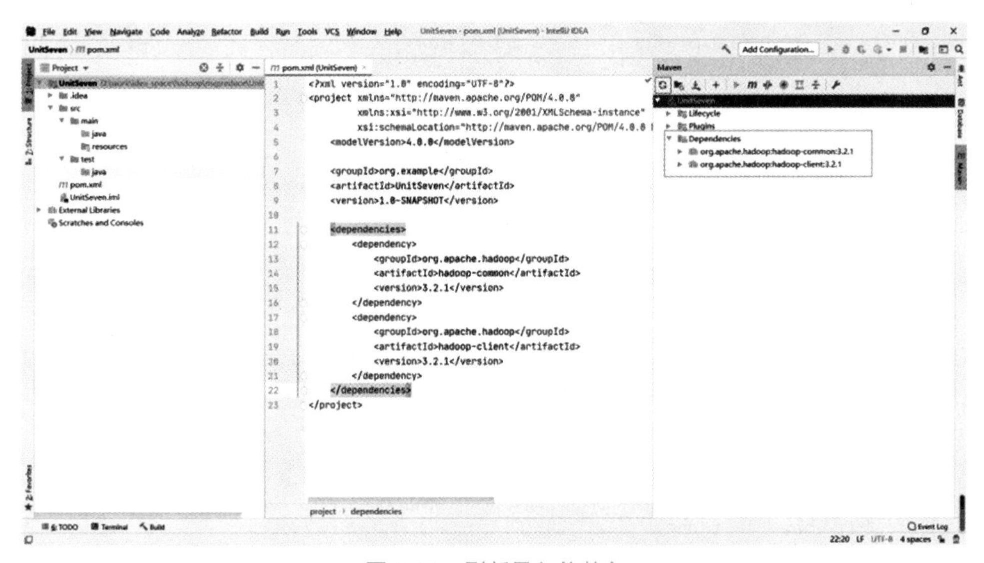

图 7-21　刷新导入依赖包

（3）添加数据源。

在项目根目录下添加一个 words.txt 文件，其内容如图 7-22 所示。

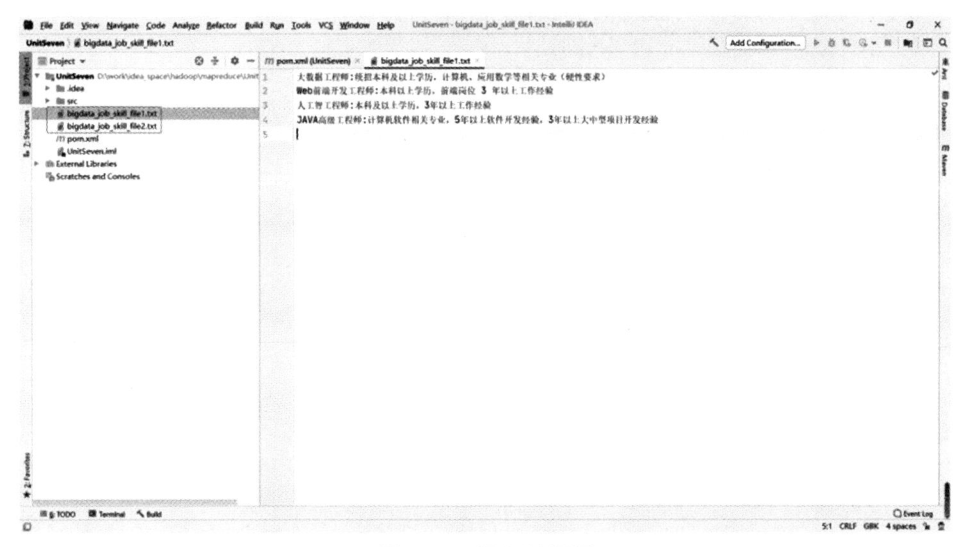

图 7-22　添加数据源

（4）创建自定义 Writable。

由于这里要判断任职要求和技能要求来自哪个文件，需要添加一些标志信息，所以设计一个封装类来封装 Mapper 端数据输出与 Reducer 端数据读入的属性值，需要注意的是，封装类时需要集成 Writable 接口。

在 java 目录下，首先创建 com.situationone 包路径，然后在其中添加 InfoBean.java 文件，代码如下：

```
package com.situationone;
import org.apache.hadoop.io.Writable;
import java.io.DataInput;
import java.io.DataOutput;
import java.io.IOException;
//必须集成 Writable 接口
public class InfoBean implements Writable {
    private String name="";      //岗位名称
    private String fileName=""; //文件名称
    private String jobRequire="";    //文件 1 里面的任职要求
    private String skillRequire=""; //文件 2 里面的技能要求
    public InfoBean(){}
    public String getName() {
        return name;
    }
    public void setName(String name) {
        this.name = name;
    }
    public String getFileName() {
        return fileName;
    }
    public void setFileName(String fileName) {
        this.fileName = fileName;
    }
    public String getJobRequire() {
        return jobRequire;
    }
    public void setJobRequire(String jobRequire) {
        this.jobRequire = jobRequire;
    }
    public String getSkillRequire() {
        return skillRequire;
    }
    public void setSkillRequire(String skillRequire) {
        this.skillRequire = skillRequire;
    }
```

```
    // 将对象数据序列化到数据流中
    public void write(DataOutput out) throws IOException {
        out.writeUTF(this.name);
        out.writeUTF(this.fileName);
        out.writeUTF(this.jobRequire);
        out.writeUTF(this.skillRequire);
    }
    // 从数据流中反序列出对象的数据
    // 从数据流中读出对象字段时，必须跟序列化时的顺序保持一致
    public void readFields(DataInput in) throws IOException {
        this.name=in.readUTF();
        this.fileName=in.readUTF();
        this.jobRequire=in.readUTF();
        this.skillRequire=in.readUTF();
    }
}
```

（5）创建 Mapper 端。

在 com.situationone 包路径下添加 JoinMapper.java 文件，代码如下：

```
package com.situationone;
import org.apache.hadoop.io.LongWritable;
import org.apache.hadoop.io.Text;
import org.apache.hadoop.mapreduce.Mapper;
import org.apache.hadoop.mapreduce.lib.input.FileSplit;
import java.io.IOException;
//步骤 1：按行读取 2 个文件内容,下一步在 JoinReducer 里面操作
/**
 * LongWritable:读取文件的 key 的数据类型(行偏移量)
 * Text：读取文件 value 的数据类型(行内容)
 * Text：输出 key 的数据类型
 * InfoBean：输出 value 的数据类型
 */
public class JoinMapper extends Mapper<LongWritable, Text,Text,InfoBean> {
    @Override
    protected void map(LongWritable key, Text value, Context context)
            throws IOException, InterruptedException {
        String line = value.toString();
        //获得读取的文件
        FileSplit inputSplit = (FileSplit) context.getInputSplit();
        //获得读取文件的文件名
        String fileName = inputSplit.getPath().getName();
        InfoBean infoBean = new InfoBean();
        if("bigdata_job_skill_file1.txt".equals(fileName)){
            //读取的内容来自文件 bigdata_job_skill_file1.txt 的内容
```

```
            int first=line.indexOf(":");  //获得第一个冒号的下标
            if(first>0){
                String name=line.substring(0,first);        //截取岗位名称
                String job = line.substring(first+1, line.length()); //截取任
职要求
                infoBean.setName(name);
                infoBean.setFileName("1");   //表示来自文件 1
                infoBean.setJobRequire(job); //添加任职要求
                //步骤 2：输出：<岗位名称 1,任职要求 1>,<岗位名称 2,任职要求 2>...
                context.write(new Text(name),infoBean);
            }
        }else{
            //读取的内容来自文件 bigdata_job_skill_file2.txt 的内容
            int first=line.indexOf(":");//获得第一个冒号的下标
            if(first>0){
                String name=line.substring(0,first);     //截取岗位名称
                String skill = line.substring(first+1, line.length());  //截
取技能要求
                infoBean.setName(name);
                infoBean.setFileName("2");   //表示来自文件 2
                infoBean.setSkillRequire(skill); //添加技能要求
                //步骤 2：输出：<岗位名称 1,技能要求 1>,<岗位名称 2,技能要求 2>...
                context.write(new Text(name),infoBean);
            }
        }
    }
}
```

（6）创建 Reducer 端。

同上，新建 JoinReducer.java 文件，代码如下：

```
package com.situationone;
import org.apache.hadoop.io.Text;
import org.apache.hadoop.mapreduce.Reducer;
import java.io.IOException;
import java.util.HashMap;
import java.util.Map;

//步骤 3：读取 Mapper(步骤 2)的输出，按 key(岗位名称)分组，相同的 key 分在同一组，
// 比如<岗位 1,(任职要求 1，技能要求 1)>，<岗位 2,(任职要求 2，技能要求 2)>
/**
 * Text:读入 key 的数据类型
 * InfoBean：读入 value 的数据类型
 * Text：输出 key 的数据类型
 * Text：输出 value 的数据类型
```

```
    */
   public class JoinReducer extends Reducer<Text,InfoBean,Text, Text> {
      private static Map<String,String> keyMap=new HashMap<String,String>();
      @Override
      protected void reduce(Text key, Iterable<InfoBean> values, Context
context)
            throws IOException, InterruptedException {
         //遍历 values，比如（任职要求 1，技能要求 1）
         for(InfoBean value:values){
            String joinValue=value.getJobRequire().trim().length()>0?
                  value.getJobRequire().trim():value.getSkillRequire().trim();
            String mapKey=key.toString();
            String mapValue= keyMap.get(mapKey);
            if(mapValue!=null){
               String showValue=mapValue+";"+joinValue;
               if("1".equals(value.getFileName())){
                  //设置把文件 1 的内容放在前面，即：任职要求;技能要求
                  showValue=joinValue+";"+mapValue;
               }
               //步骤 4：把合并好的内容放在 map 里面，比如：<岗位名称，任职要求;技能要求>
               keyMap.put(mapKey,showValue);
            }else {
               keyMap.put(mapKey,joinValue);
            }
         }
      }
      //cleanup()函数在 reduce()执行之后执行，并且只调用一次
      @Override
      protected void cleanup(Context context) throws IOException,
InterruptedException {
         for (String joinKey:keyMap.keySet()){
            //步骤 5：把 map 里面的内容输出,格式为 岗位名称：任职要求;技能要求
            //下一步在 JoinDriver 里面
            context.write(new Text(joinKey+":"),new Text(keyMap.get(joinKey)));
         }
      }
   }
```

（7）创建驱动器。

添加 JoinDriver.java 文件，启动提交任务。

注意要添加 2 个输入文件，代码如下：

```
      package com.situationone;
   import org.apache.hadoop.conf.Configuration;
```

```
import org.apache.hadoop.fs.Path;
import org.apache.hadoop.io.Text;
import org.apache.hadoop.mapreduce.Job;
import org.apache.hadoop.mapreduce.lib.input.FileInputFormat;
import org.apache.hadoop.mapreduce.lib.output.FileOutputFormat;
import java.io.IOException;

//步骤 6: 执行驱动，提交任务，输出结果
public class JoinDriver {
    public static void main(String[] args) throws IOException,
ClassNotFoundException, InterruptedException {
        //创建配置对象
        Configuration configuration = new Configuration();
        Job job = Job.getInstance(configuration, "join");
        job.setJarByClass(JoinDriver.class);
        job.setMapperClass(JoinMapper.class);     //设置 Mapper 类
        job.setReducerClass(JoinReducer.class);  //设置 Reducer 类
        job.setMapOutputKeyClass(Text.class);     //设置map输出的key的数据类型
        job.setMapOutputValueClass(InfoBean.class); //设置 map 输出的 value 的
                                                     数据类型
        job.setOutputKeyClass(Text.class);        //设置输出的 key 的数据类型
        job.setOutputValueClass(Text.class);      //设置输出的 value 的数据类型
        //设置为 0 表示没有 Reducer 阶段，Mapper 阶段直接输出结果到文件
        job.setNumReduceTasks(1);                 //设置 ReduceTask 的个数
        //输入文件的路径
        String inputPath="D:\\work\\idea_space\\hadoop\\mapreduce\\UnitSeven\\
bigdata_job_skill_file1.txt";
        String inputPath2="D:\\work\\idea_space\\hadoop\\mapreduce\\UnitSeven\\
bigdata_job_skill_file2.txt";
        //输出结果的目录，注意：这个目录不能存在，执行代码会自动创建这个目录，并把结果
存储在这个目录中
        String outputPath="D:\\work\\idea_space\\hadoop\\mapreduce\\UnitSeven\\
output-join";
        FileInputFormat.setInputPaths(job,new  Path(inputPath),new  Path
(inputPath2));                             //添加 2 个输入文件
        FileOutputFormat.setOutputPath(job,new Path(outputPath));
                                           //设置输出的目录路径
        boolean completion = job.waitForCompletion(true);
                                           //等待 job 完成
        if (completion){
        System.out.println("join successfully");
    }else{
        System.out.println("join error");
    }
```

```
    }
}
```

（8）启动测试。

启动之前需要使用 IDE 自带的 Maven 编译运行项目。选择“File”→“Settings”→“Runner”选项，勾选“Delegate IDE build/run actions to Maven”选项，如图 7-13 所示。

在“CountWordDriver”文件中，单击右键选择运行文件，如图 7-14 所示。

在输出文件中查看结果，统计单词个数结果正确，如图 7-23 所示。

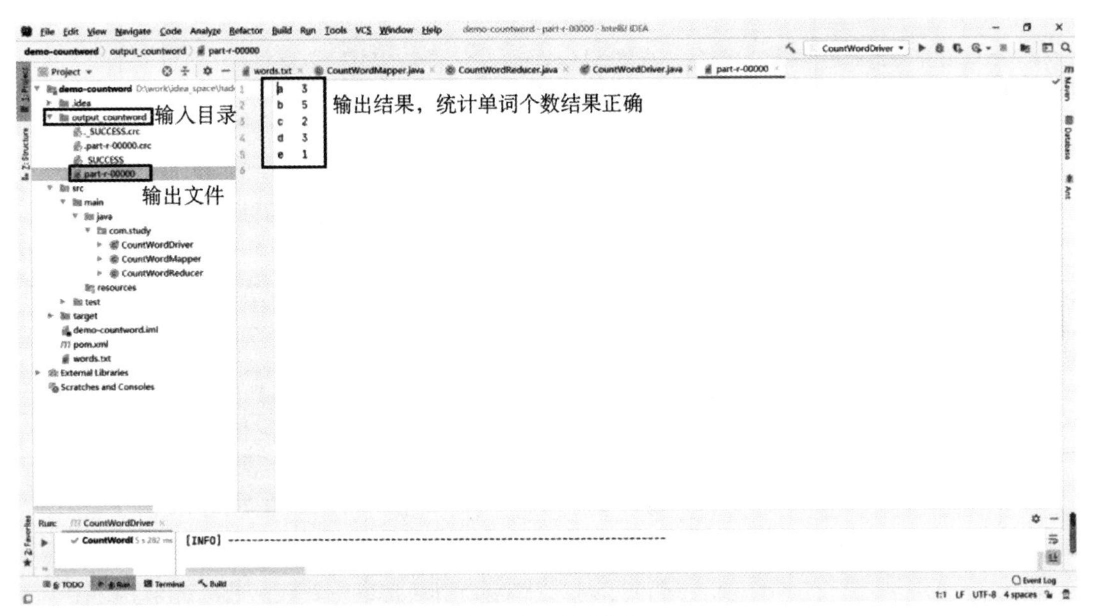

图 7-23　查看结果

工作实施

按照制订的最佳方案实施计划进行项目开发，填写相应的工作流程内容。

评价反馈

各自完成学习情境的开发并展示作品，介绍任务的完成过程，作品展示前应准备阐述材料，并完成评价表 7-6、表 7-7、表 7-8。

（1）学生进行自我评价。

表 7-6 学生自评表

班级：		姓名：	学号：
学习情境 9	使用 MapReduce 合并职业能力大数据分析平台【技能】数据		
评价项目	评价标准	分值	得分
Windows 搭建 Hadoop 开发环境	能正确、熟练地完成 Windows 下 Hadoop 开发环境的安装与配置	20	
Maven 管理依赖包	能正确、熟练地完成使用 Maven 添加依赖包	10	
MapReduce 合并数据项目	根据需求独立完成使用 MapReduce 合并数据的项目开发能力	50	
工作质量	根据开发过程及成果评定工作质量	20	
合计		100	

（2）在学生展示过程中，以个人为单位，对以上学习情境过程与结果进行互评。

表 7-7 学生互评表

学习情境 9	使用 MapReduce 合并职业能力大数据分析平台【技能】数据											
评价项目	分值	等级								评价对象			
										1	2	3	4
计划合理	10	优	10	良	9	中	8	差	6				
方案准确	10	优	10	良	9	中	8	差	6				
工作质量	20	优	20	良	18	中	15	差	12				
工作效率	15	优	15	良	13	中	11	差	9				
工作完整	10	优	10	良	9	中	8	差	6				
工作规范	10	优	10	良	9	中	8	差	6				
识读报告	10	优	10	良	9	中	8	差	6				
成果展示	15	优	15	良	13	中	11	差	9				
合计	100												

（3）教师对学生工作过程和工作结果进行评价。

表 7-8 教师综合评价表

班级：		姓名：	学号：	
学习情境 9		使用 MapReduce 合并职业能力大数据分析平台【技能】数据		
评价项目		评价标准	分值	得分
考勤（20%）		无无故迟到、早退、旷课现象	20	
工作过程（50%）	需求分析	能根据需求正确、熟练地设计 MapReduce 合并数据方案	10	
	Windows 搭建 Hadoop 开发环境	能正确、熟练地完成 Windows 下 Hadoop 开发环境的安装与配置	10	
	Maven 管理依赖包	能正确、熟练地完成使用 Maven 添加依赖包	10	
	MapReduce 合并数据项目	根据需求独立完成使用 MapReduce 合并数据的项目开发能力	10	
	职业素质	能做到安全、文明、合法，爱护环境	5	

（续表）

评价项目		评价标准	分值	得分
项目成果（30%）	工作完整	能按时完成任务	10	
	工作质量	能按计划完成工作任务	15	
	识读报告	能正确识读并准备成果展示的各项报告材料	5	
	成果展示	能准确表达、汇报工作成果	5	
合计			100	

拓展思考

（1）在数据预处理任务流程中，MapReduce 还可以应用到哪些任务中？

（2）MapRedcue 分区器是什么？

（3）MapRedcue 比较器是什么？

参考文献

［2］李晓菲. 数据预处理算法的研究与应用[D]. 成都：西南交通大学，2006.

［3］关大伟. 数据挖掘中的数据预处理[D]. 长春：吉林大学，2006.

［4］Silva Diego F.，Prati Ronaldo C.，Batista Gustavo E. A. P. A..Class imbalance revisited: a new experimental setup to assess the performance of treatment methods[J]. Knowledge & information systems，2015，45（1）.

［5］Perez-Ortiz Maria，Antonio Gutierrez Pedro，Hervas-Martinez Cesar，et al. Graph-Based Approaches for Over-Sampling in the Context of Ordinal Regression[J]. IEEE Transactions on Knowledge & Data Engineering，2015，27（5）.

［6］Wu Xindong，Zhu Xingquan，Wu Gong-Qing，et al. Data Mining with Big Data [J]. IEEE Transactions on Knowledge & Data Engineering，2014，26（1）：97-107.

［7］Mitra，Pabitra，Murthy，et al. Density-Based Multiscale Data Condensation [J]. IEEE Transactions on Pattern Analysis & Machine Intelligence，2002，24（6）：734.

［8］周泉锡. 常见数据预处理技术分析[J]. 通讯世界，2019，26（1）：17-18

［9］程学旗，靳小龙，王元卓，等. 大数据系统和分析技术综述[J]. 软件学报，2014，25（9）：1889-1908.